心理诠释学

——心理咨询与心理治疗的共同特征和中国化

沈学武 著

中国矿业大学出版社

·徐州·

图书在版编目(ＣＩＰ)数据

心理诠释学:心理咨询与心理治疗的共同特征

和中国化/沈学武著.—徐州:中国矿业大学出版社,

2023.11

ISBN 978 - 7 - 5646 - 5897 - 7

Ⅰ.①心… Ⅱ.①沈… Ⅲ.①心理学②阐释学 Ⅳ.

①B84②B089.2

中国国家版本馆 CIP 数据核字(2023)第 131420 号

书　　名	心理诠释学
	——心理咨询与心理治疗的共同特征和中国化
著　　者	沈学武
责任编辑	侯　明
出版发行	中国矿业大学出版社有限责任公司
	(江苏省徐州市解放南路　邮编221008)
营销热线	(0516)83885370　83884103
出版服务	(0516)83995789　83884920
网　　址	http://www.cumtp.com　E-mail:cumtpvip@cumtp.com
印　　刷	徐州中矿大印发科技有限公司
开　　本	787 mm×1092 mm　1/16　**印张** 15.75　**字数** 250 千字
版次印次	2023 年 11 月第 1 版　2023 年 11 月第 1 次印刷
定　　价	76.00 元

(图书出现印装质量问题,本社负责调换)

序 一

沈学武，我很早就认识他了。1999年他在我所在的医学心理科进修学习，此后因工作关系我们多有见面交流。因为他的好学，也因为他来自我大学时代生活的城市，我对他总有一份特殊的关注。

熟悉了之后，我曾提醒过他："你不读研，可有发展余力？"这一问，也是他现在在学术上的最大遗憾——学历不高。

后来知道，他是考过研的，因为某科成绩未达录取线，所以未能被录取，后来便专心从事临床工作了。再后来，用他本人的话讲，作为"心理科主任兼副院长"做了数年兼职的行政管理工作之后，年岁五十的他到现在的医院重回一线医生的岗位。他喜欢他的职业。

学术不唯学历。

三年的疫情之后，他捧出厚厚的书稿找我写序，我有点吃惊，更感欣慰。他没有放弃学术研究。终究他这个年龄还能专心坚持心理咨询与治疗实践的不多，能有所思考并且写出来的不多，尤其在基础理论研究方面，他算一个。心理咨询与治疗在我国的发展方兴未艾，但的确到了该有所思考的时候了。我这几年的工作主要是推广认知行为治疗（CBT）在中国的应用，也带学生做些CBT中国化的研究。沈学武根据他在心理咨询与治疗实践中的思考，创造性地提出"心理诠释学"的学科概念，试图给心理咨询与治疗的中国化寻找到理论基础和哲学意义上的合法性，无论如何，值得鼓励。

因为值得鼓励，所以我愿为他的书稿写下这些文字。

心理工作者需要了解他的来访考的问题基础和背景,方能给予针对性的共情和帮助,这的确和诠释学理论相契合——我把我所了解的沈学武写出来,以便大家能更好地理解他的作品,这也是诠释学的基本思想。

南京医科大学附属脑科医院　张宁

癸卯年春月

序　二

拜读学武主任的用心之作，甚是钦佩！

我与学武主任相识于 20 世纪 90 年代，亦师亦友，性格兴趣相投，年轻时两人常有不眠夜话，相谈甚欢。我长耕于临床工作和临床研究，学武主任临床实践和基础心理学理论两手都抓。他十年前对马斯洛的需要层次理论进行研究后，将安全感作为所有需要的总变量来进行研究的文章就令人惊艳。

从临床医生的角度看诠释学，必然要和现象学相联系。尽管现代医学有了很大的发展，但仍存在一些现象需要解释而不是"确认"。现象学诠释学被认为可能是西方哲学的新出路和共同方向。而心理学以诠释与实证划分两种取向，界限分明。表面上看，诠释研究与实证研究好像在诸如对象、目的及真理与检验等方面有"难以调和"的矛盾，而我认为在实质上，诠释学不是研究因果必然的，而是考虑自由的，考虑自由之间的关系。自由是超越于理论关系的，不是可以用理论公式、形式逻辑推导出来的，而是要考虑如何从自由的角度来解释、来阐述自由的思想、自由的思路。这是哲学诠释学的一个要点。

实证的客观真理简单明确，它以逻辑判断的方式给出真或假的结论。这在自然科学中相对可行，但在人文社会科学中很难如此简单。这也是引起临床心理学家反思的一个关键问题。

临床心理咨询与治疗的方法很多，而诠释学是超越的。将心理学理论的共同特征放到诠释学领域来讨论，是有意义的。对于初次接触临床心理咨询与治疗的学生来说，他们需要一个指引性的理解，而这个理解一定是经过多年临床工作历练、对各种心理学理论都较为熟稔的人才能给出的。这个东西得来不易，而我臆测，可能这也是学武主任呕心沥血著作此书的初衷。

我一直相信，帮助人类提高自己的理性和认知能力才是心理学应该追求的主流方向。在ChatGPT仅用了两个月就积累了一亿用户的今天，似乎我们离强大到危险的人工智能（AI）也已经不远了。技术创新需要理念支撑，找出心理咨询与治疗理论的共同特征，是否对未来数字时代的心理工作有重大意义，值得期待。

正如书中所说，"诠释学家们努力的方向，是让诠释学成为具有科学意义的学科，研究普遍性和单一性"，这其实是现代科学的所指和意义所在。假以时日，心理诠释学或可以成为心理咨询与治疗领域具有一般意义的学科。

学武主任博学多才，瑰玮倜傥，乐而为之序。

徐州医科大学附属医院　耿德勤
二〇二三年初春

前　言

　　培根说"知识就是力量"，但有知识并非代表有文化。如果说知识是意识的，那么文化就是潜意识的或无意识的，它会一直影响着你选择什么作为你的知识。如果说知识就是力量，那么文化将决定这种力量的方向，所以，人既要有知识，更要有文化。

　　这篇前言，其实想探索的是精神科学的真相，更确切地说是相关心理学科的真相。深入思考缘于困惑。本人在多年的心理咨询与治疗实践工作中积累了很多的困惑。这些困惑可能也是很多人都会遇到的：现代科学的发展似乎让我们觉得很多事物都是确定的和可控的，但为什么现实生活中人们的心理问题越来越多？是不是所有的问题都可以在心理学这门学科中得到理解和解释？这种理解和解释一定是准确的吗？理解和解释的过程几乎贯穿于整个心理咨询与治疗过程中，什么是理解与如何理解、什么是解释以及如何解释等问题，认真思考起来总是让人不得要领、困惑不已，非常需要一个整体的、系统的认知。同时，本人在和好学之人进行讨论的时候，这些问题也是绕不开的话题，希望能有恰当的回答，尤其是给自己的困惑一个自己可以接受的清晰答案。所以，辗转把狄尔泰（德，W. Dilthey，1833—1911）找来。找到狄尔泰这里是因为他那本中文译名为《精神科学引论》的书，也因为他对生命哲学、心理学的贡献。关注到诠释学，同样是因为狄尔泰对一般诠释学的开创者施莱尔马赫（德，F. D. E. Schleiermacher，1768—1834）的研究。此外，在思考"在心理学者看来究竟什么是对的"的时候，我被伽达默尔(德,Hans-Georg Gadamer,1900—2002)的《真理与方法》的中文书名所吸引,这当然要感谢中国学者洪汉鼎先生对书名的翻译。此后扩展到对其他学者的著述的学习和研究,包括中国学者的译著和论著。学习从困惑开始,这符合人的心理需求。但如果单从心理学角度看,真相或者真理相对于个人的需要来说,别人的正确或者不正确已不重要,因为对个人来说,他所需要的是更多的知识,是他在此时或彼时认为的知识真相。在此时,对别人来说的真相,如果这个人自己没有认识到,他会存疑甚或将其当作谬误。人们常常能感受到,在一些人眼里视为经典而膜拜的真理,在另一些人那里,有可能会嗤之以鼻和不以为然。这个观点,且先不必标签化为"过于主观"而加以批判,因为我们的生活中有太多的评判,这些评判花费了我们太多的时间,使我们失去了很多静静观望与欣赏的乐趣。

如果你认同人们一直有"什么是真理"的疑问,你就能理解为什么这本讨论心理学的书要先说明精神科学的真相了。相信这个疑问和海德格尔(德,M. Heidegger,1889—1976)的疑问一样。海德格尔在哲学界、心理学界都是大名鼎鼎的人物,在其《路标》一书中提到过同样的疑问:"面对现实的需要,这个无视于一切现实的关于真理之本质的('抽象的')问题又有何用呢?"(海德格尔,2000)[205] 如此,不妨带着疑问继续看下去,即使你只是普通读者,不是心理学者,因为在后面还是海德格尔回答了这个问题,尽管他的这个回答在有些人看来不明所以:"只消我们以为自己对那些生活经验、行为、研究、造型和信仰的林林总总的'真理'感到确信,则我们本身就还持留在普通理智的明白可解性中。我们自己就助长了那种以'不言自明性'反对任何置疑要求的拒斥态度。"(海德格尔,2000)[206] 海德格尔的意思是,人们有对自以为"不言自明"的事理进行质疑的需要。

毋庸置疑,讨论科学、精神科学和心理学等现代学科的问题,需要从西方的研究开始,因为科学的学科建设是在西方的理论框架下进行的。尽管科学史学家李约瑟(英,Joseph Needham,1900—1995)曾经研究过中国的古代科学史,而且编写了规模达十几册的《中国科学技术史》,说明中国也有科学,但人们一提到"科学"这个概念,往往会将其放到西方的理论框架中进行研究,似乎不在这个框架中就不能称之为"科学"。自然科学如此,精神科学或人文科学因其自身的性质也是如此,心理学更自不必说。心理学源于哲学,此是公论。哲学的学科内涵,指的是知识功能。在人成为理性的动物之后,通过在生活实践中的观察来获取理性所需要的知识,一直是人类文明发展的不变脉络。尽管后来分化出后世命名的物理学、天文学、数学等自然科学学科,或者社会学、历史学、音乐学等精神(人文)科学学科,又或者还有独立的哲学,但从实践和自身抽象思考获取知识,一直是知识论哲学所强调的。亚里士多德(古希腊,Aristotle,前384—前322)曾说:"古今来人们开始哲理探索,都应起于对自然万物的惊异,……他们探索哲理只是为想脱出愚蠢,显然,他们为求知而从事学术,并无任何实用的目的。"(亚里士多德,1959)直到现在,即便是实证科学高度发展,但哲理思考的所获,每每在重大变革时期走上前台,成为人们进行决策的凭借,尤其在人类面临重大的生存问题时,更是如此。当下的时代世界即将进入或正在处于另一个重大变革时期,当然这不是本书要讨论的话题。

　　19世纪中叶到20世纪初,自然科学获得了重大的发展,给科学与当时的整个社会带来了变革。彼时的科学界机械认识论和方法论一度占据统治地位,并冲击着精神科学,使得很多人开始怀疑精神科学的科学性。在这一历史时期,为精神科学站台论战的狄尔泰,无疑是最重要的哲学家,尽管他的生命哲学被后人批判为"唯心主义"。狄尔泰在《精神科学引论》中以历史性的批判思维,为精神科学奠定了独有的知识论基础。这一贡献显然是巨大的,从此开始,精神科学有了自己的不同于自然科学的方法论——理解与解释。"我们说明自然,我们理解精神",狄尔泰说,"各种精神科学就是由这三类陈述组成的:各种事实,各种原理,以及各种价值判断和规则。"我们要注意到狄尔泰的价值判断和规则的说法。狄尔泰(2014)[41]在批判斯宾诺莎的"所有规定都是否定"时指出,"对于它们(精神科学——笔者注)来说,理解独特的个体性的东西就像说明各种抽象的一致性一样,都是最终目的",以此说明精神科学的独特性。这里可以补充回答一下为什么起初不希望标签化"过于主观"的问题,因为在心理学看来,心理现象不过是"人脑对客观世界的主观反映",主观性或客观性的判断或许只是人们认识论的问题,对问题做标签化处理的目的不过是便于表述。如果单纯从语言学的角度讲,或者不是"主观"和"客观"的问题,而是"过"与"唯"的问题。

对狄尔泰的理解,在中国诠释学学者洪汉鼎(2001b)[102]看来,狄尔泰的精神科学的概念从科学史来说,他的"Geist"(德文"精神")一词除了指人类抽象思维、形成概念、逻辑推理等理性的创造能力之外,还包括另一方面的内容,即指这种精神创造性活动所形成的东西。和黑格尔(德,G. W. F. Hegel,1770—1831)一样,狄尔泰把这种精神活动所形成的东西称之为"客观化的精神"或"精神的客观化物"。也就是说,在狄尔泰看来,精神科学涉及人类在各方面所表现的精神创造能力以及这种能力所创造的结果和产物,那么,精神科学的范围就大了很多:一切和人的活动有关的学科都可以称为"精神科学",或者称为"人文科学"。

回到心理学上来。在自然科学学者看来,心理学中的神经心理学随着神经生物学和神经生理学的发展,是可以作为自然科学的,而且随着实证主义方法论和实验心理学的发展,以及各种实验工具的发明和改进,有些问题似乎已经解决。而心理学中的精神科学成分随着社会、经济、政治的发展在变化着,有些问题随之变化但依然没有解决,甚或反而越来越成为问题。这些问题过去探讨过,现在在探讨,将来似乎会一直探讨下去,可能成为人类的千年话题或者说永久话题。比如,人性是什么?什么是生活的意义?意义是怎样赋予的?人与人之间是如何达成理解的?甚或最是科学问题的身心关系、人与自然的关系、人类社会的发展方向、大脑究竟如何运作等问题,都仍未获得满意的答案。这类问题是——并且将一直是——心理学和精神科学探讨的永久而又重要的话题。

关于心理学的科学性和基础性,狄尔泰认为,只有当心理学是一种仅仅局限于确立各种事实,并将存在于这些事实之间的各种一致性进行描述的学科的时候,才有可能成为一种根本性的精神科学。科学心理学必须非常清楚地把自己与理解性心理学区别开来——后者的目标是借助于某些假定,把人类的整个文化世界推导出来。狄尔泰认为,只有以描述性的研究程序为基础,心理学才可以做到精确和不带任何偏见,同时使得那些心理学假说得到可以证实的材料。最重要的是,只有通过这种方式,具体的精神科学才能获得本身是可靠的科学的基础。从这一点来看,你不得不承认,即使是当今最出色的心理学说明，也只是把一种假说建立在另一种假说之上。尽管如此，这并不影响心理学在哲学家狄尔泰这里的重要性，他在《精神科学引论》中说："对于社会-历史实在的分析所能够导致的那些最简单的结果，都可以在心理学领域找到。正因为如此，所以心理学是这些具体的精神科学之中的第一种精神科学，也是最根本的精神科学。"（狄尔泰，2014）[51] 狄尔泰这段论述的目的在于强调心理学与自然科学的区别，以及心理学在精神科学中的基础性地位。

在某些临床心理学家们看来，他们所受到过的科学训练，使得他们对于弗洛伊德（奥地利，S. Freud，1856—1939）的精神分析是否是科学心存疑虑，而同时关于"硬科学"和"软科学"的讨论也一直是科学哲学家们争论的焦点。的确，心理学需要数理科学的"硬科学"知识，但又无法否认其中由不同理解和解释构建而来的人文科学的"软科学"知识。尽管科学在用证据发现真理，但证据是否必然导致真理，这将是又一个问题。因此，卡尔·波普尔（英，K. Popper，1902—1994）的证伪理论才被重视。美国明尼苏达大学的临床心理学家保罗·米尔（美，P. Meehl，1920—2003）在1978年曾指出："心理学'软'领域的理论缺乏科学知识的累积性。它们倾向于既不驳斥，也不证实。如果人们对它们没了兴趣，它们也就烟消云散了。"（瓦姆波尔德 等，2019）[71] 米尔的说法指出了心理学软科学领域的问题在于其建构特征和缺少累积的科学知识的证据，而其中的建构特征显然首先要在逻辑上可以通过，而这个逻辑必须使用诠释科学的动作来严格考察，这正是西方软科学领域的基础特征。

综观心理学界的相当一部分理论著述，学术理论研究的注意力往往主要集中在"言之有据、持之成理"上，或者说只是重视论据的可靠性和论证过程的严密性，缺少对这些理论研究的历史基础的探究，有些理论忽略了前人或同时代人的研究成果，更为重要的是往往忽略了研究者所持有的立场、出发点、方法论视角，以及研究程序和结论的先后传承和影响关系。当然，一个人要弥补这些缺点或许很难，因为一个人的精力和时间有限，学术视野有限，不太可能将有关其论点的所有论述都整合起来，而这一点对读者和获取知识者来说，又是必须要清楚的。这正是后面要论述的诠释学话题。

将精神科学理解为意义的科学是哲学界的重要论断。这一论断一直影响着学术界——直到现在仍然如此。柏格森（法，Henri Bergson，1859—1941）和爱因斯坦（出生在德国的犹太人，兼有瑞典和美国国籍，Albert Einstein，1879—1955）这两位的大名不必多介绍，他们分别是哲学领域和物理学领域或者说是精神科学和自然科学的著名代表。柏格森凭借《创造进化论》成功获得1927年的诺贝尔文学奖。爱因斯坦更不必说，这位20世纪的伟人因提出光量子假说成功解释光电效应而获得1921年的诺贝尔物理学奖。这两位重要人物在心理学的重要人物弗洛伊德看来尤其重要，这位心理分析学派的奠基人说："在他的时代，'除了柏格森和爱因斯坦，几乎没有办法要求人们承认他是知识分子的领袖'"（卡纳莱丝，2019)[10]。正是这两位领袖人物在20世纪初开始了关于科学的辩论，当时很多著名的科学家、哲学家都卷入了这场辩论，如庞加莱（法，Henri Poincaré，1854—1912）提出了科学约定论、詹姆斯（美，W. James，1842—1910）提出了实用主义等。其时，最著名的一次辩论被美国物理史学家卡纳莱丝（J. Canales）称为"著名的柏格森与爱因斯坦之辩"（注：指两位不同领域的诺贝尔奖获得者于1922年4月26日在巴黎见面时的辩论，其时爱因斯坦43岁，柏格森62岁）。他们关于心理时间与物理时间、绵延论与相对论的辩论影响了整个20世纪初的学术界。之后的很长一段时间，显然是爱因斯坦占了上风，也因此逻辑实证主义在这一时期得到充分发展，比如它的代表人物莱辛巴赫（德，H. Reichenbach，1890—1953）就针对爱因斯坦和柏格森的论争提出："哲学家所能做的全部工作就是分析科学的成果，构建它们的意义并表明它们的正确性"（卡纳莱丝，2019)[158]。在这一时期，第一次世界大战给人们带来的影响依然很大，人们开始担忧第二次世界大战的发生，并对很多社会问题开始了惶惶不安的思考。伴随社会政治危机而来的意识形态危机让人们惴惴不安，人们开始在危机中寻求科学的真理。胡塞尔（德，E. Husserl，1859—1938）看到了这一点，并指出了欧洲科学的危机表面上是科学的危机，其实是哲学的危机，于是在同时批判了心理主义和物理主义之后，提出了自己的先验现象学哲学。至此，现象学的哲学思想开始影响后世，成为极具方法论意义的哲学和科学理论的基础。现象学思想在心理学领域的影响同样巨大而直接。深受胡塞尔影响的海德格尔在《存在与时间》中阐释的存在主义哲学思想成为存在人本主义心理学的始源。

　　事实上，精神科学和自然科学的区分并不新鲜。被称为"古希腊三杰"的苏格拉底（古希腊，Socrates，前469—前399）、柏拉图（古希腊，Plato，前427—前347)和亚里士多德是西方知识世界的奠基人。其中的亚里士多德，这位被称为"百科全书式的科学家"构建了西方的知识体系，他区分出了人类认识事物和表述真理的五种能力或者是形式：纯粹科学、技术或应用科学、实践智慧、理论智慧或哲学智慧、直观智慧。根据这一最早的西方知识论断，我们在对待精神科学和心理科学时，不应仅仅将自然科学的知识作为知识，还需要将人的实践智慧纳入进来，尽管有些并不能被现代科学证实——至少当前不能被实证。在对知识的应用中，亚里士多德进一步把人类的活动和行为区分为两类：一类是指向活动和行为之外的目的的或本身不完成目的的活动和行为；一类是本身即是目的或包含完成目的在内的活动和行为。例如生产某种具体东西的活动，其目的在于产品而不是生产的过程和活动，过程和活动本身是不完成目的的活动——我们可以理解为科学技术的应用；而心理活动和道德这类行为过程，其本身目的蕴含在过程之中，即，达到善和美的目的。

　　之所以提到亚里士多德的这种两分法，是因为他把心理活动作为本身即是目的和其目的蕴含在内的活动。这样一来，我们便更容易理解我们要讨论的心理治疗实践，包括那些来源和根植于巫术、神学的心理学思想和治疗实践。这类实践活动长期以来总是被认为蒙着某种神秘的面纱，尤以一直延续着传统文化脉络和思想的东方世界为甚。相较于西方，东方世界其实并不缺少生活智慧，或者说这些生活智慧更具生活实践的特点，这些生活智慧给东方世界带来了西方所没有的稳定，直到这种稳定被后来居上的西方科技力量所破坏。于是，西方语境下的"科学"或"学科"的概念走进了人们的视野。东方世界中稳定的、从古代传到现代还一直起作用的精神文化，开始有了震动。于是，我们发现自己需要了解外部世界，同时也需要被外部世界所了解。在西方看来，古老的东方是神秘的代名词。去神秘化、显性技术和方法的发展是近现代西方科学的主要兴趣，成为科学发展的主题，原来是禁区的话题成为可以明说的研究。在现代人看来,这是人类社会的进步,自然科学需要,哲学和人文社会科学也需要。当然,医学和心理学同样需要,对心理病理现象和心理治疗的研究更需要了解其背后的机制,这成为科学心理学的要求。

众所周知,亚里士多德之后的自然科学知识大多是在观察中或者是在实验室里发现的。现在看来,要将这种在观察中或者在实验室里发现的科学知识公之于众并让其得以应用,那么无疑又将会涉及精神科学领域,而且在公之于众之前也需要考量这些知识的现实意义。针对这一点,中国学者黄小寒曾系统梳理过国外科学哲学家们关于自然科学与人文社会科学关系的观点,她介绍说,物理学家、量子力学的创始人普朗克(德,M. K. E. L. Planck,1858—1947)曾经说过:"自然科学思想的意义常常不在于其内容的真实性之中,而在于对其所作的评价之中"(黄小寒,2002)[32]。也就是说,尽管自然科学家非常明白他所研究内容的客观性,但要他坦率而真实地将其表达出来却是一件很困难的事,因为他需要将他的观点"装扮"成可以被接受的状态,而他也将必然考虑力求事实的效果。当然这种尼采(德,F. W. Nietzsche,1844—1900)式的"心理学怀疑"并不针对科学本身,只是针对科学的应用效果,对于应用心理学理论的心理咨询与治疗实践更是如此。

心理学工作者在临床心理咨询与治疗实践中很早就会遇到"设身处地理解"和"症状与问题的解释"。对于初学者来说,他们或许只会注意到这些知识,但并不会深入思考,因为在当时他们只会被眼花缭乱的心理治疗技术吸引住,却并不会认真去思考这背后的真实含义是什么。赵旭东在最新版的《沈渔邨精神病学》中引用了雅思贝尔斯在《普通精神病理学》中关于心理学的理解,认为心理学分为理解的心理学和解释的心理学,从而将心理咨询与治疗行为理解为理解、解释、共情行为(陆林,2018)。恐怕很少有人会去想何为理解,如何解释。显然,很多人只是停留在"知其然"上,并没有达到"知其所以然"。这对于刚参加工作的年轻人来说,是可以原谅的,但作为在一个领域工作多年的人,还没有思考属于他的工作的本真,是不合时宜的,当然有些人或许已经懒得去思考。

那么,如何理解和如何解释人的心理呢?这是所有心理学工作者尤其是应用领域的工作者必须要弄清楚的当务之急。要搞清楚这个问题，又必须弄清楚什么是理解，什么是解释，尽管到目前为止，这仍是探讨中的没有答案的问题。当前，作为对理解和解释进行研究的理论与方法——诠释学的思想——不管它是技术的还是哲学的，自然是需要我们去学习和了解的。当然，不仅仅是为了心理治疗，我们才去了解诠释学，还因为我们人类希望一直生活在一个有意义的世界里，即便是冰冷的科学数字也需要去解释和描述、重组，以便被理解和接受。也就是说，这些科学数字不应只成为少数人才会懂得的奥秘。我们生活在同一个星球，每一个人需要和理应知晓他周围的人在做什么。我们需要知晓这些数字对自己来说的意义，尤其是对生活的意义。再换句话说，科学不应只是科学家的科学，科学家有义务告诉人们他研究的科学的意义。简单一点说，这涉及科学家的解释和普通大众对科学家解释的理解，也就是说在科学——或者学科研究——与涉及的意义之间需要一个理解和解释的诠释过程，这也正是诠释学最开始存在的学科价值。

当代诠释学的集大成代表人物是伽达默尔。伽达默尔在其老师海德格尔此在诠释学的基础上，将诠释学提高到作为一般学科基础的哲学高度，无疑是继德国哲学现象学概念之后的最重要创举。我们注意到，在胡塞尔回顾的那段欧洲科学的危机中，人们已经发现自然科学的某些发展具有有益的工具意义，而有些则不然。比如物理学和化学在军事领域的发展，显然已经超出了人类战胜其他敌人的目的，而只是在为某个团体的政治霸权服务，而政治属于精神科学的范畴。也就是说，不只是一般的精神科学具有诠释学特征，自然科学也具有这一关于意义的特征。伽达默尔有一段关于游戏的隐喻，他说，游戏主体并不是游戏者，而是游戏本身。换句话说，不是你在玩游戏，而是游戏在玩你。如果再进一步理解则是：科学不是主体，诠释学是主体；人不是主体，人的诠释将成为主体。

关于诠释学在心理学中的应用价值，伽达默尔有一段论述，他说："作为艺术的'诠释学'还会从古老的宗教来源中增添一点东西：它是一门我们必须把它的要求当作命令一般加以服从的艺术，一门会让我们充满惊奇的艺术，因为它能理解和解释那种对我们封闭的东西——陌生的话语或他人未曾说出的信念。"（洪汉鼎，2001b）[6] 我们注意到伽达默尔在其巨著《真理与方法》中也是从艺术中的真理开始论述的,艺术在伽达默尔那里或许是最真实的、最具创造力的和最具真理意义的。上面引述这段话的关键信息是,我们可以看出诠释学和心理学或心理治疗学的关系、心理学与宗教的关系——尽管有人不认同,但却无法否认心理治疗和艺术的关系,更重要的是,理解和解释各位来访者由自身成长环境和背景而带来的相对心理治疗师而言可能陌生的语言,以及背后隐藏的理念或信念,正是各种心理治疗都在揭示的。

一开始提及的狄尔泰和诠释学的关系甚为密切。狄尔泰的第一本论著就是《施莱尔马赫传》,而且是他确立了施莱尔马赫在一般诠释学领域的首创地位。那么,现在回到开始,精神科学的真相是什么?心理学理论的真相是什么?心理咨询和治疗的真相是什么?最为重要的答案或许就是,精神科学在为人的心理寻求理解和解释——为探究真相的心理需要提供了满足的可能,因为对于精神科学的个体来说,精神科学的均数揭示的不是真理。

本书作者不是心理学家,不是哲学家,只是一个临床心理医生,只是从自己在临床工作中“心理学和心理治疗是什么、为什么和如何帮助它的需要者”这个困惑出发去找寻一些答案,或者是一些“道理”,而非真理。所以后面的章节,会讨论心理学的各种理论以及诠释学思想,并结合中国的哲学与文化提出一点关于心理咨询和治疗的见解,试图构建应用研究的另一个分支——心理诠释学,虽不权威,但希望有点影响。投一粒石子在心理学浩瀚的知识海洋中,不会有波浪,但希望的是哪怕只是有一点涟漪也好。

最后,转引大科学家爱因斯坦的一段话来结束这个前言,“科学的发展,以及一般的创造性精神活动的发展,还需要另一种自由,这可以称为内心的自由。这种精神上的自由在于思想上不受权威和社会偏见的束缚,也不受常规和习惯的束缚。这种内心的自由是大自然难得赋予的一种礼物,也是值得个人追求的一个目标。但社会也能做很多事来促进它实现,至少不该去干涉它的发展”(黄小寒,2002)[111-112]。

目　　录

序一 ……………………………………………………………… 张　宁

序二 ……………………………………………………………… 耿德勤

前言 ……………………………………………………………… 1

第一章　心理学与心理科学简论 ……………………………… 1

第一节　心理学与心理科学 ………………………………… 1

第二节　心理学的宗教与哲学特征 ………………………… 12

第三节　心理科学的方法论 ………………………………… 18

第四节　心理学和精神病理学的现象学特征和问题范式 ……… 28

第二章　西方诠释学的源展与心理学实践应用借鉴 ………… 37

第一节　西方诠释学概述 …………………………………… 37

第二节　西方《圣经》注释中的诠释学思想 ……………… 40

第三节　施莱尔马赫的普遍诠释学思想与技术诠释学 …… 45

第四节　诠释学的发展与哲学诠释学的语言学转向 ……… 49

第五节　当代诠释学的思想
　　　　——诠释学成为普遍科学之后的争论 …………… 60

第六节　诠释学评价与实践的现实生活意义 ……………… 67

第三章　语言文字与心理学 ……………………………………… 71

第一节　西方语境下的语言与心理 ………………………… 74
第二节　汉语语境下的语言与心理 ………………………… 78

第四章　中国文化背景下的诠释学比照与中国的心理学思想 ……… 83

第一节　训诂学与注经学 …………………………………… 85
第二节　中国经学诠释中蕴含的心理学思想与实践智慧 …… 86
第三节　西方世界对中国经学思想的诠释 ………………… 90
第四节　中国经学诠释中散在的诠释学思想 ……………… 92
第五节　诠释学在汉语语境中的当代发展
　　　　——中国本土文化的本体诠释学与创造诠释学 … 95
第六节　中国生存哲学与实践智慧的心理学现实意义 …… 103
第七节　中国传统医学经典《内经》中的心理学思想
　　　　现代诠释简述 ……………………………………… 109

第五章　心理咨询与心理治疗理论与方法的共同特征 ……… 112

第一节　心理咨询与心理治疗的早期及教育特征 ………… 113
第二节　心理咨询与心理治疗的自然科学特征 …………… 115
第三节　心理咨询与心理治疗的精神科学特征 …………… 117
第四节　心理咨询与心理治疗的时代特征
　　　　——当前心理咨询与心理治疗方法的东方转向 … 119

第六章　心理咨询与心理治疗理论与实践的诠释学特征 ……… 122

第一节　诠释学与心理学的互动关系及对心理学
　　　　应用的借鉴意义 …………………………………… 122
第二节　心理学与心理治疗理论构建的诠释学特征 ……… 124
第三节　心理咨询与心理治疗实践操作的诠释学特征 …… 132
第四节　心理学质性研究方法的诠释学特征 ……………… 146

第七章 心理学与诠释学的融合
　　——从实践角度看,心理诠释学成为独立学科的可能性 ⋯⋯ 149
　第一节 心理学科发展与时代语言诠释 ⋯⋯⋯⋯⋯⋯ 149
　第二节 诠释学源始的心理功能 ⋯⋯⋯⋯⋯⋯⋯⋯ 154
　第三节 心理诠释学成为独立学科的可能性及现实意义 ⋯⋯⋯⋯ 157

第八章 中国本土文化下心理咨询与心理治疗方法的诠释与构建 ⋯⋯ 178
　第一节 中国化心理咨询与心理治疗方法的提出 ⋯⋯⋯ 178
　第二节 中国化心理咨询与心理治疗方法的本土努力 ⋯⋯⋯ 181
　第三节 中国文化背景下传统思想与观念的普遍特征
　　及其与现代观念的冲突与融合 ⋯⋯⋯⋯⋯⋯ 187
　第四节 汉语语境的心理表达与诠释:语义澄清 ⋯⋯⋯ 191
　第五节 中国本土文化背景下的心理现象与心理咨询治疗的一般性方法
　　——问题正常化、情绪的合和与析分、行动指导 ⋯⋯⋯ 193

附录 ⋯⋯⋯⋯⋯⋯⋯⋯⋯⋯⋯⋯⋯⋯⋯⋯⋯ 206
　附录 1 心理危机干预理论的诠释学特征与中国文化背景下的
　　核心技术理论构建探索 ⋯⋯⋯⋯⋯⋯⋯ 206
　附录 2 不安全感心理研究成果及思考 ⋯⋯⋯⋯⋯ 218

参考文献 ⋯⋯⋯⋯⋯⋯⋯⋯⋯⋯⋯⋯⋯⋯⋯⋯ 221

后记 ⋯⋯⋯⋯⋯⋯⋯⋯⋯⋯⋯⋯⋯⋯⋯⋯⋯⋯ 227

第一章　心理学与心理科学简论

> **本章简介**　本章讨论了人们对心理学的混乱认识,将心理学分为心理现象、心理知识、心理科学来讨论;回顾了心理学和宗教与哲学的关系;强调了心理学兼有自然科学和精神科学的方法学特征;对心理现象和心理病理现象进行了分析,并对精神疾病诊断标准的制定过程与范式特征进行了探讨。

第一节　心理学与心理科学

　　为了寻求心理学的定义,笔者翻阅了很多的书籍,但没有找到满意的答案。或许对心理学来说,似乎大家熟悉又陌生,学术界对它的外延到底在哪儿,各有自己的说法,而且又各自有自己的道理。在心理学史家看来也大约如此,不同的定义只是从不同的角度区分划割。狄尔泰将科学区分为描述性的自然科学和说明性的精神科学,并将心理学作为其他精神科学的基础。现代科学心理学的开创者冯特(德,W. Wundt,1832—1920)将心理学区分为实验心理学和民族心理学。这两种区分方式似乎都是二元论的区分又融合的状态,或者可以说,心理学是自然科学与精神科学的"混血儿"。在这里,不妨先根据大多数中国人的习惯,将心理学简单地理解为:心理学是一门学问,它包含科学的心理学即"心理科学"和所有有关人的"心灵"或者说和人的心灵有关的学问。

心理科学似乎很好理解。到目前为止,着重研究人类思维和行为的神经基础的神经心理学与着重研究人类思维和行为最可能发生过程的进化心理学,这两类当代心理学的研究领域,被认为是最具有真正科学意义的科学心理学。这里有必要追踪一下"科学"的概念渊源,或许要从古希腊哲学那里寻找,因为最早的科学在希腊文那里就是"logos"(逻各斯),是和真理联系在一起的"真判断",也因此,"logos"这个词根成为几乎所有科学学科的词源。随着数字和数学的出现,这些不带有人类情感的单纯理性成为科学的最完美的认识方法,在此基础上发展出现代科学。

而另一部分称为"心灵"的学问和所有有关人的心灵的学问却非常复杂,因为几乎所有的知识都和人的心灵有关。好在其中源于灵性和宗教的一部分,随着科学的发展逐渐式微,就像现在的心理学者没有人愿意承认自己研究的是"心灵"一样。尽管有些大心理学家也提出过一些关于"心灵"的知识,而一些大科学家也信仰有神论,但这一部分的无从研究,使得其似乎被切切实实地放下了,或者成为神秘主义的一部分,不在科学的阳光下呈现。但是心理学者们是不能允许这种状况存在的,他们一直在努力让包含心灵的心理学成为科学,至少其中的一部分一定要成为科学的内容,于是颠倒了因果,将心理学自身纳入其中,你中有我,我中有你,纠缠不清。这一部分或许就是让人感到最困惑和矛盾的部分,因为其中大部分的理论解释是现代心理学从哲学那里继承来的属于人对自身生活所感的思辨的部分,本体即是意识和心理层面的。

看看心理学家们怎么解决这个问题。威廉·詹姆斯的《心理学原理》,被视为西方心理学的圣经。该书在开篇中提道,"心理学是关于心理生活的现象及其条件的科学"(詹姆斯,2009)[1]。詹姆斯指出了当时流行的两种观点的不足,即经院哲学的"唯灵论"模型和联想主义的"联结论"的不足。他说,唯灵论和联想主义者必须承认,只有依据大脑法则即大脑是所有心理结果的共同决定因素这一事实,他们所偏爱的原理在起作用的方式中的某些特殊情况,才能得到说明。至少在这种程度上讲,他们都必须是大脑主义者。"在另一方面,心理学家不得不在一定程度上像一个神经生理学家。心理现象不仅在前面以身体运动为前提条件,而且在后面又引起了身体运动。……我们就可以放心得出这样一条基本法则:如果没有身体变化相伴随发生或随后发生,心理变化便不会发生。"(詹姆斯,2009)[4-5]这段论述奠定了《心理学原理》的基本论调:科学心理学。就在人们以为威廉·詹姆斯将要沿着这个思路论述下去的时候,意外的是,他又指出,"心灵的界限必然是模糊的,最好不要过于书生气,就让这门科学同它的主题一样模糊吧"(詹姆斯,2009)[5]。他还同时认为,当时的学术讨论对心理学中这种模糊性的实际贡献尚未超过斯宾塞的主张:心理生活和肉体生活的本质是同一的,即内部关系对外部关系的适应。(注:这或许是西方所谓心身一体的观点表述,但显然是决定论的观点,不同于我们所理解的中国传统的心身一体的有机结合论,基本上来说,仍是西方传统的心身二元论或心身分离的观点,在这里只是强调了因果决定论)。也就是说,詹姆斯论述了半天,也只不过是给了一个模糊的概念,这应是和他的实用主义哲学背景有关,因为实在混乱得很,所以只好采用自己认为更实用的方法。他在论述心理学最重要的研究方法——内省观察方法时说:"内省观察是我们所不得不最先依赖、首要依赖和始终依赖的。内省这个词几乎不需要定义——它当然是指审视我们自己的心灵并且报告我们在那里发现了什么。"(詹姆斯,2009)[188]遗憾的是,内省观察方法最受批评的也是这个定义中的关键词"审视"和"报告",这两者不能同时发生。"心理学家不仅必须获得他们绝对真实的心理状态,他还必须报告和描写它们,命名它们,对它们进行分类并且比较它们,以及探索它们和其他事物的关系。当它们在运转的时候,它们是它们自己的所有物;只有在此之后它们才成为心理学家的猎物(本书作者注:这是詹姆斯引用的冯特的观点,使用内部观察最好依赖于记忆,而不是即刻的理解)。而且,既然我们在命名、分类和知晓事物的时候一般而言是容易犯错误的(原书注:这是一个声名狼藉的事实),为什么在这里不也是如此呢?"(詹姆斯,2009)[193]所以,我们在《心理学原理》一书的后半部分,看到的论述更多是形而上学的思辨内容。

此后的心理学家麦独孤(W. McDougall,1871—1938,出生在英国,后赴美国追随詹姆斯,曾任哈佛大学心理学系主任)在其所著《心理学大纲》中也并没有明确说明心理学究竟是什么。在他的这部著作的"导论"中,麦独孤只是说"心理学是或者正立志成为一门科学,一个有着系统组织并不断发展的知识体""心理学的目标是让我们对人的本质的认识更加准确、更加系统化,进而让我们能够在更广泛的领域内更加有效地控制我们自己和周围的人"(麦独孤,2020)[12]似乎在麦独孤看来,心理学更像是在提供知识。而麦独孤对詹姆斯的评价是,他并不是批判作为"意向心理学的作者"和"建立了他的实用主义哲学"的詹姆斯,只是批判作为"生理学家或感觉主义的心理学家的詹姆斯"(麦独孤,2020)[3]。他的《心理学大纲》的所有论述更多的是进化论的心理学和"本能"意向的论述。这完全可以理解,因为其时有关进化论的研究思想在心理学界正如日中天,心理学的时代本性要求其必然跟随时代浪潮的发展。

心理学在美国的发展得到了巨大的成功,尤其是社会心理学和文化心理学的发展,使得心理学的体系越来越庞大和不好把握。所以,再之后的社会心理学家墨菲(美,G. Murphy,1895—1979)显然又回到了詹姆斯的路径上,只是显得比詹姆斯更为实用。他在和柯瓦奇(美,J. K. Kovac,1929—2016)合著的《近代心理学历史导引》中全面地回顾了心理学产生的历史背景和现在我们所能看到的几乎所有的心理学理论。他对詹姆斯《心理学原理》的评论也正如詹姆斯自己对自己著作的评论,在附有《心理学原理》手稿的写给出版者的信中,詹姆斯自己说:"一大堆讨厌的、臃肿的、虚浮的、夸张的、水分太多的材料,说明不了任何问题,只有两个事实是例外:第一,没有所谓心理学的科学这回事,和第二,W. J.(即威廉·詹姆斯)是一个不合格的作者"(墨菲 等,1980)[267]。墨菲进一步评论说,詹姆斯可以称为典型的不成体系的心理学家,很少注意建立秩序和体系,而是把更多的精力放在给读者提供有价值的材料上。

美国的心理学史应该极具代表性。从上面的关于心理学史的回顾中得到的可以肯定的信息是,西方心理学从摆脱哲学的附庸开始独立行走之后,就一直在两条腿走路,即沿着自然科学的科学主义心理学路线和精神科学的人文科学路线前进。曾占据心理学统治地位长达半个世纪之久的行为主义心理学和目前正处于主导地位的现代认知心理学理论,高举来自自然科学盛行的物理主义、机械主义观点,采用实证主义的研究方法,认为只有这样严格实证研究的立场才是真正的科学的心理学,凡不能以经验或实验证实的实践或理论都是伪科学的。这种以"方法为中心"的立场,要求排除"价值"的影响,研究者必须保持"价值中立"。这正是持人文主义立场的人本主义心理学所批评的,人本主义心理学认为心理学偏离开了它本来应为人类服务地位的应用价值。

时至当代,后现代主义日趋占有话语权。基于实证主义哲学的科学主义心理学和现象学哲学基础上的人本主义心理学在现代科学发展影响下,它们各自的哲学基础开始被后现代主义所摇动。在相对论、量子理论等自然科学理论的影响下,整体性、不确定性、建构理论、或然论和质性研究也被心理学作为开启心理研究多元化的钥匙,打破了之前科学心理学绝对化和片面化的局限性。长期从事实证研究的英国著名的心理测量专家保罗·凯林在其让人一惊的《心理学大曝光——皇帝的新装》一书的开篇中就指出,现代心理学不能解释什么是本质的人,而且,它所呈现的进展越大,事实上它就越远离心理学应具有的目标(高峰强,2001)[41]。对现代心理学的如此批判,在人本主义心理学家看来比比皆是。而以"怀疑、批判与反权威"为特征的后现代主义者,似乎在已本就混乱的心理学领域更是格外卖力。批判心理学史家格根(美,K. J. Gergen)指出,传统的、客观的、个人主义的、与历史无关的西方知识观已经渗透到了现代生活的方方面面,人们很少追问其合理性与合法性(高峰强,2001)[41]。格根的重要贡献在于他看到心理学史在批判中发展,为此,他从心理学批判的角度,试图重新梳理心理学的发展史。这看起来的确很有道理,因为科学的精神,就是质疑和批判。我们需要注意的是格根的"心理学的批判"不只是批评,更具有科学的最重要的"质疑"精神,他只是从心理学的发展中看到了批判和质疑这股力量一直在推动着心理学的发展,并从心理学的批判的角度重新梳理了心理学的发展历史。同样,主编《心理学与后现代主义》的苟费尔(S. Kvale)认为,囿于方法的追求或者说借助于自然科学,特别是物理学的方法而取得合法性的心理学的现代模式,在解释、理解、透视人的心理和行为方面是幼稚可笑和虚弱无力的(高峰强,2001)[42]。

心理学作为一门学科,传入中国是很晚的事情,最早也只是作为技术随同其他科技传入。当时的北京大学校长蔡元培支持陈大齐于1917年成立中国第一个心理学实验室。但或许是心理学的先天缺陷,"人学"的研究对于有着坚实的人文文化传统和底蕴的中国社会来说,显然是不能像在它的出生地那样被看作逻辑的真理,所以一直并未得到充分的重视。此后的战乱使得温饱和安全都难以保障的学者们再也无心去关注只有填饱肚子、在安全的情况下才可以认真对待和思考的心理学。所以,心理学在中国的发展从一开始就是不顺利的,而且,中国的学者们对外来的近代心理学有着清醒的认识,批判与接受同时存在。

　　曾和高觉敷一起主编《中国古代心理学思想研究》的潘菽在20世纪80年代总结过近现代心理学的理论缺憾与误区,并提出中国心理科学发展的纲领性建议。他认为西方近现代心理学的理论缺憾主要有三个方面:一是对意识问题的解决显得无能为力;二是人与动物不分,这样便不能了解人的心理,模糊了人的本质;三是把心理学与生理学或生物学混淆了起来(高峰强,2001)[42-43]。很显然,这三个问题到目前仍然没有解决,或者根本没办法解决,因为在所有的争论中,人们对问题所要讨论的对象的认识不同,而且人自身的认知也具有局限性,无法达成一致。

　　至此,我们或许已能够看出,心理现象、心理学、心理科学的纠结一直都没有清除,也让很多"已在山中和未在山中"的从事心理工作和研究的人员、学习心理学者感到非常困惑。要解决这个困惑,最好的办法就是分开讨论。红豆、黄豆、绿豆、黑豆虽都是豆,但从颜色分开,就会更清晰些,正像歌德所说:"必须把可以接近的东西与不可接近的东西区别开来;如果不这样做,那么无论在科学之中、还是在生活之中,就都不可能得到多少进展。"(狄尔泰,2014)[168]

　　为了便于将纷繁复杂的心理学世界相对分清楚一点,首先要区分出的就是其中的心理现象。心理现象是作为一种客观现象存在的——这一点,没人会怀疑它的客观存在性。现象与存在,这是现象学家、理论哲学家的研究内容,那么它的方法必然会是现象学的研究方法。其次,如果心理学作为一种学问或者作为一种应用知识,那么它包含所有的和人有关的领域,就可以被理解了。这应该是普通大众和心理学应用者们的关注要点,尤其是用心理学知识(也可称为"心理知识")指导人们在生活世界中遇到问题如何去把握和解决。借用实用主义者的观点,这是这门学科存在的意义所在。最后要考虑的才是心理科学。心理科学可以理解为用当前认为科学的方法去研究和呈现出心理现象的物质基础和规律。在这一点的区分上,心理学界意见不一,争论不断,互相批评,都不太愿意将心理现象、心理知识、心理科学分清楚,个中原因种种,或许有一个原因是学科总是需要学科研究对象的,而且对象越多越说明这门学科的存在越重要。之所以斗胆提出这样来区分一下,只是为了让涉世未深的初学者,不会再因为心理学科的复杂性、繁杂的不同理论而纠结,让他们可以明确看到,当前的争论只不过是因为事物和世界的立体性,人们从不同角度去看"心理"而已。从这个区分的角度上讲,心理学的本质分支或许只有三个:现象心理学(只是描述存在)、知识心理学(心理学领域,或者称为常识心理学、生活心理学、日常的生活心理学)、心理科学(基础心理学研究)。

心理现象从人类诞生之日起就真实存在,这一点,应该没有人去怀疑。从进化论的角度讲——如果进化论是对的话,人类的祖先——动物就有了心理现象。人和动物相比较,比较发达的是抽象思维能力,其他的本能活动和情绪表现显然动物也有。比如,从某种意义上讲,人类的宗教和信仰是一种心理现象,人类的哲学思考是一种心理现象,人们追寻心理科学研究也是一种心理现象,而且是一种人类追寻自我发展和探索周围世界的心理现象。胡塞尔创立的现象学和海德格尔的存在主义广受瞩目,影响了一代又一代的哲学家、心理学家、社会学家的思考,的确有其独特的价值。无论他们经历了多少批评,他们提出的目前最重要的现象与存在的概念是人们不得不接受的。从专业上来讲,在心理学和精神病学中存在着明显的现象学特征,这一点,也许在唯科学主义者看来是暂时的。法国出生、在德国获得现象学哲学博士学位的美国当代哲学家斯皮格尔伯格(美,Herbert Spiegelberg,1904—1990)是一位致力于在美国推动现象学运动传播的哲学家,他在其著作《心理学和精神病学中的现象学》中指出:"现象学哲学不仅从外部(笔者注:借用现象学名词)影响到了心理学和精神病学,而且侵入了心理学和精神病学,并且坚实地植根于它们内部(现象学方法)"(斯皮格尔伯格,2021)[18]。斯皮格尔伯格在这部书中,详细论述了心理学与精神病学中的现象学进路,讨论了现象学代表人物的心理学思想、心理学和精神病学领域的各个时期有影响的代表人物提出的理论中的现象学特点,尤其提到雅思贝尔斯将现象学引入精神病理学领域,并成为精神病理学的一种基础方法。雅思贝尔斯延续了德国哲学的思想传统,将心理学区分为理解的心理学和解释的心理学。现象学被有意无意地引入心理学尤其是精神病理学之后,给心理学打开了一扇很大的门,使得心理学的研究领域得到很大的扩展。

心理知识是一种生活智慧,包括指导人类生活的一般常识,尤其是和社会密切相关的知识,属于亚里士多德所说的"实践智慧"。大而言之,关于心灵的学问,包括早期宗教哲学的人性论,现代哲学关于死亡、自由、意义、孤独这四个终极问题的思考,应该也大都属于此类,属于中国人说的"道理"。孔子说:"朝闻道,夕死可矣",西方人也有类似名言,德谟克利特(古希腊,Democritus,约前460—约前370)说:"只找到一个原因的解释,也比成为波斯人的王还好。"(段德智,1996)如果从对知识的渴求而言,中西方是一致的。对有五千年文明延续的中国人来说,自然不缺少心理知识和生活智慧。靠天吃饭的农耕文化一直让中国人习惯于与自然和谐相处,并在此基础上总结、归纳和利用自然规律,却从没有想过改变什么。中国传统文化讲究随天命、运势、变化而"易",这让中国人很好地埋头适应,极少抱怨,所以也不去思考借用自己的力量去改变什么的现代科学。而相对广博的地理环境与纵深,使得人们回旋自如、安然生活,这是生活在这片土地上的初民总结和延续下来的生命之道。如果说西方的生活智慧是在动荡中寻找稳定与平衡,那么,在中国,则是在稳定与平衡中动荡。在这样一种内心有"天"有"惧"的限制感影响之下,中国人的心理更加有趋于内敛和内省的特点,所以更讲究人要"修身"。从心理学意义上说,中国的心理学是关注自我的心理学,是不从外部取利的心理学,这又是与西方心理学不同的一点,西方心理学更多倾向于通过研究人的心理去增强控制外部世界的能力(注:麦独孤的说法)。

心理科学的产生相对于心理现象和心理知识(或者称为生活智慧)显然最晚。它是随着科学的产生而产生,随着科学技术的发展而发展的。关于科学,罗素(英,B. Russell,1872—1970)的说法应该是最早被接受而且一直传承到现在的,尤其是其关于科学预测性的论述(注:从意义的角度,这是科学存在对人类的意义)十分精彩,他在《宗教与科学》中说:"科学是依靠观测和基于观测的推理,试图首先发现关于世界的各种特殊事实,然后发现把各种事实相互联系起来的规律,这种规律(在幸运的情况下)使人们能够预言将来发生的事物。同科学的这种理论方面联系着的是科学技术,它利用科学知识,生产科学时代以前不能生产的,或者至少是要昂贵得多的享受物和奢侈品。"(罗素,2010)[1] 我们再来看看现代的霍金(英,S. W. Hawking,1942—2018)关于科学理论的说法,他在《时间简史》中说:"你必须清楚什么是科学理论。我将采用素朴的观点,即理论只不过是宇宙或它的受限制部分的模型,以及一族把这模型中的量和我们做的观测相联系的规则。它只存在于我们的头脑中,不再具有任何其他(不管在任何意义上)的实在性。一个好的理论必须满足以下两个要求:首先,这个理论必须能准确地描述大量的观测——这些观测是根据只包含少数任选的元素的模型所做出来的;其次,这个理论能对未来观测的结果作出明确的预言。"(霍金,2007)从这两位的论述中可以看出,预见性是科学的要旨,也是很多现代计算科学的价值所在。

自然科学和实证主义者都提到了科学的预见性,我们不能否认这种预见性给人类带来的有益之处,这是科学界对人类的巨大贡献——当然,其中也有给人类带来毁灭性的武器的科学。细想下来,这种对科学预测性的要求似乎忽略了一个基本的事实,即自然科学与精神科学不同,自然科学的预见性和可观测性在人为设定的环境中才能实现,而精神科学极难设定,因为设定了即可能丧失其客观性,即便是部分做了设定,也是针对已经发生事实的研究,而且设定者在选取事实研究资料时再次加入了自己的主观成分。另外,精神科学的预见性,往往需要一代人或几代人的验证,即便是验证了结果的预见性,但能看见其预见性的人,已经不存在了(或者他的言论不能被发表,或者他自己已经不再试图去论争了,再或者是人已经去世,无法再说话),而那些得以证实的预见,其内容和含义已经随着时代的发展有了很大的变化,被赋予了很多不同含义和内容。也就是说,在精神科学这里,科学的预见性或许会遇到很大的麻烦。

此外，对心理科学而言，有一个必须要面对的和注意的事实是存在于其中的互动性。互动关系对个人来说，本身存在着太多的不可控制性和不确定性。狄尔泰在论述个体科学作为社会实在的一部分时，有过一段论述："无论是通过经验还是通过推理，心理学都不可能把人当作处于其与社会进行的各种互动过程之外的东西来发现。"（狄尔泰，2014）[47]根据他的说法，心理学可以理解为"关系的心理学"或者"互动的心理学"，这和后来的沙利文（美，H. S. Sullivan，1892—1949）提出的社会人际关系心理学，以及马克思提出的人是社会的动物，人的本质是社会关系的总和，显然是一致的。从这个层面来讲，个体在与社会环境、自然世界的互动中存在，那么心理科学也可以认为存在于关系和互动中，这样，对于个体而言，关系与互动本身的不能确定性将导致存在太多的不可预见性。

学科发展依赖于学科方法论的发展，心理科学当然不能例外。这一点，与人类探索世界需要借助于自身感官的延伸工具一样。近现代的西方科学哲学家们一直在研究科学的方法论问题，而且争论不休。经验主义、实用主义、实证主义甚或意志主义，从尼采的"权力真理"到庞加莱的"科学是假设的约定主义"，从克尔凯郭尔（丹麦，S. A. Kierkegaard，也译为克尔恺郭尔、基尔凯格尔，1813—1855）的"真理就是主观性"，到卡尔纳普的"两种真理：经验真理和逻辑真理"、波普尔的"不能认识真理，只能探索真理"的证伪主义，再到奎因（美，W. V. O. Quine，1908—2000）的"科学是预测未来的经验的工具"的逻辑实证主义与实用主义的结合、库恩（美，T. S. Kuhn，1922—1996）的科学发展范式理论（科学共同体理论），甚或费耶阿本德（美，P. Feyerabend，1924—1994）的"科学是最新的宗教"的非理性化认识论，林林总总，也能看出心理学发展中的精神科学成分的复杂性。仅以"科学"（科学自身似乎也并非唯一）作为唯一追求的人类，似乎已经陷入了"在本就多元性的世界寻找唯一性"的悖论，而这一点，在我们要讨论的心理学应用领域的纷争中显得尤为重要。

仔细考察这些论断，引发争论的基本点无非是从不同角度看待科学真理，各自从其自身的角度看问题，像极了"盲人摸象"。各种"主义"之所以能成为"主义"，自然有它自己的"道理"（中国人说的"道理"），我们对待这些主义的态度,或许就是各取所需,满足自己追寻真相的需要。但这么做,似乎又将被批评是真理的相对主义、怀疑主义或虚无主义。其实对于个人来说,这个批评和陷阱是别人给自己的,大可不必过于纠结,真正"相对"的或许只是"时间",我们应该相信人类的学习能力和主动纠正自己认知的能力是存在的。如果回到普遍真理和个别真理的说法,普遍真理有存在真理和时间真理的说法,而对于个别或个人来说,尤其从心理层面来说,或许只有一个真理:时间真理,正所谓"信以为真"(注:奥古斯汀的因信而真的观点)。这一点似乎又回到了实用主义的美国。伽达默尔的《真理与方法(第二卷)》在论述"境遇"这个概念时提出:"科学的问题和科学的陈述只是某种可由境遇这个概念来规定的,极为普遍关系的特例。甚至在美国的实用主义中就早已有了境遇和真理的联系。实用主义把能够对付某种境遇作为真理的标志。"(伽达默尔,2010b)[65]

以对当代科学影响颇大的科学史家和科学哲学家库恩为例来说,他通过研究自然科学的理论发展,尤其是物理学的理论发展(他自己是物理学专业出身),论证了科学家并不遵循逻辑实证主义和批判理性主义提出的原则,并指认了科学动态过程中的非理性时刻。为此,库恩提出了科学共同体和范式理论的概念,认为科学研究是被范式界定的,它由理论、经典实验和可信的方法构成,这些范式决定了科学家进行的实验以及他们认为相关的问题类型,而范式转换则改变了基本概念和方法论。他的这个提法其实并不新鲜,从庞加莱的约定论已经有些端倪。有趣的是,为了剖析范式的接受过程,库恩甚至使用了心理学的解释,他提出学生之所以接受某种范式,并不是因为其证据,而是因为教师和教科书的权威。这一点正是诠释学家伽达默尔对西方格言"鼓起勇气,运用你的理性"的评论:"这里起作用的恰好是相反的东西:权威性"(伽达默尔,2010b)[48]。库恩还认为,在盛行的范式中问题可以轻易地解决,而那些不能被解决的困难问题甚至都不会被提及。或者库恩的意思是"科学只说明那些能说清楚的事情",而这恰巧又是诠释学的观点。需要注意的是,库恩提出科学范式的时代内涵,主要是针对自然科学的,虽然他后来觉察到这一概念对历史领域和社会领域都可能有作用,但其实在人文科学领域早已自觉不自觉地得到应用,如经济学家凯恩斯(J.

M. Keynes)的国家调控、社会学家帕森斯(T. Parsons)的功能主义以及诸多的心理学模型,如认知模型、行为模型,等等。

第二节　心理学的宗教与哲学特征

研究心理学史的学者将心理学的发展分成前科学发展阶段和 1879 年以冯特的实验心理学的建立为代表的科学发展阶段——尽管这种说法被批判心理学史家定义为"伟人"的影响。正像大多数心理人都认同的德国心理学家艾宾浩斯(德,H. Ebbinghaus,1850—1909)的一句名言所说的那样:心理学虽有一长期的过去,但仅有一短期的历史。正如艾宾浩斯所说,在前科学发展阶段,从人类开始思考自己的问题开始,就有了关于自己的丰富的"心理学"——毋宁说,是后来的心理学家寻找到的,或者是"强拉"来的作为自己祖辈出处的"言必有据"的思想。这时候的心理学思想只是人类发展到相对安全的阶段——温饱问题解决后——开始从关注外部世界转向关于自身的思考。再其后,才是目前被大多数人认为的科学心理学阶段,而其中大量内容或许只被某些人认为仅仅具有科学的成分而已,主要目的是研究人类如何更好地控制自然并为其欲望所用的自然科学——这个说法,固然有些过于心理学化,但却又不无道理。

这里要讨论的心理学,不是离我们很远的思想家关于自身、自身与外部关系的古代心理学思想,也不是心理学中那些需要借助于工具才能观察和了解的属于自然科学的部分,而主要讨论的是中间的那部分被称为"科学"的心理学部分,或者是更成体系之后的心理学部分。心理学在成为体系——这一点要感谢科学心理学的诞生——之前,一直在哲学中和其他学科共生,或者称之为"生活学"会更好理解,因为关于心理学的早期思想都是关于"是什么""怎么做""如何做"的思考,并依此三点建立了关于人自身和自身之外的世界及其与自身关系的一套知识体系。无论是古希腊早期自然哲学派的毕达哥拉斯(古希腊,Pythagoras,前 580 至前 570 之间—约前 500)

提出的"灵魂分三部分：表象、心灵和生气，动物只有表象和生气，只有人有心灵"，还是赫拉克利特（古希腊，Heraclitus，约前540—约前480与前470之间）的"人不能再次踏进同一条河流"，再到恩培多克勒（古希腊，Empe-docles，约前495—约前435）的四根说（火、土、气、水是万物的根）、德谟克利特的原子论，到具有师承关系的被誉为"古希腊三杰"的苏格拉底、柏拉图、亚里士多德，说的内容都是与人自身密切相关的生活内容和思考。这和中国早期的诸多思想家的论述一样。又或者说，他们建立起来的是一种知识体系，这种知识体系教会人们如何面对自己的生活意义，其中一部分必定还包括对生活中未知和不确定带来的困惑，因为在其时他们没有能力借助于自己除却一颗善于和勤于思考的大脑之外的工具去探寻什么，只会在自我的思辨中去寻找答案——这些知识被后世称为"哲学"，或者是早期的哲学思想。后来，人们借助于发明了很多观察自己的工具才让"思想"科学起来。在这个意义上，如果说人学会使用工具才成为人，那么心理学在学会使用实验工具之后才成为"心理学"。

罗素在其论著《宗教与科学》（罗素，2010）[63]中提到，在科学知识的所有比较重要的学科中，心理学是最落后的。按其词源来说，"心理学"这个词的意思应当是"灵魂论"，但灵魂一词虽然对神学家们来说是很熟悉的，我们却几乎不可能把它看作一个科学的概念。没有一个心理学家会说他研究的素材是灵魂，而一些人会说心理学同精神现象有关，但要说明"精神"现象与提供物理学资料的那些现象有什么不同，却又无从谈起。一些"谬见"现在已经被抛弃，因为这些"谬见"曾经不是作为原因就是作为结果，同神学联系在一起。在谈及宗教时，罗素曾说，整个宗教的基础是恐惧，包括对神秘的恐惧、对失败的恐惧和对死亡的恐惧。换言之，恐惧心理是所有宗教需要产生的基础。费尔巴哈（德，L. A. Feuerbach，1804—1872）在《宗教的本质》中则提出，人的信赖感是宗教的基础，这种信赖与依赖的最初原始对象是自然，他说："自然之有变化，尤其是那些最能激起人的依赖感的现象之有变化，乃是人之所以觉得自然是一个有人性的、有主意的实体而虔诚地加以崇拜的主要原因。"（费尔巴哈，2010）

关于心理学与宗教的关系，詹姆斯在《心理学原理》中也有另一段论述和说法："对所有最深奥的哲学问题的判断：宇宙是在它内在本性中理智的理性表达，还是纯粹而简单的无理性的外部事实的表达？在沉思之时，如果我们发现自己不能消除这样的印象，即它是终极目的的领域，它因为某种东西的缘故而存在，我们将理智置于其中心，于是就有了宗教。"(詹姆斯，2009)[7-8]根据詹姆斯的说法，他自己在写这本被誉为当代或现代最具有科学性质的教科书《心理学原理》时，整本书都紧跟自然科学的观点。在其另一部颇有影响的著作《宗教经验之种种》中，他写道："所有我们的着迷和冷漠、我们的渴望和憧憬、我们的怀疑和信仰……都能找到其器质性基础。"(吉夫斯 等，2014)即便詹姆斯所说的是真的，在目前显然也不能解决心理学本应注意的"生活意义问题"——对于自然科学来讲，至少目前是无能为力的，也许将永远无能为力。也因此，詹姆斯最后变成了麦独孤眼中的"两个詹姆斯：一个是作为生理学家或感觉主义的心理学家的詹姆斯，而另一个则是意向心理学的作者的詹姆斯，并以此为基础建立了他的实用主义哲学"(麦独孤，2020)[3]。从这一点上讲，心理学有多矛盾，或者有多少未解的自然科学题目就好理解了。也就是说，从这个意义上讲，从心理学诞生之日起，它就注定了自己具有试图和谐的分裂性质，心理学界注定也是矛盾和统一的世界，和它的主体——人一样矛盾着存在。

在论及哲学与心理学的关系，尤其是二者因为科学心理学的建立而分离时，现象学的胡塞尔用了"灾难性分离"这个词。他在《欧洲科学的危机与超越论的现象学》一书中指出，在与新的自然科学并列的新的心理学最初创立的时候，心理学"就已经忽视了对自己的，作为关于心灵存在的普遍科学的，从本质上说是唯一真正的任务之意义进行探究，……因此，心理学也不可能对一种真正的超越论哲学的发展有所帮助"(胡塞尔，2001)。而作为对人类心灵的最终关怀的宗教，一经产生于人类生活，就一直作为人类生活的一部分。不能否认的是，我们所有现在熟悉的西方哲学思想几乎都和宗教思想同步，甚至于宗教才是被赋予对人类终极关怀的实存状态。时至今日，最科学的心理学理论，也都没有超过宗教和心灵学对人的影响，因为似乎只有宗教和心灵学而不是科学心理学包含了我们对生命意义的终极关切。

相对来说，或许是因为离我们的时间很近，笔者更认同心理学家墨菲在

《近代心理学历史导引》中的详细回顾。在"近代心理学的前驱"中的"系统心理学的渊源"一节，他指出，心理学作为一门系统的学科，作为以理解人类经验和行为为目的的学科是很靠后的发展过程，是在社会分化大量出现以后才形成的，而且在不同的文化环境中呈现出非常不同的形式。墨菲还特别提到，在早古时期，中国的心理学，在相当大的程度上依附于孔子和老子的先知宗教戒律，并且已经具有一种独特的形式。他借用李约瑟的论述，认为东方具有相当稳定的社会制度和秩序，这种稳定的秩序使得早期的中国哲学同中国的政治制度有深邃的结合并深受后者的影响。这一点不同于连绵战争和社会动荡的西方古希腊文明。古希腊文明使个人主义成就和个人主义哲学达到了东亚文明无法比较的高度，而且这种个人主义的思想一直影响到现在的西方，在个人主义影响下的个体心理学研究也让西方心理学达到了东方无法企及的高度，而且一直引领着心理学的学科发展。

从语言学角度来看，语言是人类的心理表达。因此，人类自身被认为是爱命名或者说是爱借助符号的动物，利用命名和符号来区分周围的事物，是对自己有用还是没用，是安全还是不安全，是朋友还是敌人，努力找出万事万物的运行模式并给出标注，划出可以逾越、利用和不可逾越、需要远离的界线，这一直是人类减少不确定感和增强自己的掌控感的重要方式。在古代，社会科学表现在巫术的使用上，巫师借用自己可以通"灵"的地位，创造出很多符号或者仪式，这些"术"在社会学者看来，其实是和早期的科学技术联系在一起的。弗雷泽（英，J. G. Frazer，1854—1941）在其代表性巨著《金枝》中说："巫术与科学在认识世界的概念上，两者是相近的。二者都认定事件的演替是完全有规律的和肯定的。并且由于这些演变是由不变的规律所决定的，所以它们是可以准确地预见到和推算出来的。"（弗雷泽，2013）所谓现代科学也是如此，科学家创造和发明符号与概念去命名他们的新发现，并打上标签，这些标签越来越多，然后科学家再研究如何分门别类以便于记忆，最后再去想办法解释为何用这种方式分类，于是产生出各门在现代人看来复杂得让人头疼的学科，然后这些学科自成体系，让本学科之外的人们无法完全理解。这样做可以告人的目的其实只有一个就是"发现自然，然后掌控自然的力量"，而另外的不可告人的或者不愿说清楚的目的也有很多。在一些人看来,心理学世界或许更是如此。因为心理学一直与医学联系在一起,从罗素在《魔鬼学与医学》中的论述到福柯(法,M. Foucault,1926—1984)的《临床医学的诞生》的回顾等都充分说明了这一点。如福柯提出,在文明出现之前,人们只有最简单、最基本的疾病,而随着文明的出现与发达、分类医学的出现,疾病的数量已经非常庞大,很显然,疾病的模式已经在转换之中,加入了很多疾病本身之外的人为内容。直到现在赞赏医生时,中国人依然使用"医术高超"一词,"医"显然是科学成分的"医",而其中的"术"大约不仅是指科学的技术,还指科学之外的某种神秘的"术"的含义。而在心理学的另一重要应用领域——精神医学的心理治疗中,这个神秘的"术"的力量似乎更是如此。心理治疗领域的开始阶段可以上溯至巫师和萨满——这应没人怀疑。巫师最早的作用是发现部落族群中的行为异常者,或者是自然界带来的疾病和灾难,然后设法维持部族世界的平衡,只要发现有人行为异常,就要想法做记号或者插上标签,一是提醒部族其他人注意远离,二是想各种办法治疗这类人,以使此类人不会威胁到整个部族。当时最常出现的解释是恶灵附体、被下咒或触犯部族禁忌,经常采取的办法是通过萨满和巫师的咒语吟唱、祈祷舞蹈、迷幻植物等祛除恶灵,得到神灵原谅,获得心灵上的安抚。再之后,祭司或神职人员,替代了萨满和巫师的工作,形式上有了变化,但其核心的工作似乎没有多少变化。从延续下来的语言就可以窥见端倪,比如,英文单词 mania(疯狂)就是源于古希腊神话中的逼男性英雄发狂的女神。我们稍作留意就会发现,西方代表着使人发狂的往往是某某女神,其实她是男权社会中被限制的女性力量的象征,女性的力量让男性发狂既是合理的借口,同时归之于神明的力量,又让其行为可以得到原谅。古希腊神话中的很多人物在今天仍会被人提起,阿斯克勒皮俄斯(Asclepius)蛇神权杖依然是医疗的象征,它蜕皮的能力成了永生和疗愈的最好典范。

原始初民在面对来自自然世界的重重考验时,用近似宗教和神学的观点或者带有早期哲学色彩的思考来理解世界,这是他们内心得到安慰的重要方式,也是不得已的办法,所以,在各种不同自然环境中生活的族群,都会有自己的超自然信仰的存在。宗教与哲学在心理学诞生之前,也一直在承担着心理学的部分功能。随着人类的进步，人们开始理性地观察周围的世界，开始谨慎和理性地思考，尽量减少对不可控制的无形的超自然力量的崇拜。在西方，古希腊哲学得到充分发展之后，有了德谟克利特的直觉："宇宙的复杂表象可以拆解成简单的原子"。也许自此，西方的哲学思考开始有了与东方宏观思考不同的路径，走向了一条对微观世界的思考路径，于是有了西方科学的发展，有了古希腊的希波克拉底的体液医学。而更为有趣的是，似乎现代医学最早就开始于对精神疾病的认识，开始于希波克拉底的医学三分说：会自行好转的疾病、需要医疗的疾病和介入治疗没有反应的疾病，对于第三类疾病的患者或者只需要心理上的安慰。中国人和中国医生熟知的美国医生特鲁多（E. L. Trudeau）也有类似的说法，他的墓志铭就是"偶尔治愈，常常帮助，总是安慰"（To cure sometimes, to relieve often, to comfort always. 注：英文有很多说法，而且关于这个墓志铭是否确实，笔者没有可能去现场，所以无法确认，在这里选择信任）。

此后，心理学科的发展进一步反哺了宗教学和哲学的研究，如宗教心理学借助心理学对个体研究的理论与方法，对群体性的宗教现象进行了研究等。心理学界的很多著名人物都参与到这个领域，或者是不得不陷入这个领域，因为他们的理论必须要解释宗教现象。如弗洛伊德（2015）在《图腾与禁忌》中详细论证了图腾与宗教信仰的禁忌关系，并借用冯特的观点，认为塔布（Taboo，波利尼西亚语，弗洛伊德认为和古罗马语"Sacer"、希腊文字"Oyos"、希伯来文字"Kadesh"字义相似，中文意思为"神圣的、不可接近的"）的形成比任何神的观念和宗教信仰的产生还要早，某种物体产生了与宗教信仰有关的畏惧心理的本能，这种对禁忌的恐惧形成了早期宗教和律法。弗洛伊德认为宗教和这种强迫性禁忌有关，是一种强迫神经症。荣格（瑞士，C. G. Jung，1875—1961）则认为缺少宗教信仰是导致成年人患精神障碍的主要原因。斯金纳从赏罚原理解释宗教活动等。

或许在一些人看来，宗教与科学是冲突的，尤其是在一直崇尚自然又没有受到类似西方神与宗教影响的中国人看来更是如此。这种冲突在心理学这里似乎更加明显。但现在我们所看到的是，这种冲突也在心理学这里得到了解释与调和，宗教心理学和神秘现象的心理学研究正像其他科学一样在发展着,至少目前是这样,这种解释与调和也许是人们的心理需要。这种冲突何以得到调和? 这也许正是本书要将诠释学拿来讨论的意义所在。

第三节　心理科学的方法论

　　心理学界(尤其是心理学教科书)一般将德国实验心理学家冯特建立心理学实验室作为心理学从哲学中独立出来和科学心理学建立的伊始。根据冯特当时的时代背景即生理学进入哲学和心理学领域来看,冯特建立实验室研究心理学是必然的。他的贡献不仅在于提出了"科学"的研究方法,从而使长期以来的经验的、思辨的哲学方法变成"可被看见的实验内省",更重要的是,他提出了心理学的研究对象是意识元素和探索这些元素结合的方式和规律,使心理学的实验研究成为可能——实验研究是单一的,不是全部的。也许是冯特的实验心理学的开创性影响巨大,使得很少有人会注意到,晚年的冯特还做了一件对后世心理学影响较大的研究,就是他用分析社会历史产物的方法对民族心理学进行研究。这一研究的意义在于对心理学的研究提供了一种新的方法论,弥补了自然科学实验方法的不足。

　　在冯特之前,心理学在哲学的体系中和庇护下已经迅速成长,形成了自己成熟的研究范围、观点和思辨的方法,为从哲学中"分娩"出来,独立为一门学科做足了准备,加之物理实验和测量的方法的发展、生理学的迅速发育等,以实验研究心理现象的生理心理学的诞生已成自然和必然之势。冯特之前的物理学家费希纳(德,G. T. Fechner,1801—1887)第一次把物理学的数量化测量方法带到心理学上来,为后来的心理学提供了心理学实验研究的工具,对冯特的实验心理学起到了奠基作用。欧洲心理学实验研究的开始也受到英国经验主义哲学的影响。联想主义心理学代表人物哈特莱(英,D. Hartley,1705—1757)根据英国经验主义哲学的"意识经验可以分解为元素"的思想,进一步指出了元素通过联想组合成复杂的意识经验,并以神经的振动解释联想的生理机制。我们从实验心理学的产生来看,在其从哲学中"分娩"出来的同时，已经努力在向物理学、数学等学科靠近，以寻求自己的学科独立。

欧洲心理学在其诞生后迅速成长，源于其哲学母亲的强大，营养丰富的哲学乳汁成为其茁壮成长的保证。古希腊的哲学思辨精神一直影响着欧洲心理学，或者说欧洲科学。从狄尔泰开始，欧洲心理学显现出人文气质和解释学的传统。在近代，弗洛伊德的精神分析学引领了整个时代，而且，他的广泛和深远影响不只体现在心理学领域。从地理位置上讲，整个欧洲虽同属一块大陆，但具有不同的民族，有不同的语言，因为地理位置的相近，交流成为可能，于是促进了欧洲语言学的发展。同时，城邦和国家的分裂与斗争又促进了各国自然科学、政治、经济和社会的巨大的进步与发展，欧洲也因此成为科学得以产生和持续发展的策源地。

后期心理学科在美国之所以得到迅速的成长，得益于自身学科发展的同时，同样也与美国的实用主义的时代精神有关。心理学不再像是在欧洲那样只是贵族的思考和兴趣，转而成为所有人都要证明自己的实用价值的应用学科，因此，促进了应用心理学在工业发展、职业选择、能力训练、心理能力建设与咨询等诸多方面的迅速发展。同时工业革命带来的自然科学的先进的科学技术也被引入了心理学的研究工作中。沃德（美，Ward）指出，心理学理论统一性的缺乏恰恰是心理学在指导人们的生活方面成功的源泉，允许心理学知识被输出到教育、工业、卫生、监狱等行业，也在市场营销、广告、制造需求、服务和产品的销售等方面拥有了"商品"的特质，同时心理学与自然科学紧密结合，生产了很多需要专业知识的机器和措施，心理学的实验室、机器和措施构成了维持心理学集体认同的仪式的一部分（梯欧，2020）[12-13]。一战的远离、二战的胜利、集体的强大，使得美国的心理学影响力和权威性不断被扩大。当然不只是心理学，因为心理学更需要话语权，具有"什么可以被普通人知道"的宗教特点，所以受权威的影响最大。正如批判心理学者格根所说，"是什么为心理学的发展做出了贡献？传统的回答是新的经验证据。但是对心理学过去两百年历史的观照表明，事实的积累，问题的解决、归纳和对异例的解释扮演的只是配角。实际上，社会的、政治的、经济的因素塑造了心理学学科。而对这些因素的研究则对理解心理学的理论和实践动力学居功至伟"。可以说,格根说出了很多心理学研究人员不愿意触碰的或者无力触碰的强大力量,某只"无形的大手"在操纵着这个世界,资本也好、权力也好,总之不再是大家想象的单纯的科学。这里有必要提一下,格根从心理学元理论反思的角度,将其提出的批判心理学视角作为一种独特的视角,并入自18世纪以来的其他四种基本的心理学学术视角:形而上学心理学(理性心理学和经验心理学)、哲学心理学(思辨的同时纳入自然科学的成果)、自然科学心理学、人文科学心理学,认为批判心理学的视角和其他四种一直相伴随。(注:格根的意思或许是说是其他四种隐藏着的特征)。

随着库恩科学范式概念的兴起,范式理论的概念也被引入心理学领域。库恩的研究是通过对自然科学的理论发展,尤其是他熟悉的物理学的理论发展,开创了理解科学哲学的重大变革,一直影响着现在的科学世界。尽管他的研究不是针对社会科学的讨论,但在社会科学中的意义似乎更为重大。库恩论证了科学家并不遵循我们一直以来奉为"金标准"的实证主义方法论,他指认了科学动态过程中的非理性时刻。在当前后现代主义的澎湃思潮影响下,后现代主义很自然地被引入心理学领域,尤其是批判心理学领域。中国学者也注意到了这一思潮,汪新建、高峰强、冯永辉等都进行了研究,如汪新建(2002)就对西方心理治疗范式的转换与整合进行了研究,提出了西方心理治疗的三大治疗范式:经典精神分析、科学主义治疗范式(行为的控制与调整)、人本主义治疗范式,并进行了逐一分析。

能够看出,上面所说的心理科学的路径,到目前为止,似乎仍只是两条路径:自然科学(科学)的和精神科学(人文)的,或者像有的学者说的客观主义和主观主义。虽然占据主导地位的实证主义者仍然坚持他自己的实证主义观点,但他却无法否认精神科学的存在价值。这两条路径最后必然要融合,就像人的两条腿一样,最后融合的终点是人的大脑。既然到目前为止无法相互说服——而且看起来永远无法消除分歧,那么就需要放弃这种对立的建构方法,允许融合发生,实现既对立又统一。因为假设这个世界是立体的世界——即便是没有灵魂的物质世界,也永远不要指望从一个角度去解决现实和社会存在的问题,更别说作为精神科学的心理学的复杂性。况且,科学研究必然是互动的,参与者也同样是有着认知局限性的人。也因此,狄尔泰在论述自然科学和精神科学的区别时,其基本点在于,自然科学和精神科学研究的对象不同,自然科学研究的是人之外的现象,而精神科学的兴趣在于人本身。对象不同,那么认识论的方式也不同。自然科学重观察,而精神科学则是"体验",即"活的体验"(a lived experience)。自然科学运用因果关系解释时,精神科学则讨论目的、意义和价值。在涉及目的、意义和价值的问题上,每个人都会有不同的回答,因此也会陷入争论,于是有学者提出,涉及人的社会生活部分的理论,一定是解释学的,因为理论是一种对现实争论的解释,所有的理论都是对现实的解释,当我们接受和采纳这些理论框架帮助我们理解周围所感时,就可以说我们得到了一种解决问题的方法,关于这一点,正是后文的讨论存在的意义和价值。

在欧洲的科学主义发展正锐不可当之时,稍晚的柏格森继承和发展了狄尔泰的生命哲学思想。柏格森进一步指出,科学认识的结果只能用文字或概念来表达,而文字、概念是僵死的符号,它永远不能表达活生生的精神或生命。他的观点是,概念的缺点在于它们是以符号代替所表达的对象,以一定的符号所构成的表达,与符号所要表达的对象相比,永远是不完满的。在柏格森看来,逻辑只和无生命的物质联系紧密,对于有生命的实在来说,是它的绵延性和"生命之流"。柏格森在获诺贝尔奖的著作《创造进化论》中写道:"每个人应该为自己从内部解决自己的问题。关于这一点,我们不需要深入研究,我们仅仅探讨我们的意识赋予'存在'一词的确切含义是什么,我们认为,对于一个有意识的生命来说,存在在于变化,变化在于成熟,成熟在于不断地自我创造。"(柏格森,2004)

柏格森的"生命之流"的思想集中体现在他和爱因斯坦关于时间概念的世纪之辩中。柏格森认为的时间被爱因斯坦称为"心理的时间",是一个人感知到的时间,不是物理上的时间,物理时间是由诸如时钟之类的科学仪器所测量的时间。从分别作为文学家和作为物理学家获得诺贝尔奖的两位诺奖得主的世纪之辩来看,便能理解精神科学和自然科学的争论角度(注:是否从这一点也可以看出相对论的价值呢?不敢妄言)。面对互不相让的争论,也许正像其时的"柏格森派"的哲学家罗伊(Roy)所称,解决关于时间的分歧,可以直接使用不同的词语来区别物理学家和哲学家的不同概念:用"时刻(hour)"指称物理学时间,而用"时间(time)"指称哲学时间(卡纳莱丝,2019)[64]。时间这个概念的重要性,无论对于自然科学还是精神科学,意义都是不言而喻的,所以其后的海德格尔以"存在与时间"命名的巨著才会得到那么高的关注。

除却两个路径的争论之外,同样需要注意的是学科发展的时代特征,对心理学的影响尤甚。时代不同、客观存在的对象不同,语言亦不同,物不是,人亦非,心理学在时间绵延和视域融合中不断发展。出于人类对自身了解的渴望,心理学的发展一直在吸收着时代发展的精髓。进化论对心理学的影响是巨大的。根据心理学史,进化论的思想迎合了"讲究实际的、富有创造力的思想风格;很快地找到处理问题的办法;……十分突出的个人主义"(舒尔茨,1981)[137]的美国人,对后来居上的美国机能主义心理学起到了直接的促进作用。进化论提出的动物到人的心理连续性,使得通过研究动物心理进而研究人的心理成为科学的视角,并根据"自然选择、适者生存"的法则开始重视心理对环境的适应作用,通过研究环境的作用来研究人的机能。由此,适应与变异成为心理发展的基本规律,个体差异研究使得心理比较成为可能。詹姆斯倡导心理学是心理生活的科学、要注重科学的效用性,正是受到进化论和当时的实用主义哲学的影响。

对于当下时代来说,信息加工认知心理学是最受关注的,它吸收了众多学科的研究成果,并采用先进的人工智能模拟方法来综合地研究认知过程的复杂性。信息加工认知心理学在传统研究感知觉和表象的基础上,将心理学从只研究外部行为的"客观行为主义心理学"转向研究内部的心理机制,并将理解、学习、问题解决、推理和决策等高级认知过程和策略过程与初级的信息加工研究结合起来,利用大数据、云计算来推测和探索心理决策等高级心理活动。心理学的这一发展,无疑离不开当下计算机等多学科发展出来的众多研究方法的应用。所以,在心理学研究对象基本不变的情况下,研究方法的进展和更新,对心理过程和机制进行现代科技的诠释,既是学科发展的需要,也是时代和时代语言的要求。美国的心理学史家舒尔茨(1981)[1]说:"一般地说,现在关于人类的本性所提出的问题,与若干世纪以前所提出的问题是类似的。现代心理学与它的睿智的先驱者的重要区别，不在于所提问题的种类，而在于探索答案所用的方法。"

的确，当前人工智能的发展给心理学的基础研究带来了新的科学的方法，以模拟和类比来进行认知过程研究。但需要指出的是，基于人脑的复杂性，各种认知心理学只是将其理论基础或者假设类比为"心理活动过程像计算机的计算过程"，但毕竟是类比，而且得出的结论均是建立在实验的基础之上，单纯依据实验室的研究结论来解释和说明人的心理活动，显然在低层次的阶段或许是有价值的，但对相对高层次的高级活动显然是不够的，不仅仅是因为相对论、量子理论和薛定谔的"猫"，还因为人的心理过程永远发生在实验室之外。

同样，对于心理学自身的研究也一直存在着科学主义取向与人文主义取向（或者说精神科学）的论争。从某种意义上说，正是这两种力量的博弈促进了心理学科在这两个领域的发展。其实，从现代意义上看，这两种纷争是科学研究与实践应用的研究的纷争，是科学与科学的意义的纷争，或者像之前我们区分的心理知识（应用）和心理科学（研究）的区别。现在的心理学界的分裂一如在美国那样的分裂，分成代表科学研究倾向的美国心理学协会（American Psychological Society，后更名为 Association for Psychological Science，简称 APS）和代表实践应用倾向的美国心理学会（American Psychological Association，简称 APA）。心理学内部对于这种分裂的状态，一直有不同的观点，一种是科学心理学者认为应建立统一心理学模式，用物理学模式建立统一心理学的模式，这在目前被认为是"科学的心理学"，大都在实验室研究中获取结论；而更多的是心理学研究的多元论观点，该观点认为心理学本来就是一个缺乏核心的学科，不同的研究取向组合在一起，心理学不应该叫"心理科学"，而应该叫"心理研究"，因为，当实验或理论研究拿到生活实践与应用中，一定会遇到"人"这个复杂的综合体，而且会涉及目的、意义和价值的不同理解与解释。

自然科学对心理学的贡献是毋庸置疑的。人们不应该反对运用自然科学的方法研究心理学，甚至需要欢迎人们对微观心灵的探究，正是借用了人类自身可以延伸自己能力所及的工具，并描述和说明我们所看到的现象背后的"本质和规律",才让我们更加了解我们自己。但同时我们也应该注意到,对于涉及意义、人性、自由等概念的最早提出的心理学问题,自然科学现在仍不可能给我们一个满意的答案,而"人需要一个答案"的信念又不可能是缺失的。为此,我们需要一个当前需要和能做到的答案和解释,不能等待只是用一个视角去看待复杂的我们和我们周围的世界,然后给出答案。我们需要精神科学。或者从另一个意义上,对生活在这个世界中的个体来说,我们需要自然科学和精神科学的融合。这个融合的点,就是这两种科学鸿沟之间的桥梁。就目前来说,最可能的就是研究人类理解和解释的诠释学。科学哲学家也一直在谋求着自然科学和人文科学的统一,并希望提供某种解决方法,所以提出科学诠释学的概念。我们之所以重新提出并重视这一观点,符合人与世界关系的后现代思维方式,强调超越心理学是自然还是人文科学的分歧,强调知识的应用价值,注重知识的解释性、互动性和关系性,重视知识的伦理与道德维度。

这个希望谋求自然科学和精神科学统一的愿望中包含的思考是人类需要重视的,尤其是人类社会发展到当代,在科学技术的发展给人们带来的"意义困惑"的思考下,也许又将到达一个变革时期。受康德三个批判的认识论影响、吸收并发展了当代马克思主义的社会批判思想影响的批判心理学,在挑战着主流心理学的所谓科学思想,便是这场变革中的推动力量之一。其中的主要代表人物之一是哈贝马斯(德,J. Habermas,1929—)。哈贝马斯沿袭了霍克海默尔(德,M. Horkheimer,1895—1973)、弗洛姆(德裔美籍犹太人,E. Fromm,1900—1980)、马尔库塞(德裔美籍犹太人,H. Marcuse,1898—1979)等人的思想,在继承与发扬马克思对资本主义社会发展的批判思想的同时,从弗洛伊德精神分析的角度对马克思主义进行了解析,认为马克思主义忽略了对人的心理的关注。哈贝马斯批判性地认为,对工具理性的批判是整个社会批判理论的基石。工具理性是现代工业社会为达到其发展而强调其所用的特殊手段的正确性,它排除任何对目的本身事物的考虑。按照此看法,工具理性概念是通过把自然数学化以与真理等同,从而使方法论绝对化,采取"方法中心主义",致使社会失去了批判性和超越性,成为单一向度的社会,使人成为马尔库塞所称的"一味追求物质享受、不再有精神追求、缺少批判精神和革命精神的单面人"，沦为工具理性的奴隶。哈贝马斯同时认为，马克思主义关于生产力和生产关系的理论已经不适应当前时代的发展，人与人之间的关系不再是生产关系，而是已经扩大到各方面的交往关系。他的观点是，以交往关系替代生产关系。这个观点扩大了人的关系的外延。同时，哈贝马斯还批判了哲学实证主义的倾向，认为实证主义把哲学的主题局限于科学领域，忽略了对人的研究。他重新提出了三种科学的区分，经验-分析科学、历史-解释科学和批判导向科学。这三种类型的科学的共同特征在于，一种特定的基础性认知兴趣（interest，有学者翻译为旨趣）指导着对知识的追求。很显然，哈贝马斯对科学的划分中有了心理需要的成分。随着批判理论发展并渗透到心理学领域，以批判主流心理学的方法论问题为立足点，产生了批判心理学的理论。批判心理学的批判角度也由此转回了欧洲或德国的解释主义传统。需要说明的是，哈贝马斯等的影响力涉及的不仅是心理学、社会学、政治哲学，在诠释学看来，他同时也是"批判诠释学"的代表人物。

批判心理学的视角是受马克思、尼采、库恩和福柯等人启发和促动的批判传统，包括后现代主义和社会建构论、女权主义、后殖民主义思潮的影响。从批判心理学角度，马克思主义心理学史家根据马克思与恩格斯的关于社会、政治和经济学的批判思想，认为人类科学不是独立的实体，而是现实的物质生产过程的产物，在对精神科学研究时，意味着必须在生产力和阶级关系的发展这一语境中研究心理学，心理学可被理解为从社会的经济结构中突出的上层建筑。

批判心理学理论是一股新兴的心理学科力量，被当代心理学界认为是心理学科的发展动力。其实，批判不只是在推动心理学的发展，也在推动着其他学科的发展，正如美国研究民族心理学的学者古尔德（美，Gould）所说，"在推动科学进步方面，批评他人的结论与创获新的发现平分秋色"。在批判心理学史家看来，在西方心理学100多年的发展历史中，一直在扮演着重要角色的是外在的、社会的、政治的和经济的因素，它们塑造了心理学科，对这些因素的研究对理解心理学意义重大，从这些外在角度去理解心理学，和在对理论的批判中创造新的发现同样重要。显然，从这些外在的角度讨论心理学,正是在讨论心理学的外在意义,这其实正体现了诠释学的特点和重要性,创造性地解释和补充已有理论正是心理学科不断发展的源泉与动力。同时,这也更进一步说明了心理学科的精神科学性质。

批判心理学的思想在中国的心理学界少有学者关注,这似乎也只能说明一个问题,心理学对于大多数中国学人来说是学习和应用阶段,少有反思和批判的能力,因为这种关注应该是在非常了解西方心理学基础上的理性关注与思考。中国学者王波就注意到了这个问题,他主编了《批判与马克思主义心理学丛书》,系统介绍了西方批判心理学的思想。在这套丛书的总序中,王波指出了批判心理学对传统心理学的"破"与"立",他认为,批判心理学"破"的一面是指出了传统心理学如何在专门化的劳动中试图生产和积累用以描述、预测与控制人类心理与行为的专门知识,揭示了心理学作为一种新型的治疗装置,通过对行为的引导接管了人们的日常生活;"立"的一面则是批判心理学力图发展出既有价值承诺又有科学基础的新心理学,以此作为方法论,打开心理学的想象力,为人类的主体性解放提供新的思路。

可以说,传统心理学发展到现在,现代资本已经发现并介入了这个具有人类精神独特性质的学科,尤其是在实用主义发达的美国,人们越来越注意到它的构建特征。美国的实用主义心理学和欧洲或德国的解释主义传统的心理学有明显不同,但心理学的母体源于欧洲哲学,这不容否认。所以在批判和反思之中回归到它的哲学母体也算是传统心理学对批判的回应。后面我们要讨论的心理诠释学路径,也是在哲学的批判与争论中产生并发展起来的,尤其是欧洲哲学或者德国哲学的解释传统,所以更倾向于人文科学性质,不同于美国实用主义哲学的机能主义心理学,更重视基础研究和心理学作为技术力量的应用。而在另外的心理咨询与治疗实践应用领域,因为更具有人文关怀,所以解释主义方法论的重要性似乎更加明显,并且得到了大多数临床心理学家的认同。

前文多次提到过的诠释学,在这里先做简单介绍,后文章节会详细回顾。诠释学(Hermeneutics),同样来源于西方的学科架构,中文名称不一,有解释学、阐释学、释义学等不同说法,但个人更倾向于目前很多国内学者使用的"诠释学"(《说文解字》注:诠,从言,全声。言全的意思,更符合诠释学的精髓）。早期诠释学原本是一门指导文本理解和解释的规则的学科，类似于修辞学、语法学等。20 世纪之后，由于解释问题的普遍性——这种普遍性的原因在于，人们需要理解飞速发展的社会和随之而来的各种问题，经济的发展同时伴随人类对自身思考的觉醒，于是开始询问周围的世界，寻求解释。当然要寻求解释的不只是人文科学（精神科学），同样包括数学、物理等自然科学世界。发现了什么，如何描述，需要语言和概念，而这些概念和语言又需要进一步解释给普通人听，才会被理解。当然，诠释学从最初作为方法论发展到今天，已经不局限于这些，已经被伽达默尔等人上升到哲学的高度，不仅告诉我们解释什么，如何解释，而且开始觉察在"解释当中发生了什么"，正如伽达默尔本人在《真理与方法》1965 年第二版序言中所说："我本人的真正主张过去是、现在仍然是一种哲学的主张：问题不是我们做什么，也不是我们应当做什么，而是什么东西超越我们的愿望和行动与我们一起发生"（伽达默尔，2010b）[552-553]。伽达默尔说的，正是对于一门学科真正理解后的真正思考，是科学的思考和创见要有的客观精神存在。

学科发展一直在争论中进行，这同时也是诠释学的困境，但争论的存在似乎也是诠释学存在的意义。学科争论无非是学科研究对象是什么、学科研究方法是什么。心理学研究一直在争论中得以发展。心理学研究对象是什么，这个问题很难回答，因为和人有关的内容似乎都属于它的研究范围。而从学科研究方法讲，在某种意义上说，人无法研究自身，如果要研究人，必须是"非人的人"来研究方可，要跳出人的世界，但这似乎又陷入了极端，进入了不可知的怪圈，这是宏观的。但人又要研究人，宏观的做不了，那怎么做呢？只能从分解人的微观世界开始，而微观世界的研究又无奈于人的自身局限性——知识的、身体的——而需要借助工具，现代科学技术的发展只不过是不断建立"工具"，不断延伸着人的"视觉和触觉"，使我们对自己获得更远更深的了解。但很显然，如前所述，心理科学自身自然科学与精神科学融于一体的复杂性，又使得研究存在很多质疑和争论。

第四节　心理学和精神病理学的现象学特征和问题范式

　　培根(英,Bacon,1561—1626),被马克思称为英国唯物主义和整个现代实验科学的真正始祖,他指出,科学研究应该严肃地直接从感觉出发,通过循序渐进和很好地建立起来的实验进程,努力为人的理智开辟和建筑一条道路(叶浩生,2014)[55-56]。于心理科学来说,它的确和物理学等自然科学不同,正如冯特的学生铁钦纳(英裔美籍,E. B. Titchener,1867—1927)对其老师提出的"实验内省经验"方法所反对的那样,他说,心理学研究和物理学研究一样,都是直接研究经验,但是两者有所不同,物理学研究的是不依赖于经验者的经验,而心理学研究依赖于经验者的经验。由此我们可以得出结论,直接地从感觉经验出发去研究,这是实验科学研究的起点,物理学研究的观察法的观察对象"经验变易性"不大,而心理科学研究的观察法是建立在"可变易性的经验"——因为对象是直接的人的经验——基础之上的。况且,可以明显看出物理学的自然科学的观察法似乎有一个被故意忽略的事实,就是研究者的"可变易性",好在物理学的实验研究可重复性很强,所以才会有不同的研究者可以得出相同的结论。科学研究一直在努力做的一件事情是,剥离作为研究者的人的经验的影响,希望将这种影响"括号"出去,以得到更本质的答案,这一点恰恰是现象学(phenomenology)的核心思想。

　　现象学理论产生于19世纪末20世纪初,当时的自然科学领域发生了重大的变革,科学的认识深入微观世界。在当时的科学界,以牛顿力学为基本内容的古典物理学的地位,开始受到以爱因斯坦相对论和量子力学为基本内容的现代物理学的冲击。冲击的结果就是使人们认识到了客观世界的辩证性和科学真理的相对性。这一结果与当时的时代特点相遇而结合,同时因为第一次世界大战给人们带来政治、经济和社会的全面危机,人们在心理上承受着探求"什么是真理"的冲击,被当时的哲学家们看成是"自然科学的危机"。胡塞尔正是看到了这种危机的存在,试图寻找"永恒真理",发现或者创造性地建立了他的现象学哲学。现象学哲学的重要性,从后来的哲学史家将现象学的方法同分析哲学的方法和辩证法一起称为西方的"三大哲学方法"可窥一斑。

胡塞尔的现象学对在真理问题上的自然主义和心理主义同时做了批判。他指出,自然主义的唯物论的错误在于人的认识不能超越经验,真理的呈现依赖于人,人的变化带来的真理不可能是客观的真理。同样,他也批判了休谟等人在真理问题上所持的真理心理主义。心理主义者认为,科学真理的普遍性和必然性来自心理的信念。胡塞尔指出了心理主义的相对性错误,一是不同人有不同的真理,二是不同人共同的真理同样依赖于人。那么,真理在哪儿呢? 在胡塞尔看来,永恒不变的真理是先验的"纯粹逻辑",这种纯粹逻辑既非唯物主义者所认为的是客观实在的反映,也非心理主义者所认为的是心理的活经验的东西,而是先验地存在于"纯粹自我意识"或"先验主观性中"的"纯粹观念系统"。要认识这种"纯粹观念",就要用他独创的"现象学还原"的方法,即著名的"括号法":把前人留下的传统知识括除、搁置,和外部世界的直接经验知识一样,不对其做任何存在于时间与空间的断定。胡塞尔说:"现象即本质"。胡塞尔同时还指出,要实现上述的现象学还原的目标,必须依赖直觉或本质的直观,他在《哲学是严格的科学》中写道:"直观所直观到的本质,就是本质的存在;而不是直观其他任何意义的存在。因为本质的直观决不是认识具体事实,它丝毫不包含对任何个体存在的肯定。"(夏基松,1985)这样一来,现象学不仅把一切关于事物的理论和它自己的存在"括号"出去,并且无视其他的存在。这种方法从理论上讲,的确是发现真正的真理的方法,但难免陷入另一个困难:那就是什么是其他的东西,那些不是自我本身的东西是什么? 当自我无视他物存在时,怎样达到"这个他物"呢? 胡塞尔在其《笛卡尔沉思录》里有过他自己的回答,不过只是个类推的回答,根据洪汉鼎(2001b)[178-179]的解释:"我开始于我自身作为具体自我的经验,这就是说开始于一种在某经验流里与某对象世界的统一。因为对象世界一起属于具体自我,所以我的肉体也属于它。……我经验我的肉体,我经验它为某种与这里有关的东西……我自己的肉体总是通过一个'这里'(Hier)被刻画,而其他的物体乃是某种'在那里'(dort)的东西。……

物体'在那里'具有确实的、直接与运动相联系的意识行为。……因为'所与的'陌生的物体是如此像我自己的肉体所能行事地那样行事,所以我能类推地(analog)把这陌生的物体看作为某个他者的肉体。因为某个他者的肉体的本质是这样被刻画,即它物体化(体显了)一个具有独立意识流的具体自我,所以我能(因为我知道他人的肉体)认识他人也是有意识的具体自我。"

从上面的这段话能够看出,胡塞尔的现象学的确晦涩难懂,又或者可以意会到他的意思,但要明言清楚却又很难。虽然难以读懂或者表述清楚,甚至在一些人看来有狡辩的嫌疑,但现象学对哲学发展的影响是巨大的。它显示了科学的质疑精神,顺应了其所处的伽利略思想时代对哲学和人的精神追求的要求,关注了现代科学发展和欧洲文明的危机,勇敢地质疑了现代科学,认为现代科学发展使得人们重视物质需求、忽略精神需求,使人本身失去了存在的价值和意义。他的观点,促进了人们从重视神权和唯科学主义转向重视人的自身需求和权利,直接影响和促进了后世存在主义、直觉主义、人本主义的产生和发展。在当代有人甚至根据现象学的概念和思想,结合马克思主义,发展出了"现象学的马克思主义",认为马克思主义应该和现象学结合起来,不只探索现实社会,更要探索"现象"幕后的"自我"的真正生活,共同应对现实社会的革命,实现人的自身价值,使人从深深的精神危机中解放出来。

胡塞尔的现象学要求哲学家们摆脱所有外在标志和概念构造,直接"面向事物本质",他的学生海德格尔继承和发展了这种"使事物如其所是地显现自己"的现象学思想。在海德格尔看来,由"现象"(phenomenon)和"逻各斯"(logos,希腊文,多义词,可表示理性、逻辑、规律、语言,海德格尔认为最重要的是"讲话"的意思)组成的现象学(phenomenology),是让人从言谈中看到事物如其所是那样显示自身,让人从显现的东西本身那里如其从其本身所显示的那样来看它,这就是"面向事物本身"。海德格尔以此为起点,以"此在"和"此在存在的意义"替代他的老师的"先验自我"与"纯粹现象学",进一步发展出了他的存在主义哲学思想。当然,与其同时代的萨特,及作为神学家的雅思贝尔斯都对存在主义做出了很大的贡献。雅思贝尔斯、海德格尔和萨特,或者他们之前的克尔凯郭尔都对存在主义进行了自己的论述。尤其是海德格尔提出了自我存在的时间性,他对于没有本质存在的"烦""怕""畏",还有对人的"沉沦状态"——闲谈、追求新奇、缺乏掌控的犹豫等的描述,都极具他所处时代的特点。这种时代的特点甚至对当代人同样有意义,即解释现代人们熟知的存在焦虑问题。萨特则更进一步,将人与动物在存在与本质这一点上加以区别,认为只有人是"存在先于本质",因为人有选择自己本质的自由,人以外的事物只可能是"本质先于存在",是人的主观性创造出来的,其"本质"在其存在之前,已经在人脑中形成。所有的这些存在主义的思想,对后来的人本主义思想有非常重要的借鉴意义。人本主义所强调的恰恰是存在主义思想的进一步发展,例如:人有绝对的自由,人可以选择意义,并可以为自己的选择负责任,等等。

可以说,现象学的思考满足了时代对科学结论的质疑,使人们对不确定的科学和科学无法企及的"意义"问题又有了另外一个解释的文本,尽管这个解释并不能圆满解决人们关于真理问题的疑问。

提到现象学,我们可以回到精神病学和心理治疗领域上来,因为如果仔细考察现在的精神病学诊断和心理治疗,我们将会认同前文提到的斯皮格尔伯格的研究结论,即它们的方法大都是现象学的。尽管神经科学、生理学的发展给人们带来了很多之前未知的知识,但精神病学和心理治疗领域仍有很多未知,所以只能以现象代替本质,以症状代替疾病。从另一个角度讲,作为科学家和哲学家的庞加莱所概括的约定论,在精神病学的诊断及心理治疗的方法上更具有意义。在他看来,对于同样的现象,科学家们可以在诸多的方式中选择一种来描述,而他们的选择会非常符合惯例,甚至超过了必要的程度。这种说法被库恩进一步发展为科学共同体的范式概念和理论,在科学界引起了巨大反响。或者,对精神病学诊断和治疗的理解,可以用经验领域中科学主义的流行说法来理解,"对可感世界及其可见事实的经验无非是先于清晰的科学表达的不清晰表达而已"(卡纳莱丝,2019)[52-53]。

在现实中也可以看出,尤其在应用领域,现象学对精神病理学的影响是巨大的。上文讨论过的雅思贝尔斯,其代表性著作《普通精神病理学》中就有现象学的分析,也奠定了他在精神病理学领域的重要位置。另外一个有代表性的或者更具有说服力的人物是德国精神病科医生宾斯旺格(德,L. Binswanger,1881—1966),他是第一个把精神病学当作科学的精神科医师,也是要求理解精神病人作为整体的人,并且强调心理学在精神病学中的意义的精神科医师。他和所有那个时代在精神病学领域有影响的人物都有交流,包括布洛伊尔(奥地利,J. Breuer,1842—1925)、弗洛伊德、荣格等人。有趣的是宾斯旺格不仅写了很多如何理解和解释精神分裂、躁郁症的小册子,还在他祖父创立的著名的拜里弗疗养院中发展出了"此在分析"的独特心理治疗方法。这是个颇有现象学特点的、不同于精神分析的临床心理治疗方法。宾斯旺格相信这种此在的分析方法对治疗有意义。他说,此在分析不是根据理论去理解患者的生命史,而是把患者的生命史理解为世界中存在的变异,此在分析让患者去体验如何迷失了道路,并像登山向导一样让患者回到路上,在恢复的共同世界中重建交往;作为一种开放的人类理解方法,此在分析可以让患者由神经症或精神病的存在方式,回到对他自己正常可能性的自由处理中。显然,这种治疗方法不消说在当时,就是在现在也是备受争议的,但是作为一种努力和尝试,其意义又是不言而喻的。

现在换个角度,从分析哲学和语言学来看,用以表达思想的词总是指向我们思想之外的事物,这就决定了以严格的检验假设、客观的实验和数量化为特征的客观研究方法并不能揭示人的内在心理的全部特征。因此Lieberman(1989)指出,精神病学对人的心理状态和精神生活的研究与实践需要另一种互补的或者某种情况下可以代替客观研究方法的主观方法:表达和释义。(冯永辉,2017)近几年来,精神病学领域和心理治疗领域正在强调的质性研究和真实世界研究已能说明这一点。

1962年,库恩在其出版的《科学革命的结构》一书中,提出了"范式"这一概念,在科学界一石激起千层浪,其影响无疑是巨大的,不仅影响了自然科学领域,而且其范式特征恰好为人文社会科学的争论提供了有力的解释。范式理论被引入心理学领域之后,引起了大量的讨论,似乎在一夜之间,心理学领域争论的问题终于找到了答案:一切都是"科学共同体的范式"。在这一研究领域中自然少不了中国心理学者的身影,冯永辉、高永锋等学者分别对心理学的主观主义范式和自然科学范式进行了讨论。范式科学现象已然存在,那么,相对应的问题存在便值得研究,即范式问题和问题共同体,这一点对没有明确病理特征的心理问题和疾病来说,似乎更是典型的存在。

　　范式问题带来的问题是显而易见的。科学的定义掌握在"科学共同体"那里,缺乏自然科学论断的精神科学更是如此。比如精神疾病的诊断,就明显不同于其他大部分的生物医学的诊断。当然,在精神疾病诊断领域的确有几种疾病已被证实是有其明确的生物学基础的,像是精神分裂症、躁郁症等,但其他各类疾病却开始有了不同,比如轻度抑郁症、焦虑症等和社会心理明显相关的心理障碍就有被扩大化的风险,而且,制定的诊断标准,无论是《疾病和有关健康问题的国际统计分类(第 10 版)》(*International Statistical Classification of Diseases and Related Health Problems*,10th Revision,ICD-10),还是美国《精神障碍诊断与统计手册(第 5 版)》(*Diagnostic and Statistical Manual of Mental Disorders*,5th Edition,DSM-5),无一例外只是根据症状、持续时间、对生活的影响程度来确定,几乎所有的指标全部依赖的是主观的描述,即便是有所谓的量表,也只不过是为了方便统计和计算,将文字转换成数字而已。

　　实事求是地说,心理疾病或精神疾病的诊断是个很困难的事情,就像确定什么是"正常"、什么是"不正常"一样难。什么是"正常人",这个看似很简单和靠直觉就能解决的问题,真正要细究起来,却在根本上就是很难的事情。世界卫生组织(WHO)对健康的定义也面临一样的困境,"健康乃是一种在身体上、精神上的完满状态,以及良好的适应,而不仅是没有疾病和衰弱的状态",什么样的状态叫完满状态? 什么是良好的适应? 正常衰弱的老人是不是健康的? 很多熟悉精神分析学派的心理学家都很清楚,就几乎没有完满状态的人,因为精神分析认为:"最好的病人,根本就是不需要精神分析的病人"。而对这个问题,大家大都默契地彼此心照不宣。但是这样思考下来,却可能会让很多人觉得惊异。负责主持制定 DSM-4[*Diagnostic and Statistical Manual of Mental Disorders*,4th Edition,《精神障碍诊断与统计手册(第四版)》]的美国精神病学专家艾伦·法兰西斯(Allen Frances)在 DSM-5 要将"疾病风险"等列入精神疾病诊断标准时就曾强烈反对过,他在《救救正常人》一书中披露了关于 DSM-5 诊断标准的很多内幕,对扩大精神疾病的诊断范围表达了非常强烈的不满。

对于精神病学领域扩大范围的不满，不仅让一些精神病学界人士开始反思，它更是临床心理学家们思考的重点。心理问题存在连续谱性，尤其是青少年心理问题的诊断，因为其变异性和发展性，诊断的不确定性越来越突出。更为重要的是，临床心理学家们认为，标签化的诊断阻碍了自我心理的正常发展。的确，我们生活在信息发达的世界，已经有可能让我们清晰地去看待一些问题，一些之前可能被自己奉为真理的事情其背后却有着让我们瞠目的内容。艾伦·法兰西斯在他的书中讨论了正常和异常的定义，包括医学的、哲学的、社会学的、统计学的方法，最后在哲学的实用主义论那里找到了他认为相对比较好的定义方法。随后他讨论了安慰剂心理效应的危害是让人们依赖药物来治疗某些不需要治疗的疾病，讨论了追逐经济利益的药商如何左右了诊断范围的扩大、精神疾病如何在过去和现在被扩大诊断，等等。虽说这些可能是一家之言，但任何学科都需要深入冷静的反思，没有反思就不会有推动学科发展的力量。在他看来，"DSM-5 就是一个闹剧，证明精神疾病诊断的发展已超出了学会（APA，美国精神病学协会）能掌控的范畴"（法兰西斯，2015）。他指出，DSM 的诊断系统更适用于研究领域，而ICD-10 则相对较为简单，但无论如何除却要考虑人类基因的共同性导致精神疾病的共同性和一致性以外，还要注意文化差异带来的影响。我们更应该注意的是除却几种确定的具有生物学倾向的精神疾病以外，更多的精神疾病、心理障碍等的诊断要符合人类发展的各个阶段和各地的社会文化背景。比如，现在对于青少年抑郁障碍的诊断是不是将青少年成长的烦恼和对依据他们的年龄阶段与认知无法解决的问题"乱发脾气"当成了抑郁？又或者更多的成分是人类需要的"成长焦虑"持续的焦虑耗竭之后导致抑郁？医生在最开始的一次非常简短的交谈后能否下一诊断，然后开始药物治疗？还是在几次就诊和会谈后才会做出诊断和进行治疗？从另外一个角度看，诊断抑郁障碍，以并不标准和无法判定的情绪特征为主要临床特征是否缺乏考虑？至少以现有的诊断标准来看，抑郁障碍的诊断是已经扩大化了的，因为它已经确定使焦虑的某些特征被领会成抑郁成为可能，尽管这可能需要所谓的科学的数据分析。另外，如果焦虑、抑郁等已经成为现代社会的普遍问题,那它们就已经不是或者不只是医学的问题,或者至少它们不再只是自然科学的问题。

目前在世界范围内,精神疾病诊断的范式问题的确存有争议。2023 年 10 月 7—10 日,第 36 届欧洲神经精神药理学会(ECNP)年会在西班牙巴塞罗那举行,开普敦大学的 Dan J. Stein 和凯斯西储大学的 Awais Aftab 两位教授,分别以"精神病学的范式转换"和"精神病学的诊断和治疗——是生物医学基础还是人文基础?"为题做了专题报告,反响热烈。

他们指出,精神病学的范式存在很大的局限性,人们对于幸福感的追求可能带来额外的负担,负面情绪可能有同样重要的价值,精神疾病的诊断充满了理论假设,目前的诊断类别在很大程度上是实用主义的结构,解决精神疾病的相关问题应从多层次的因果关系、多元主义与人道主义角度出发,即整合多视角、多方法、多层次解释的多种方式。从这几个"多"来看,精神病学要追求确定性和唯一性的"科学精神",尤其是自然科学的精神,有多难就可以理解了。

无论多难,总是要从实际应用出发。

中国的精神疾病诊断,原来有中国自己的诊断标准,从 CCMD-1 到 CC-MD-3(*Chinese Classification and Diagnostic Criteria of Mental Disorders*,《中国精神障碍分类与诊断标准》,CCMD-1 为第 1 版,CCMD-3 为第 3 版)。目前,据说是为了和国际接轨,不仅在科研上,即便在临床上也已较少使用这些诊断标准,使用更多的是 ICD-10 系统。我们应注意到,如果为了和国际接轨,方便研究和交流使用,ICD 的诊断系统是可以的,但是对于大多数临床实践的一线使用者来说,ICD 诊断系统操作起来和具体情况的差距是明显的,尤其是现在在医院使用过程中,有一些问题无法寻找到适合中国国情和实际的诊断条目,比如神经衰弱症状群。我们应当重新考虑建立中国文化背景下自己的诊断标准。精神疾病有它们共同的人类生物基础,但表现上一定有文化背景表达下的底色,尤其是和社会背景密切相关的心理障碍或者心理问题会更具有自己的文化表达方式,所以,我们认为恢复中国的精神疾病诊断标准是必要的,将自己是否"得病"——尤其是极具文化基因的心理疾病,交由别人的文化来决定是否合适,是我们要慎重思考的事情。

在现实生活中,随着普通大众对心理健康的认识和接受程度逐步提高,医院中的心理问题类咨询越来越多,现有的管理化医疗机制难以准确反映心理问题的复杂性。疾病的诊断给越来越多的从事心理问题类诊断与治疗的精神科医生带来了太多困惑、不安。

美国一直有自己的诊断系统 DSM,而且某种意义上在影响着各国的诊断标准。作为有着几千年厚重文化传统并且有自己的中医体系的中国理应有自己的思考,应有自己的"范式",这一方面体现了中国的文化自信,另一方面也是临床实践的需要。当然,为了方便国际交流,各国仍然需要使用统一的诊断标准,以便比较研究,但那是心理学研究者而非普通医疗工作者要做的工作。

关于诊断的问题,如果单从心理治疗的角度看,在很多从事临床工作多年的临床心理师看来,诊断是困难的,尤其在刚刚开始接触来访者的时候,会发现很多问题无法根据现有的任何精神疾病诊断标准下一个明确的结论,而这一点,在提倡精准医学背景下似乎又是不可容忍的。在涵盖心理治疗的精神医学框架下,医学模型中的诊断是否与心理治疗相关,是个值得讨论的话题。这一点,国外的临床心理学家们也已经开始思考。关于诊断对心理治疗的价值,人本主义的当事人中心疗法就认为是没有必要的。罗杰斯曾明确提出了这一点:"对于心理治疗来说,治疗师对当事人有一个准确的心理诊断并不是必要的。……我观察的治疗师越多……我就越确信这样的结论——诊断学的知识对于心理治疗来说并不是必要的。"(韦丁 等,2021)[121]从心理学的功能来说,不能仅仅局限于心理问题的诊断与治疗,还应注意心理学的另外两个功能:改善成长和发现才能。

第二章　西方诠释学的源展与心理学实践应用借鉴

> **本章简介**　本章主要根据我国的诠释学者洪汉鼎和潘德荣等对国外诠释学发展的介绍,简要回顾了西方诠释学的源展,对施莱尔马赫、胡塞尔、狄尔泰、海德格尔、伽达默尔、哈贝马斯、利科等对诠释学有重大影响的学者的主要思想进行简要介绍,重点讨论了这些思想中对心理学实践应用有借鉴意义的内容。

第一节　西方诠释学概述

西方诠释学(Hermeneutik)的词源来自赫尔墨斯(Hermes)。赫尔墨斯本是希腊神话中的一个信使,他的任务就是往来于奥林匹亚山上的诸神与人世间的凡夫俗子之间,迅速传递诸神的消息和指示。神的语言和人间的语言不通,需要赫尔墨斯对诸神的指示进行解释,将陌生世界的语言转换成人们熟悉的、可以被理解的语言。我们可以暂时将他的工作简单理解为现在的"翻译"工作。按照现在通俗的对翻译的理解,翻译即是将他人意指的语言或者非语言转换到自己的语言世界。这正是诠释学最初的意义,现在仍然存在。当代诠释学集大成者伽达默尔在其《古典诠释学和哲学诠释学》一文中写道:"赫尔墨斯(Hermes)是神的信使,他把神的旨意传达给凡人——在荷马的描述里,他通常是从字面上转达神告诉他的消息。然而,特别在世俗的使用中,hermēneus(诠释)的任务却恰好在于把一种用陌生的不可理解的方式表达的东西翻译成可理解的语言。翻译这个职业因而总有某种'自由'。翻译总以完全理解陌生的语言,而且还以对被表达东西本来含义(Sinn-Meinung)的理解为前提。"(伽达默尔,2010b)[114] 正如伽达默尔所说,在这个过程中,赫尔墨斯要做到翻译和解释,他必须首先要理解诸神的语言和指示,所以理解就成了翻译和解释的前提。自此,产生了诠释学一直以来强调的两个基本概念:理解(赫尔墨斯要先理解神的旨意)、解释(赫尔墨斯根据自己的理解将神的旨意转换成被听众理解的语言)。理解和解释的关系,看起来理解是解释的基础,但在诠释学者看来,理解和解释不是截然分开的,理解和解释是一回事。伽达默尔的观点是,解释不是一种在理解之后的偶尔附加的行为,而是正相反,理解总是解释,因而解释是理解的表现形式。

关于翻译学,这是另一门独立的学科,但和诠释学一样,同样来源于对宗教经典语言或文字的传播。早期翻译学的历史同诠释学显然有共同的渊源。一般诠释学的开创者施莱尔马赫在 1813 年做过一场对翻译界影响深远的演说,题目是"论翻译的不同方法"。他认为,学术和艺术文本似乎不可翻译,因为表达意义的语言和文化密切相关,在目标语中不可能完全对应,但对翻译来说,最重要的是把原文作者和译文读者联系在一起,超越了严格的直译、意译、忠实等问题。对他来说,"真正的译者"只有两条路可以选择,"译者要么尽量尊重原作者,让读者适应作者;要么尽量尊重读者,让译文贴近读者"。施莱尔马赫在翻译学界的影响,尤其是在德语语境学界的影响,几乎和他在诠释学领域的影响一样巨大。现代翻译学基本上遵循两种思路:一是以作者为中心的翻译,即"假设原作者懂得目的语,他会怎么写,译者就怎么翻译"(语出:英国诗人兼翻译家约翰·德莱顿,1631—1700);二是以目标语为中心,即"原作品的价值要完全传输到目标语中去,使得目标语读者能够如同源语读者一样,清楚明白原文,产生强烈共鸣"(语出:英国翻译家亚历山大·弗雷泽·泰特勒，1747—1813）。值得注意的是，泰特勒的法则对中国翻译家严复的影响最大，严复在其影响下提出了信、达、雅的三大翻译原则（芒迪，2014）。

在诠释学看来，准确翻译和传达"神和智者"的旨意需要语言的表达。因此，语言表达成为学科内容，是和语文学、语法学、修辞学和逻辑学等联系在一起的。如此，我们可以看到，西方诠释学的来源成分有语文学、语法学、修辞学和逻辑学。伽达默尔最初学习的就是语文学，所以他不止一次地提及和强调修辞学这一说话技巧及其理论，但伽达默尔反对把诠释学看成是一种语言学，而是把它解释为语言的一种普遍的中介活动，是一切思想的使节，这种活动不仅存在于科学的联系之中，更存在于实际生活过程之中。

诠释学与逻辑学的关系最早见于亚里士多德的《解释篇》，该文主要研讨陈述句的逻辑结构，同时兼顾言语、文字与思想的关系。早期的诠释学与语文学、修辞学的关系似乎更密切些，因为在古典时期，优美的讲话艺术、理解和评判讲话的能力是年轻人最需要培养的基本能力。这些能力对现代人来说，依然是非常重要的。遗憾的是，科技的发展尤其是手机、移动互联网的发展，似乎让很多年轻人不再发声，而成为"手语"的高手。但是，无论如何，具有高超的演讲能力仍是青年人必要的发展任务之一。

17、18世纪，自然科学有了长足发展。在西方，哥白尼、布鲁诺和伽利略所代表的近代科学的出现，在很大程度上冲击了人们的思维方式，新教神学内部希望将文本解经发展为类似自然科学那样具有精密、客观方法论的科学。1654年，丹恩豪尔（德，J. C. Dannhauer，1603—1666）第一次将"诠释学"作为著作标题提出来，其书名为《圣经诠释学或圣书文献解释方法》，其意义也在于此，即努力让文本解经成为学科。之后的施莱尔马赫将文本理解、解释规范等扩展为"避免误解的技艺"之后，诠释学才真正从逻辑学、修辞学或者语法学中逐渐独立成长起来，直到成为哲学的诠释学。但是到目前为止，诠释学是一个什么样的学科，尽管哲学家们一直在努力回答这一问题，诠释学也随着伽达默尔的集大成而备受关注，但关于"诠释学"的明确的定义人们仍无法达成一致，即便在伽达默尔那里，也只能说诠释学的基本定义是"理解和解释的科学"，并未形成确切的、统一的令所有人满意的定义。

作为伽达默尔的亲传弟子的美国学者帕尔默（R. Palmer）在 1969 年出版的《诠释学》一书中，曾对诠释学归纳出 6 个按照时间顺序排列的定义，具体如下：①《圣经》注释的理论：《圣经》诠释的原则；② 一般的语文学方法论：扩展到其他非《圣经》的文本；③ 所有的语言理解之科学：施莱尔马赫的一般诠释学；④ 精神科学的方法论基础：作为理解人的艺术、行为和作品的科学的狄尔泰诠释学；⑤ 存在和存在论的理解之现象学：海德格尔对人的此在与生存的现象学说明，伽达默尔继而以"能被理解的存在就是语言"之思想将其发展为语言诠释学；⑥ 一种诠释的体系，它既重新恢复又摧毁传统，人们借此深入到隐藏在神话和符号背后的意义：利科关于诠释规则的理论。（帕尔默，2012）[50-65]

帕尔默归纳的这些定义并不是我们理解的可操作的定义，最多不过是诠释学源展的研究内容的罗列。为便于了解诠释学的发展历史，本书参照中国学者洪汉鼎的著作《诠释学——它的历史和当代发展》、潘德荣的著作《西方诠释学史》，简要梳理了诠释学的发展阶段和重要人物的论断，分别是：《圣经》注释学；《圣经》注释学扩展到其他；施莱尔马赫之前的诠释学思想；具有明确体系化特征的施莱尔马赫的一般诠释学或普遍诠释学；提出精神科学的方法论是"理解和解释"的狄尔泰；胡塞尔的现象学诠释学与海德格尔的此在诠释学；伽达默尔的语言诠释学或哲学诠释学；回归传统方法论的贝蒂的当代诠释学理论；后现代主义的批判诠释学的代表人物哈贝马斯和利科。

第二节　西方《圣经》注释中的诠释学思想

后发展的学科总是希望从历史当中去寻找其存在的正当性，哪怕当时只是点滴的相关的思想或知识，依靠后人的"诠释"把它作为自己学科的来源。诠释学同样如此。西方诠释学的思想源于对神话的传递和神化的《圣经》的理解与传播。这些思想在实践中不断地发展和变迁，所以诠释学从一开始就具有明显的实践特性,是在生活实践中产生,从宗教和律法的解释中走来,其运用的是实践中产生的语言和符号,而其揭示的意义又直接指导着人们的生活实践。生活实践是每一门学问的最初来源,将生活实践中获得的经验演绎、归纳和推理成为理论,只是人们思考能力的展现。

诠释一直跟随时代的发展而发展。从语言产生之初到文字形成,从《荷马史诗》到《旧约》《新约》,从保罗(使徒保罗,犹太人,Paulus,生于公元初年,具体生卒年不详)、奥利金(希腊,Origen,约 185—254)、奥古斯丁(古罗马,A. Augustinus,354—430)到马丁·路德(德,M. Luther,1483—1546),都在对之前的“经典符号”进行不断的揭示、解释和补充。诠释学作为知识或者技艺,一直隐藏和附庸在古代的哲学与人文思想中,所不同的是诠释学的实践性和应用性,起初只是作为技术存在着。我们可以从较早归纳的 3 个技术学科——修辞学、语法学和逻辑学当中找到诠释学的点滴。诠释学也曾一度被列入逻辑学的名下。把诠释学作为书名的第一个作者丹恩豪尔也曾将诠释学与修辞学和语法学区别开来,归于逻辑学的一部分。但丹恩豪尔同时也认为诠释学与逻辑学又有不同,认为逻辑学研讨关于真前提的普遍陈述,而诠释学则与修辞学和语法学一样,它可以对那些只是可能的或错误的前提陈述进行解释。所以,诠释学在逻辑学科中的定位一直被认为是关于符号的意义得以认识的规则的学科。

提到诠释学的思想,不能不提的是柏拉图和他的高徒亚里士多德,尤其是作为学生的亚里士多德的《解释篇》《范畴篇》等文字,成为很多学科的早期概念的来源。从沟通和应用的角度,在西方社会里,能解释《圣经》思想又能协助治理国家和城邦的人,无疑会受到上至国王下至庶人的尊敬。另一位在西方诠释学的发展历史中具有不可辩驳的重要地位的人是奥古斯丁。奥古斯丁不仅是造诣精深的神学家,而且被认为是真正意义上的基督教哲学家。他认真梳理和阐述了信仰和理性的关系,强调信仰又不排斥理性,提出了“心灵由相信而理解”“心灵的三位一体:本性、学问、实践”“符号有两种:一种是自然符号、一种是约定俗成的符号”等重要思想。奥古斯丁还根据有人问“天主在创造天地之前做什么”的问题,对时间进行了阐释。他说:“然而什么是时间?若无人问我,我知道得很清楚;但是我若被问及什么是时间,并试图加以说明时,我便疑惑不解。"(潘德荣,2016)[161-162] 这是西方世界最早的对时间概念进行的诠释,在这里又显然可以找到后世的海德格尔的存在与时间的端倪。当然,奥古斯丁的解释是和上帝有关的,因为他确信上帝的存在,他认为时间同其他受造之物一样,都是上帝创造的。奥古斯丁依据日常生活经验"没有光照、万物不能呈现和被观察"的事实,推论出他的上帝存在的论述。他说:"大地是可见的,但是,若无光照,大地则不能被视见。因此,如科学所探讨的那些事物,那些人们不得不承认是最真实的东西,除非它们通过某种光照(illumination)、亦即某个类似它们自己的、其他的太阳(some other sun)而显现出来,否则说它们能够被理解是不可信的。因而,正如对于可感知的太阳我们可以断定三件事,亦即:它存在(is),它照耀,它使对象成为可见;同此,我们亦可以断定你们渴望知道的最隐秘的上帝之三件事,亦即:他存在,他被理解,他使其他事物被理解。"(潘德荣,2016)[135] 通过奥古斯丁关于上帝存在的论述,可以理解奥古斯丁的"上帝"其实质是什么。我们可以看出这和中国所说的"道"非常相似。"道"来源于生活事实,它的存在是确定的,它是发挥作用的,它让我们可以认识和理解其他事物。换言之,真理是存在的,它需要被理解,并应用于我们对其他事物的理解和观察之中。至于上帝是个什么存在,这是信仰问题。

总之,在奥古斯丁看来,信仰为先是理解的重要规则,这一点又像极了他的前辈保罗提出的"因信称义"规则。这里重点要说的是奥古斯丁对于诠释学的贡献。他明确指出,解经规则具有多样性,对经典文字(如《圣经》)中模糊不清的文字表述应视为有益的和健康的,有利于激发有心人打破经典的自满,在歧义中发现真理,同时也能训练人们的领悟能力。

奥古斯丁在其《论基督教教义》一书中明确和详细地提出了解释《圣经》的规则。对此潘德荣在《西方诠释学史》一书中概括为四点:一是"熟读经典,即使没有完全领会,也要记住它们"(中国人说的"读书百遍,其义自见");二是"以经解经",即用已经了解的、明确的经文来解释意义晦暗不明的经文;三是使用两种符号(自然符号与约定俗成的符号)将语言知识与对事物的认识相结合;四是解释的多样性,文本的模糊和有歧义的地方是有益的,便于人们根据自己的实际做更深入的理解,这一点,同样像极了中国人

的"留白"。(潘德荣,2016)[156-159]

诠释学作为从实践中走来的学科,一直随着时代在发展。从其起源思想来说,在神学时代的实践中就能明显看出,比如斐洛对隐喻的解释就是如此。在斐洛的时代,人们对"蛇能说话"的神话已经非常明确地确定为不可能,那么就需要重新对神谕进行解释。斐洛借用赫拉克利特首倡的"逻各斯"的概念,指代上帝的思想,并将其作为神与万物的中介,传达上帝和神的旨意。斐洛将《圣经》视为隐喻而不是对事实的描述,尤其在面对《圣经》中一些从字面难以理解或者和当时人们的常识和信仰不一致的经文时,将叙事性的经文视为隐喻就能获得巨大的解释空间,使得理解和解释《圣经》中的要义成为智者思想的重要传播路径,比如他对于数字的解释、美德的理解。隐喻性的解释让经典随时代发展得到升华,消除了经典与当代人之间的距离,神秘晦涩难懂的寓意变成了当代人能够理解与接受的信念。当然,这种隐喻的解释方法具有随意性,又需要解经者们有丰富的想象力,在当时的社会自然有它的价值和意义。但不可避免地是这种方法被后世的马丁·路德批评为忽略了《圣经》中统一的信仰。

马丁·路德不同于其他的神学家,他精通希伯来语,所以他对当时以拉丁语解释《圣经》的做法提出了批评。他认为只有通过对原创语言的研究,才能真正揭示那种语言所创作的经典文献的意义。正因为这一转向,诠释学有了一种新的方法论意识,希望摆脱主观意愿,成为"科学"的解释。路德和他的追随者将修辞学中的文本解释循环原则借用过来,形成了后世文本诠释学的一般原则——"诠释学循环",即文本的细节应当从上下文的关系和整体的统一意义上去加以理解,也即理解的循环原则。

随着后期的继续发展,诠释学被提升为方法论意义上的学科的路径越来越清晰。斯宾诺莎(荷兰,Spinoza,1632—1677)基于自然解释方法的《圣经》解释方法有一段广为人知的论断,在其《神学政治论》中,他说:"我可以一言以蔽之曰,解释《圣经》的方法与解释自然的方法没有大的差异。事实上差不多是一样的。因为解释自然在于解释自然的来历,且从此根据某些不变的公理以推出自然现象的释义来。所以解释《圣经》第一步要把《圣经》仔细研究一番,然后根据其中根本的原理以推出适当的结论来,作为作者的原意。"[注：这一部分洪汉鼎（2001b）⁴⁴的表述和潘德荣（2016）¹⁹⁷的表述不同]斯宾诺莎把《圣经》中的言论分成两类：一类是日常生活问题的表述，一类是纯哲理性问题的表述。第一类问题是相对比较清晰明白的，可以直接理解；第二类则可能是晦涩不明的，需要根据历史资料推出作者的精神并以作者的精神来进行解释。

　　雷姆巴赫（德，J. J. Rambach，1693—1735）不满足同时代诠释学的单纯从语文学或修辞学出发的语言分析方法，在其《圣经诠释学》中将情感因素置于其解释的中心，认为每一言语都有其灵魂和情感，而情感则是表达的核心。他的情感诠释方法被研究者称为"情感诠释学"。雷姆巴赫建议，以厘清作者写作时的情感为解释的有效思路。他说："我们不能清楚理解和解释那些我们不知道是由什么情感引起的话语。这是容易证明的。事实上，我们的讲话乃是我们思想的表现。但是，我们的思想总是与某种秘密的情感相联系……所以通过我们的讲话，我们不仅使他人理解了我们的思想，而且也理解与这思想相结合的情感。由此推知，如果不知道作者在讲某些话语时他心里有什么情感与之相联系，那么我们就不可能理解和解释作者的话语……他们的情感将通过他们的声音和手势姿态更清楚地呈现于我们的感官面前。但是，既然我们没有这种帮助，那么要完全确实地说什么情感、什么意义可能引起这话或那话，这将是困难的；事实上，我们必须回忆，意义依赖于情感"（洪汉鼎，2001b）⁴⁷⁻⁴⁸。雷姆巴赫的"意义依赖于情感"这一论断被认为意义重大，一是基本明确了理解行为心理学化的过程，这直接影响了后世的施莱尔马赫；二是将经典解读平民化，表现在对《圣经》的解释非神化，这让诠释学更具有人文精神，更贴近生活。

　　雷姆巴赫的另一贡献就是，他提出了诠释学的三个要素：研究、解释、应用。尤其是应用，文本诠释除了有劝勉和抚慰的作用，还有与文本意义无关的行为上的实践应用意义，即关涉人们的信仰生活和道德行为。也正是其应用特征，显示了文本诠释对于读者的当前生存意义，成为推动诠释学不断发展的持久动力。

　　受语言学转向的影响，和雷姆巴赫同时代的意大利人维柯（意大利，G. B. Vico，1668—1744）在研究古代文化史、诗歌和美学时提出，要让语言学成为一种科学,以揭示各民族不同历史时期的文化特点。维柯提出了"心灵词典"的概念。他认为世界上有三种语言,即象形符号、象征或比喻的语言、书写的具有约束力的语言。维柯的贡献在于启发了后世的"文字学"思想,如德里达(法,J. Derrida,1930—2004)的"原始文字"概念。维柯之后的迈埃尔(德,G. F. Meier,1718—1777)提出的"符号诠释学"认为,对于人类自己创造的符号的解释,应以符号创造者的意图为准。在迈埃尔看来,"符号"的概念是非常宽泛的,符号是"认识另一真实事物的中介",而揭示符号的意义,就是解释者的任务,不对符号赋予解释的意义,符号本身便不再具有其最初"记号"的意义。如此看来,包括语言在内的一切东西都可以视为符号,而且符号之间彼此关联,那么,整个世界就都处于一种符号学的普遍意义中,如此,对符号的解释也就具有了普遍的意义。

对于这一时期的诠释学,潘德荣(2016)[218-219]认为,这一时期对《圣经》的诠释其实具有明显的律法诠释的特点,宗教和法律是推动诠释学形成的两大领域,尽管在古代文明中,宗教和法律并没有分化得很清楚,但具有同样的权威性和普遍性,规范着当时的人们的行为准则,所以也就具有了明显的实践性,也即诠释学从孕育开始,它的实践性就非常明显,昭示着现代诠释学的实践特点:不仅阐明理解和解释,而且直接构成人的行为规范,展开并展示着人的本质。

第三节　施莱尔马赫的普遍诠释学思想与技术诠释学

在西方诠释学的历史上,施莱尔马赫被认为是一般诠释学或者称普遍诠释学的开创者,但确切地说,施莱尔马赫只是集之前智慧之大成者,或者说他更系统地提出了诠释学的普遍意义。所以,先来看另外两位同时期对诠释学有重要贡献并影响施莱尔马赫的人,两位重要的语文学思想家沃尔夫(德,F. A. Wolf,1759—1824)和阿斯特(德,G. A. F. Ast,1778—1841),他们在不同程度上影响了施莱尔马赫。

沃尔夫是德国的语文学家,他的诠释学思想是零散的、不成体系的。他将诠释学定义为规则的科学,认为根据这些规则认识符号的意义,诠释的技能只有通过对单个句子或段落的解释才能获得,诠释的目的不仅是揭示语词的意义,还要认识到创作者的意愿,要求解释者进入作者的精神世界。沃尔夫认为,从符号中解读出作者内在的观念,便是"理解",将所理解到的东西以口语或文字的方式表达出来,乃是"说明",理解是属于理解者自己的,而说明则是为了他人,只有自己理解了,才能向他人说明清楚。在对语言的理解上,沃尔夫严格区分了语言符号的三重意义:一般意义,即语言本身固有的意义;特殊意义,即根据同时代人与言说对象而区分为不同的意义;完全独特的意义,即个别意义。相应地,他将语言定义为三种意义的统一体,即每一种说法都有文字意义、历史意义(时代意义)与隐喻的意义。

　　相较于沃尔夫的零散,阿斯特的诠释学思想就系统了很多,更直接地影响了一般诠释学的形成。综合洪汉鼎的研究和潘德荣转引史丛迪(Szondi)的概括,阿斯特的诠释学的思想体系主要有以下几点:① 文字研究的意义不是求其字义的解释,而是揭示文字时代的普遍精神,文字研究需要进入作品的内在精神世界和内在生命之中,既要注意普遍精神,又要注意作者个体精神和生命的认识。阿斯特认为:"所有古代的作者,特别是那些其著作乃是精神的自由产品的作者,都表现了那个大一精神,不过,每一个作者都是按照他自己的方式,根据他的时代,他的个性,他的教育和他的外在生活环境去表现这大一精神"(洪汉鼎,2006)[8]。② 阿斯特认为,我们之所以能理解曾经存在的普遍精神和生命,是因为我们自己也是由精神和生命构成的,这种精神和生命是同质的。他认为,如果没有任何精神性的东西的原创统一和等同,没有所有对象在精神内的原创统一,那么所有对陌生世界和其他世界的理解和领悟是完全不可能的。③ 三种理解和解释三要素的提出。阿斯特认为,历史的理解认识精神形成"什么",语法的理解认识精神如何"形成",而精神的理解则把这"什么"和"如何"联系起来,这种内容和形式可以追溯到它们在精神内的原始的和谐的生命。而文字、意义和精神是(文本)解释的三要素。文字的诠释就是对个别语词和内容的解释;意义的诠释就是对它在所在段落关系里的意味性的解释;精神的诠释就是对它整体观念的更高关系的解释。④ 鲜明地提出了诠释学循环。即一切理解和认识的基本原则是在个别中发现整体精神（分析的认识方法）和通过整体精神领悟个别（综合的认识方法），整体和个别"这两者只是通过彼此结合和互为依赖而被设立。正如整体不能被认为脱离其成分的个别一样，个别也不能被认为脱离其作为生存领域的整体。所以没有一个先行于另一个，因为这两者彼此相互制约并构成一和谐生命"（洪汉鼎，2006)[7]。⑤ 精神理解以精神同一性来解决时间感带来的距离问题，并根据时代的理解重新创造着，因此在诠释者那里具有和存在着多元性的意义，对作品的理解和解释乃是对已经形成的东西的真实的再生产或者再创造。

学术界普遍认为，一直到施莱尔马赫这里，一般诠释学才得以系统形成。将一般诠释学的形成归功于施莱尔马赫，是狄尔泰的功劳。狄尔泰在其《诠释学的起源》中写道："在施莱尔马赫的思想里，这种语文学技巧是第一次与一种天才的哲学能力相结合，并且这种能力是在先验哲学里造就出来，正是先验哲学首先为一般地把握和解决诠释学问题提供了充分的手段：这样就产生了关于阐释（Auslegung）的普遍科学和技艺学"（洪汉鼎，2006)[89]。

作为一般诠释学的开创者，施莱尔马赫认为，在他之前的诠释学都不是具有普遍意义的诠释学，而只是特殊的诠释学。他在《1819 年讲演纲要》中说："作为理解艺术的诠释学还不是普遍（一般地）地存在的，迄今存在的其实只是许多特殊的诠释学。"（洪汉鼎，2006)[47]他要表达的，一是过去诠释学对象领域是特殊的，二是诠释的方法是零散的。施莱尔马赫的理论起点基于两个基本的哲学提问：一是解释的可能条件是什么，一是理解过程究竟是什么。他认为，解释之所以可能是因为解释者可以通过某种方法使自己置身于作者的位置，使自己的思想与作者的思想处于同一层次。他的假设是解释之所以必要和可能，就在于作者和解释者之间一定会有差别，而这种差别又是可以克服的，因为如果没有差别，即没有解释的必要，如果这种差别不能克服，那么解释就没有可能。对于理解的过程，他认为，理解的过程不是别的，乃是一种创造性的重新表达和重构的过程。根据以上的两个基本问题，我们可以总结出施莱尔马赫的一般诠释学思想内容：

一是不同于以往的诠释学者,施莱尔马赫认为文本的误解和误读不是偶然的和个别的,而是普遍的。这种误解是由于解释者和作者之间在时间、语言、历史背景和环境上的差异导致的,所以他说"哪里有误解,哪里就有诠释学"。也因此他把诠释学定义为"避免误解的技艺学"。他指出,理解要注意区别他人意图和辩证地理解,理解和解释就是重新表述和重构作者的思想和意向,"我们(指解释者)可能比作者自己还更好地理解作者的思想"(洪汉鼎,2001b)[78]。

　　二是和辩证法哲学思想的结合。他以辩证法取代以往的逻辑学,认为辩证法是诠释学、修辞学、语法学赖以建立的基础,对任何话语都须通过对它所属的历史之整体生命而被理解,由此,明确了诠释理解的一个重要原则:部分必须置于整体之中才能被理解,而对部分的理解又加深了对整体的理解,形成了理解的循环。这种理解的循环的基本原则是整体主义的,整体理解不是部分理解的简单累积和增加。正如皮亚杰在《结构主义》中认为的那样:"一个事实是,物理学不是靠把积累的知识相加而进步的,而是新的发现 M、N 等总是导致对知识 A、B、C 等进行全面的重新解释"(潘德荣,2016)[256-257]。

　　三是诠释规则分为语法学部分和心理学部分,二者必须结合起来,才能获得深刻和具体的解释。前者侧重于语法学,通过语言知识找到大量可供比较的关系,以弄清文本晦涩的部分,这是语言和修辞的客观性部分,关心某种共同文化的语言特性;后者的心理学解释部分,从作者的生活整体内研究作者思想的产生,关心的是作者的个性和特殊性,是一种把自己置于作者的位置的"移情"。施莱尔马赫在 1832 年关于心理学解释的讲座中说:"心理学解释任务就是精确地进入讲话者和理解者之间区别的根基里。……任务有两方面:一方面是理解一个作品的整个基本思想;另一方面是由作者的生活去把握作品的个别部分。作品的整个基本思想是作品所有个别部分由之发展的东西,……首要的任务是把作品统一理解为它的作者的生命事实,它探问作者是如何来到这种整个作品是由之而发展的基本思想,即这种思想与作者的整个生命有怎样的关系"(洪汉鼎,2001a)[71-73]。施莱尔马赫对于生命事实的论述,或许曾经对狄尔泰有很大的启发,由此也能看出狄尔泰为何如此推崇施莱尔马赫的原因。

四是施莱尔马赫使诠释学摆脱了宗教教义学、《圣经》注释学、语言学、逻辑学等学科的束缚，明确把诠释学应用范围扩展到宗教经典以外的各种语言学文本，将历史学、心理学、哲学、考古学、语言学等各种人文科学的方法集中体现为一般诠释学的方法，作为统一的方法运用于历史文本的重新构建。

诠释学者们对施莱尔马赫的诠释学开创性工作的评价是一致的。的确，施莱尔马赫将原来散见于语文学、修辞学、逻辑学等的关于文本解释的思想进行整理和总结，尤其是对他的前辈阿斯特的诠释学思想进行了整理与研究，将诠释学提升到一般诠释学的高度，让诠释学成为一门普遍的学科，基本奠定了诠释学的学科基调，对后世诠释学的再发展意义重大。

第四节　诠释学的发展与哲学诠释学的语言学转向

狄尔泰对于精神科学的贡献，在前言中已经提及。正是他在自然科学快速发展、人们开始怀疑哲学等精神科学的地位时，站在了论战的前沿，努力建立有别于自然科学的精神科学的方法论，并以此说明精神科学与自然科学的不同。后世对他的评价极高，冠以历史学家、心理学家、社会学家和哲学诠释学家等头衔。在诠释学史上，他更被称为"里程碑式的人物"，他的"体验的诠释学"哲学思想影响了后世几乎所有的诠释学家，如海德格尔、伽达默尔、贝蒂（意大利，E. Betti，1890—1968）和哈贝马斯等，开创了诠释学的哲学时代。

作为诠释学家的狄尔泰其主要思想其实是受施莱尔马赫的影响而形成的。狄尔泰的第一部著作就是《施莱尔马赫传》。施莱尔马赫诠释学中的心理学部分，被狄尔泰进一步提升为诠释学乃至整个精神科学的基石。在狄尔泰看来，被实证主义视为非科学的精神科学，要想成为"科学"，必须置于心理学的基础之上，作为经验科学的心理学乃是赋予精神科学以科学性的可靠的方法论,心理学的方法即为理解和解释的方法,这正是诠释学的内容和主要任务。狄尔泰努力为精神科学寻找到科学的方法,并将其与自然科学区分开来,为精神科学奠定了认识论的基础。狄尔泰的著名言论"我们说明自然,我们理解精神"解释的就是这一点。他认为,自然科学同精神科学的区别,在于自然科学以事实为自己的对象,而这些事实是从外部作为现象和一个个给定的东西出现在意识中的。相反,在精神科学中,这些事实是从内部作为实在和作为活的联系更原本地出现的。人们由此为自然科学得出这样一个结论:"在自然科学中,自然的联系只是通过补充性的推论和假设的联系给定的,相反,人们为精神科学得出的结论则是,在精神科学中,精神的联系,作为一种本源上给定的联系,是理解的基础;它,作为理解的基础,无处不在。我们说明自然,我们理解精神。"(洪汉鼎,2001b)[105]"说明"就是通过观察和实验把个别事件归入一般规律之中,即自然科学的因果解释方法;"理解"则是通过自身内在的体验去进入他人内在的生命,从而进入人类的精神世界。换句话说,自然科学说明自然的事实,精神科学理解生命和生命的表现,所以狄尔泰的哲学也被称为"生命哲学"。

据洪汉鼎的研究,狄尔泰为强调精神科学与自然科学的根本区别,指出了人类精神生活的四种特征:一是人类精神生活的目的性。人类的行为,不论是发出的声音还是做出的手势,都是为某种目的服务的,如果不了解目的,就不能达到人类相互交往的基本理解。二是价值评价(或者说意义)是人类精神生活的另一特征。与自然物质不同,人类可以形成各种价值判断,如没有这种评判,那么,对个人、社会、日常事务或历史事件就不能充分讨论。三是人类精神生活的规则、规范和原则,从道德原则到交通规则,从礼仪规矩到饮食细则,都不能像自然法则那样具有永恒的有效性和普遍性,它们是约定俗成的,而且富有变化。四是精神世界具有可传递性。我们的思想必然受到传统思想的影响,即精神产物的历史性,虽然自然物质也有发展,但这种发展有其固定的模式,不具有意识可控的作用,自然物质的存在是"自在"的存在,精神客观化物则是作为"表达(Ausdruck)方式的存在",具有"表达"的意义。就像嘴角的运动或者眼睛里流泪不只代表微笑、愤怒、痛苦和悲伤,也可能代表愉快、轻蔑、惊喜和激动一样。

狄尔泰如此强调精神科学和自然科学的区别,源于当时的历史背景。这一背景被学术界视为一场"危机"。哲学界将其视为传统哲学的危机,因为自启蒙运动起,自然科学取得长足进展,科学的方法论被认为是唯一正确的方法论,而且蔓延到人文科学领域,斯宾诺莎甚至用欧几里得几何学的方法撰写《伦理学》,"社会学之父"孔德(法,Comte,1798—1857)提出实证主义哲学等,主张以自然科学的方法统摄精神科学、让精神科学成为实证知识已成为当时不可拦阻的潮流——大家能看到的是甚或在实证主义和实用主义主张下,现在仍然是。尽管自然科学的发展给人们带来了巨量的知识和对自然的控制力,但不可否认的是自然科学因其仍不能就"意义""信仰"等生命之谜给予人们满意的答复,至今仍未统一人类知识。

　　狄尔泰的生命诠释学或体验诠释学,显然又与施莱尔马赫的不同。在施莱尔马赫那里,解释和理解虽然有区别,但又是互补的,而狄尔泰引入了"说明(erklaeren)"这个词,和解释一致,被指向自然科学的方法。精神科学的方法本质上是理解的,理解的核心是自然科学不能达到的生命的意义。然而,在施莱尔马赫将"心理的移情"引入理解的领域之后,就陷入了相对主义的批评中,因为既然"理解"依赖理解者对作者的"移情",不同的理解者必然导致理解的多义性,如果没有客观制约,多义性必然成为相对主义的代名词,人们将陷入非确定的、不断流动的意义世界中,理解就成为一种不可能的事情。正是这一点,让施莱尔马赫陷入了实证主义的质疑中。在多义的理解中是否存在某种客观性?狄尔泰给出的答案是肯定的,他认为这种客观性的根据便在于对生命体验的共同性:"我们可以把正在进行理解活动的主体所遇到的、对于生命的具有个体性的种种表达,都当作属于某种共同的领域、属于某种类型的表达来考虑;而且,在这种领域中,存在于这种对于生命表达和精神世界之间的关系,不仅把这种表达置于它的脉络中,而且补充了本来属于这种表达的心理内容。"(潘德荣,2016)[291]人们的精神世界处在一个能被别人所理解的整体性和共同性的结构中。理解,无非就是把个别意义放在对整体的关联中去把握,千差万别的个体都在运用这一点对自己的生命进行体验和领悟。狄尔泰的"体验"概念直接与生命相联系,是人自身生命的一部分,因而可以用自己的生命和客观化物中所包含的他人的生命去理解他人和整个世界。

不得不说,和狄尔泰几乎同时代的德国哲学家影响了哲学讨论的脉络,这种影响直到现在仍然存在。其中之一便是胡塞尔这位现象学的始创者,尽管他所有的著作中都没有用过"诠释学"这个词,但是他的现象学思想影响了后人,尤其是他的大名鼎鼎的被称为存在主义哲学代表人物的学生海德格尔,就是从胡塞尔的现象学的概念和方法中寻获了可以在人类生存中揭示存在的过程。帕尔默(2012)[163]对此评论说:"通过此种方式,便有可能洞见到存在,而非仅仅人们自己的观念形态。这是因为现象学已开启了理解现象的前概念领域。"

胡塞尔开创了现象学,其著述丰富但又晦涩难懂。根据洪汉鼎(2001b)[121]的论述,按照胡塞尔一般研究者的看法,胡塞尔现象学分为三个时期:本质现象学时期,主要著作是《逻辑研究》(1900—1901年);先验现象学时期,主要著作是《纯粹现象学和现象学哲学的观念》(第一卷,1913年);生活世界现象学时期,主要著作是《欧洲科学的危机和先验现象学》。相应地,他的主要观点是"现象即本质""本质还原的方法是括号和悬搁""个人世界、生活世界、共同世界",成为后人熟知和进一步发挥与诠释的对象。按照胡塞尔在其《哲学作为严格的科学》中的说法,科学的方法并不是一种"对精神以外材料的简单接受,而始终立足于自身的活动,立足于一种内部的再造,即通过创造性精神而获取的、按照根据与结论而进行的理性明察的内部再造"(洪汉鼎,2001b)[124]。

胡塞尔的时代,是哲学危机的时代,他的著作和思考更重要的是为"哲学成为严格的科学"而努力。尽管哲学在很长时期内未能发展成严格的科学,但哲学的本质不是非科学的,不是主观的和唯心主义的。胡塞尔认为,严格科学的哲学的理想并不是基于经验主义科学的所谓客观的科学方法论,也不是基于实证主义科学理论的非反思的客观主义,而是基于科学性的先验的度向。胡塞尔"严格科学的哲学"的概念也受到了后来者的批评。他的学生海德格尔反对他的说法,认为严格科学的哲学的说法,"把当下的生活和所有过去的生活都固定、死板、单一地砸在同一块平板上,于是在这里一切都变得可预测、可控制、可划定、可约束和可解释"(洪汉鼎,2001b)[129]。

之后的雅思贝尔斯也批判说,如果哲学成为严格的科学,"哲学一词的崇高意义就被取消了,就胡塞尔是一位哲学教授而言,我觉得他是最天真地和最彻底地背叛了哲学"(洪汉鼎,2001b)[129-130]。

作为胡塞尔的学生,海德格尔虽然批评了他的老师的严格科学的哲学的说法,但也继承和沿用了胡塞尔的一些概念和方法。不同的是,胡塞尔假定的隐含于现象之中和现象之后的"自在",在海德格尔这里变成了"存在的意义",因为在海德格尔看来,现象学的揭示功能是让事物自身把自己带到光亮之处,而不是心灵和意识把意义投射到事物之上,也不是把范畴强加给事物。他也因此认为,事物本身就是一种存在的显示,显示事物的不是我们,而是事物本身在向我们显示其自身的存在,存在的意义通过此时此地的存在、亦即"此在"对自身的领悟而被"理解",这一"理解"过程正是意义的展现过程。认识主体作为纯粹的旁观者置身于历史之外注视着历史,以求知识的客观性,而知识的客观性"存在"置身于被观察的世界和历史中,就存在的关系而言,存在即世界,就其展现于历史而言,存在即时间。在海德格尔看来,这才是存在者的本体存在,它优于一切其他形式的活物质的本体存在,因为其是在"理解"中构建的,所以,"现象学的诠释必须把始源展开之可能性赋予此在本身,并同时必须让其自己解释(auslegen)自己。为了将展开的东西之现象内容提升为概念,现象学诠释与此一始源展开只能一同并进"(潘德荣,2016)[301-302]。也因此,海德格尔的现象学被称为"此在现象学",他的诠释学思想被称为"此在诠释学"。

海德格尔把存在视为本体存在,并将周围世界、共同世界和自我世界三者视为同一的"此在"之基本现象,使之成为"存在者的存在之科学"。现象学理解的现象,指向的正是存在的意义,通过诠释,存在和此在的基本结构之意义为此在本身之存在所理解。按照海德格尔的看法,理解并不是随心所欲的,而是在一种存在者的"前结构"中的理解,"前结构"由"前拥有"(也称"前有")、"前见解"(也称"前见")和"前把握"所构成。依据潘德荣(2016)[310]的理解,前拥有和前见解构成了前把握;前拥有作为携带着意义的预见,否定了一切其他的意义始源发生的设想,它自身表明为意义之源;前见解连接着这种始源意义与此在;前把握则基于具体的主体性而对其做出了价值判断,形成了此在自己的立场。也就是说,任何理解从来都不是一种"无前提"的把握,在理解的解释活动之初,都必然有作为前提的"先入之见",它们在解释之前就已经给定。在海德格尔那里,理解作为此在的存在方式,就是此在"向着可能性筹划它的存在",理解的筹划活动具有造就自身的特有可能性,而解释无非就是指理解的这种造就自身的活动。因此,他在《存在与时间》中写道:"解释并不是把某种'意义'抛掷到赤裸裸的现存东西上,也不是给它贴上某种价值标签,而是随世内照面的东西一起就一直已有某种在世界理解中展开出来的因缘关系,解释无非就是把这种因缘关系释放出来而已"(洪汉鼎,2001b)[214]。其学生伽达默尔正是遵循他的老师所开辟的这一认识论到本体论的根本转向,把作为方法论的解释理论转变称为哲学诠释学。

海德格尔不仅在哲学领域占有重要地位,在诠释学、心理学领域也都做出了重要贡献。就像上文中提到的心理科学的现象学与存在主义倾向一样,在诠释学的历史中,海德格尔仍然起着承上启下的作用。诠释学开始从作为工具的对"他的"方法论到学科自身研究的本体论转变:理解自身的研究。一个人集哲学诠释学家与心理学家于一身,这从一个侧面说明了心理学与诠释学的关系。如果说施莱尔马赫将心理学引入了诠释学,那么,海德格尔则是将现象学诠释学引入心理学的领域,即如何理解"理解",其"前结构"的理论将"理解转回理解者的自身"。晚期的海德格尔和其他的存在主义哲学家,如克尔凯郭尔等人关注到当代现实生活世界,认为当代人用技术存在取代了之前的"上帝存在",人们把客体看成被主体控制和组织起来的满足于自己需要的东西,伴随着科学技术的发展,在技术的世界中,人变成了实现技术的"人力资源",而人们却满足于技术带来的物质的丰富和便利,并未注意到技术带来的对人的负面影响,引发普遍的"烦忧",这表现出来的是当代社会的无意义和主体失却根基的无所适从与不知所归,为之后心理学的人本主义转向铺垫了哲学基础。

诠释学在经历过狄尔泰、胡塞尔、海德格尔之后,到了伽达默尔这里,形成和达到了哲学诠释学的高度。伽达默尔在其奠基巨著《真理与方法》中写道:"像古老的诠释学那样作为一门关于理解的'技艺学',并不是我的目的。

我并不想炮制一套规则体系来描述甚或指导精神科学的方法论程序。我的目的也不是研讨精神科学的理论基础,以便使获得的知识付诸实践。……我本人的真正主张过去是、现在仍然是一种哲学的主张:问题不是我们做什么,也不是我们应当做什么,而是什么东西超越我们的愿望和行动而与我们一起发生。"(伽达默尔,2010b)[552]

　　伽达默尔是如何将诠释学带到了哲学的高度呢? 根据当代美国诠释学者沃恩克(美,G. Warnke)在《伽达默尔——诠释学、传统和理性》一书中的理解,伽达默尔的诠释学关注的不只是我们理解什么和如何理解,更重要的是这种理解如何发生,他整个的工作都是在强调区分两种理解形式的必要性:真理内容的理解和意图的理解。第一种理解形式是对事物的理解,是直接洞见;第二种理解形式是某人做某种断言或进行某行动后面的动机。意图性的理解形式之所以成为必要,是试图对真理的理解失败了的时候,换句话说,当我们不能看到某个他人在说或在做什么的要点时,我们才不得不解释这人是在什么条件下说这或者做那。伽达默尔如是说:"凡直接洞见所说的真理由于理性与之矛盾而不能得到时,就产生了发生学的问题表述,其目的就是用历史的境遇来解释传统的意见"(沃恩克,2009)[13]。为此伽达默尔新提出了"视域融合"和"效果历史"的概念,借此说明对历史真理理解的时间性。关于这两个创造性的概念,后面将有介绍。

　　伽达默尔的哲学诠释学来源于对施莱尔马赫、狄尔泰诠释学思想的批判与发展,借助于他的老师海德格尔的"此在现象学"中的概念,此外对他产生最重要影响的就是黑格尔的辩证法思想。伽达默尔指出,理解是对事物取得相互一致和同意的"相互理解",即理解者和被理解者取得一致意见,这种同一和相互理解就是赞同被理解东西的意见和承认被理解东西的真理。他说:"我们从这一命题开始:'理解首先指相互理解'"(伽达默尔,2010a)[260],不是使自己置身于他人的思想中并设身处地地领会他人的体验,"设身处地"地理解的意义在于,设身处地于作者的关于他所讲的事情的意见之中取其真理要求,才能正确理解该文本,而文本不只是借助它重构某个他人生命的心理过程。事实上,应当被理解的东西不是生命环节的思想,而是作为真理的思想。由此,诠释学才具有了实际的作用,保留了研讨事物的实际意义。理解和解释的任务不是重构或复制原来的思想,而是阐明和揭示具有真理性的思想。

显然,这样的相互理解就具有明显的对话特征。伽达默尔说:"只有通过两个谈话者之中的一个谈话者即解释者,诠释学谈话中的另一个参加者即文本才能说话。只有通过解释者,文本的文字符号才能转变成意义。"(洪汉鼎,2001b)[220]根据伽达默尔的如此理解,文本之所以能表述一件事情,最终是因为解释者的功能,因为文本不以其他人也可以理解的语言,它就不可能说话,比如精神病人的语言,虽然说出来了或者写出来了,因了其个人性,不被理解,便成为无效的语言。换句话说,理解不能离开解释,解释是理解本身的实现,而解释必须需要语言,这样,理解只有在解释的语言中才能实现。由此,伽达默尔的语言诠释学的转向形成,并影响了后世的哲学诠释学的语言转向。

伽达默尔举例阐明了相互理解的真理性问题。他举例说,问某个行人现在几点钟,这人回答说1点20分,那么,人们的第一反应并不是怀疑这个回答,而是理解和接受即相信他说的话,这种"真理"必须首先被接受。在日常与人的交往中,也要从这一点出发,即"他们讲真理"。伽达默尔认为,只有当这种在人们之间自然而然的同意被阻碍时,诠释学才成为特有的问题。例如某人说现在是中午,但其实天已经黑了,那么,可以怀疑他的回答并思考他真正的意思是什么,这样就是要找出话语里的某种意义,原因则是把他的回答认作是某种玩笑。

在中国学者(洪汉鼎 等,2009)看来,伽达默尔的诠释辩证法思想还体现在对海德格尔的"前见解"的理解上。"不让向来就有的前有、前见和前把握以偶发奇想和流俗之见的方式出现,而是从事情本身出发处理这些前有、前见和前把握"。海德格尔在《存在与时间》中强调的理解的循环结构并提出首要的经常的和最终的任务,这段阐述在伽达默尔看来是不够的。伽达默尔认为,需要把前有、前见和前把握看成是理解的前结构,理解的正确性不在于避免前结构,而在于确认前结构。占有解释者意识的前见和前理解,并不是解释者自身可以自由支配的,解释者不可能事先就把那些使理解可能的生产性的前见与那些阻碍理解并导致误解的前见区分开来。按照伽达默尔的分析,理解的前结构至少包括前见(成见)、权威和传统三个要素。前见、权威和传统并不只有消极意义。前见其实并不意味着一种错误的判断,这一概念中包含它可以具有肯定的和否定的价值,前见只是在那儿,具有先在性,但其并不具有判断性。为了证明前见的肯定价值,伽达默尔对启蒙运动时期的理性与轻率、权威的绝对对立提出了质疑。在启蒙主义者看来,轻率是使用自己理性时导致错误的真正源泉,而权威的过失是根本不让自己使用理性。在伽达默尔看来,权威的本质并不是抛弃理性,恰恰相反是承认理性,人的权威最终不是基于某种服从或抛弃理性的行动,而是基于某种承认和认可的行动——即认可他人在判断和见解方面超出自己,因而他人的判断预先,即他人的判断对我们自己的判断具有优先性。伽达默尔(2010a)[396]说:“权威依赖于承认,因而依赖于一种理性本身的行动,理性知觉到它自己的局限性,因而承认他人具有更好的见解”。权威只是认可,不是盲从和屈从,而是一种理性的权威。同样,依此辩证的看法,必须承认,作为权威的传统,在人类历史发展过程中占有和超过我们活动和行动的力量。

那么什么可以将理性与轻率信任权威区分出来呢?伽达默尔提出了“时间距离”这个概念。伽达默尔(2010a)[420-421]写道:“时间不再主要是一种由于其分开和远离而必须被沟通的鸿沟,时间其实乃是现在根植于其中的事件的根本基础。因此,时间距离并不是某种必须被克服的东西。这种看法其实是历史主义的幼稚假定,即我们必须置身于当时的精神中,我们应当以它的概念和观念、而不是以我们自己的概念和观念来进行思考,并从而能够确保历史的客观性。事实上,重要的问题在于把时间距离看成是理解的一种积极的创造性的可能性。”这种对时间距离的诠释学理解,需要在对海德格尔的对此在的存在方式的时间性进行解释之后才成为可能。海德格尔在《存在与时间》里反复证明的就是,在生存中人类使自身在解释上与他们的生命关联,他们在一种不断的自我解释、经验和再解释的过程中理解他们自身,“存在本身就是时间”。时间距离既是维系历史传承物与现在的意义,也是“过滤”历史事件的意义何在的武器,同时还是“此在在时间中所理解到的意义”。从某种意义上理解,只有从伽达默尔的时间距离的起点出发,才有对事物客观认识的起点。任何事物一当存在,必然存在于特定的历史之中(伽达默尔的效果历史概念)。他写道:"理解甚至根本不能被认为是一种主体性的行为,而要被认为是一种置自身于传统过程中的行动(Einrücken),在这过程中过去和现在经常地得以中介。"(伽达默尔,2010a)411 如果回到海德格尔的存在论,那么理解就属于被理解东西的存在。而过去和现在得以被中介的媒介是什么,伽达默尔非常明确地回答是"语言"。伽达默尔以此完成了他的哲学诠释学语言学的转向。伽达默尔进一步阐述道:"语言并不是意识借以同世界打交道的一种工具,它并不是与符号和工具——这两者无疑也是人所特有的——并列的第三种器械。语言根本不是一种器械或一种工具。因为工具的本性就在于我们能掌握对它的使用,这就是说,当我们要用它时可以把它拿出来,一旦完成它的使命又可以把它放在一边。但这和我们使用语言的词汇大不一样,虽说我们也是把已到了嘴边的词讲出来,一旦用过之后又把它们放回到由我们支配的储存之中。这种类比是错误的,因为我们永远不可能发现自己是与世界相对的意识,并在一种仿佛是没有语言的状况中拿起理解的工具。毋宁说,在所有关于自我的知识和关于外界的知识中我们总是早已被我们自己的语言包围。我们用学习讲话的方式长大成人,认识人类并最终认识我们自己。学着说话并不是指学着使用一种早已存在的工具去标明一个我们早已在某种程度上有所熟悉的世界,而只是指获得对世界本身的熟悉和了解,了解世界是如何同我们交往的。"(洪汉鼎,2001b)255

"诠释学的一切前提无非就是语言",这是施莱尔马赫的名言。"哲学的最后是语言",这是维特根斯坦的名言。作为语言学家的洪堡(德,Humboldt,1767—1835)更是提出了"语言世界观",他说:"语言实际上并不是展现一种早已为人所知的真理的手段,而是发现先前未为人知的真理的媒介。"我们从与世界接触的开始就是在语言中进行的,在语言中认识自己,在语言的视域内被解释,对语言的拥有和被语言所拥有,这是理解这个世界的本体论条件。伽达默尔在评论洪堡的"语言观就是世界观"时说道:"以语言作为基础,并在语言中得以表现的是,人拥有世界。世界就是对于人而存在的世界,而不是对于其他生物而存在的世界,尽管它们也存在于世界之中。但世界对于人的这个此在却是通过语言而表述的。这就是洪堡从另外的角度表述的命题的根本核心，即语言就是世界观。洪堡想以此说明，相对附属于某个语言共同体的个人，语言具有一种独立的此在，如果这个人是在这种语言中成长起来的，则语言就会把他同时引入一种确定的世界关系和世界行为之中。但更为重要的则是这种说法的根据：语言相对于它所表述的世界并没有它独立的此在。不仅世界之所以只是世界，是因为它要用语言表达出来——语言具有其根本此在，也只是在于，世界在语言中得到表述。语言的原始人类性同时也意味着人类在世存在的原始语言性。"（伽达默尔，2010a）[623-624]

伽达默尔的贡献是巨大的。在后来的研究者看来，早期的伽达默尔在《真理与方法》中更重视理论的研究。晚期的伽达默尔的学术研究转到了和之前不同的另一个方向：实践哲学及社会科学。根据张能为（傅永军，2020）的研究，伽达默尔的实践哲学转向主要在三个方面做了描述和分析：其一，从理论的真理到运用的真理的转变；其二，从理论知识向实践知识转变；其三，从理解存在论向价值伦理学的转变。在伽达默尔看来，一切抽象玄奥的哲学思想最终都会落实到对待社会与人生的问题上，回归到哲学本来的学科实践指导意义上来。

从上面的罗列讨论中我们可以看出，德国哲学的发展有着惊人的延续性。不同于美国的实用主义哲学对技术的偏执追求，德国哲学对生命意义的重视和解释主义的传统一直在延续，而且一直随着社会的发展而发展，并提出不同的概念体系。其中的几位代表人物如胡塞尔、海德格尔等在心理学界的影响同样是巨大的，也因此我们能够看出在德国和欧洲的心理学界，解释主义有其深厚的哲学准备基础和厚重的历史，这一点同样和英美心理学的技术控制人性、心理学职业化影响人的日常生活明显不同，德国和欧洲的心理学界更具有人文气质，更关注人的生存意义。

第五节　当代诠释学的思想
——诠释学成为普遍科学之后的争论

　　诠释学发展到伽达默尔这里,他一直努力在关于理解和解释的本体论哲学思想中反复进行了深入思考,对发展诠释学本身意义重大。同时,他提供了一种诠释学的理解——一种视域融合的理解,这种理解不同于自然科学的断然解释——过去的知识是独立的知识,这就为区分自然科学和人文社会科学提供了知识论的基础。但是,在实用主义和自然科学取得科学话语权主导地位的今天,单纯就诠释学本身进行思考,显然不能被大多数非哲学专业的人士接受,即便是哲学界内部也是争执不清,在哲学的辩论中,似乎不是越辩越清晰,反而越来越难懂和无用。毕竟,哲学的思考最终要为生活在其中的人们服务,因此当代的诠释学又有人从诠释哲学转回到最初的"技艺学"诠释方法:语言法则和心理学原则。这两条路径也就成为现今的两个研究方向:认识论与语言结构、心理分析。

　　如果从实践意义上讲,贝蒂回归施莱尔马赫的方法论思想更具意义。不同于伽达默尔的哲学诠释学走向,意大利人贝蒂一直在沿袭施莱尔马赫的技术诠释学路径进行探寻。贝蒂诠释学思想的重要意义在于其提出的解释的重新认识和重新构造的概念。他在《作为精神科学一般方法论的诠释学》中指出解释的任务就是"重新认识这些客观化物里的激动人心的创造性的思想,重新思考这些客观化物里所蕴含的概念或重新捕捉这些客观化物所启示的直觉。由此推出,理解在这里就是对意义的重新认识(re-cognition)和重新构造(re-construction)——而且是对那个通过其客观化形式而被认识的精神的重新认识和重新构造"(洪汉鼎,2001a)[129]。贝蒂进一步提出了三种解释类型,分别为重新认识的解释、重新创造的解释和规范的应用(normative application),这三种解释为"为理解而理解、交往某种经验和为行动提供指导"。

哈贝马斯和阿佩尔则将诠释学引入社会科学,将对话引申到交往领域,提出交往共同体和交往互动中的理解和解释。尤其是哈贝马斯,他深受马克思的影响,将人类的社会交往当作一切理解的基础。根据洪汉鼎(2001b)[282-283]的研究,哈贝马斯在其著作《交往行为理论》中区分了四种人类行为:① 目的行为,旨在实现某种目的的行为,它仅仅与一个"客观世界"相关联,因此涉及"真实性"有效性要求;② 规范调节行为,这是一个社会共同体的成员以共同价值为取向的行为,它与一个社会群体或"社会世界"相关联,因此涉及"正当性"有效性要求;③ 戏剧行为,这是一种行为者在公众面前进行表演的行为,它与一个"主观世界"相关联,因而提出"真诚性"有效性要求;④ 交往行为,这是一种主体之间通过符号、语言和对话达到人与人之间相互理解的行为,它与"客观世界""主观世界"和"社会世界"这三个世界相关联。根据哈贝马斯的观点,只有交往行为把语言作为直接理解的媒体,其他三种行为仅仅是把语言作为一种媒介,以达到其相对片面的目的和规范。

　　哈贝马斯提出的交往的概念,以语言为事实基础,借助于语言这种交往的基本能力,将非语言的象征系统转换成语言表达出来,进入理解领域。哈贝马斯认为,原始初民的交往是第一阶段,是人们对生命世界的朴素理解,原始的语言符号往往和特定的情境紧密结合在一起,具有浓厚的情感色彩,具有很强的私人性,没有进入"语言共同体",没有所谓的规则,所以没有进入理解和诠释的阶段,只是在之后的语言交往阶段才进入了理解和诠释阶段。

　　在一些学者看来,哈贝马斯的论断只是同米德的象征性内部活动论、维特根斯坦的语言活动观点、奥斯汀的语言行动理论以及伽达默尔的诠释学等一起强调了语言交往行为模式中语言的所有职能,如果借用过来分析人的行为,则可能成为人正确认识自身行为和他人行为的一部分理论。比如我们在对行为偏差者的行为进行分析时,则可以帮助分析其行为哪些是为目的的、哪些是为规范的、哪些是为自己的表演,而真正的交往行为应该是一种什么样的状态。

　　阿佩尔和哈贝马斯的共同出发点是,自然科学在意识形态领域的因果解释是不充分的,所以需要阿佩尔说的"准客观的解释性科学"来补充。阿佩尔认为,人类的行为和表达是自觉的意图和动机的反映,而且,行为和表达常常并不出自明显的意图甚或可解释的理由,有可能存在超出行为和表达者控制的诸因素。另外,把富有成效的自然科学信息翻译成社会生活世界的语言,使得技术上可用的知识和生命世界中的实际知识合理地联结,这是自然科学的社会功能和现实意义,这一联结就是诠释学意识的要求。

哈贝马斯和阿佩尔还同时将对病人的心理分析引入对社会问题的分析和诠释中。比如阿佩尔认为,在个人层面上讲,心理分析这种解释性的理论是找寻早期经验与病理性行为的一般关联,它的目的不只是预言病理性行为的产生,更是帮助病人为自己澄清隐藏在他们行为后面的原因,从而促使他们自我反思和自我认识;在社会层面也同样需要这样一种理论,即引起社会自我理解扭曲的一般因素理论。这种关联不只是像自然科学中的原因和结果之间那样的联系,也是内部符号之间的联结。在哈贝马斯看来,病理学的表达和行为被认为是一种变形了的语言游戏元素——这里应该是借用了伽达默尔关于游戏的理解的论述,这种语言游戏脱离了公共的语言,成为私有的、个体的。这种"系统被扭曲的交往"被解释为早期童年时代被压抑的心灵创伤经验,这种经验脱离了公共可理解的意义领域的符号。心理分析的目的就是追踪童年心灵创伤,去破除填补在公共语言领域的空隙中的症状性景象,帮助病人寻找到因心理创伤失去的潜在意义,回归到公共语言领域。哈贝马斯认为,心理学的独特意义在于它集自然科学与精神科学于一身,心理学的诠释功能是它们的交汇点,心理分析在弗洛伊德那里一直努力成为或向着自然科学靠拢——精神分析的语言借用了很多物理学语言,但毕竟心理分析的对象是人本身,离不开精神科学的领域。事实上,哈贝马斯对心理分析理论的治疗分析是为他的社会交往理论做基础的,通过个人的畸形化的表达方式形成的根源分析,追溯到社会交往这一压抑的根源。于是,心理分析理论的意义就远远超出了治疗疾病的初衷,向着重塑社会生活方式的方向发展,这也就是精神分析的社会文化心理学派关注的焦点。借此,哈贝马斯对伽达默尔承认和接受权威与传统的合理地位提出了不同意见。伽达默尔要求对话是在传统的语境中展开的,而传统的语境正是权威统治的语境,因为在社会学意义上说,正是某些权威和传统扭曲了人的心灵。伽达默尔强调通过对话达到的意见一致,可能只是对权威的表面上的屈从与认可。

当代诠释学的另一位代表人物是法国哲学家保罗·利科。在潘德荣看来,利科的诠释学很难定位,因为他的诠释学理论涉及的学科领域比较多,他的诠释学思想都是在深入考察不同立场的诠释理念,比较它们之间的冲突,并试图调和相互对立和矛盾的诠释体系,从中找到对于解释现象的一种新的理解,所以很多人把他的诠释学思想与胡塞尔的现象学联系起来,认为利科的这种综合诠释学是一种现象学的诠释学。尽管现象学和诠释学的本质关系在海德格尔那里已经得到了阐释,但利科的目的不是停留在海德格尔的存在论层面,而是希望重新回到方法论的层面,因为现象学的方法本身就是诠释学的方法,而且,现象学与诠释学都是关于意义的学科。在利科看来,诠释学既然是一门关于理解和解释的理论,就不可避免地要与注释学、历史学和心理分析的方法等联系在一起,他宣称将继续与那些以方法论方式寻求实际解释的学科保持联系。(洪汉鼎,2001b)在他看来,诠释学是关于与文本相关联的理解过程的理论,其主导思想是作为文本的话语的实现问题,"文本就是任何由书写固定下来的任何话语"。他认为,一般来说,言语和书写都是语言的表达形式,但由书写固定的话语,远离了言语的即时情况,所以有其与后者不同的特征。为此不同,利科提出了"间距"的概念,认为创作性的意向外化与固定、文本产生之后的自主性与作者主观意图的分离、文本面向未来读者的开放性、可能的文本指称的多层次性都是文本隐藏的作者与读者的"间距"。我们从其《隐喻与诠释学的核心问题》的论述中,似乎更能看清楚他所说的"间距"所指,他认为,如果假定诠释学的核心问题是解释问题,那么书写文本是不同于对话场景中的说-听关系的,因为,在口头话语中,作者的意向、作品的场景和原初读者的独立性等问题都可以在对话的交流中的一一解决。他写道:首先,所有话语的产生都表现为一个事件……但被理解为意义。隐喻集中了事件和意义的双重特征。相反特征的第二对来自于如下事实:意义受具体结构,即命题结构的支持,它包括了单一认同一极(这个人,这张桌子,杜邦先生,巴黎)与一般谓词一极(作为阶级的人性,作为特性的明亮,作为关系的平等,作为行为的奔跑)之间的内在对立。第三对是以句子为形式的话语,首先意味着含义与指称之间的对立。第四,话语可以被视为某种行为。主体所说的是一回事,在说中所"做"的则是另一回事……就有了言语行为(说话中的行为)和以言行事行为(说话中的所做)之间的对立关系。话语不仅具有一种指称,"它"代表着对物的指称,"你"代表着接受话语的那个人指称,而"我"则代表着对说话者的指称。(利科,2011)[129-131]利科这段话的主要意思是说明书写文本和对话文本的不同,在书写文本中,句子的结构和表达的方式体现了他所表述的"间距"的意义。

从保罗·利科的著作《解释的冲突:解释学文集》《诠释学与人文科学》《弗洛伊德与哲学:论解释》中,也的确能看出他的理论特点,意在讨论不同诠释学理论的不同点和冲突,并试图借助于新发现的概念和理论进行重新梳理,以达到调和的目的。我们要关注的不仅是他重视"象征"的意义、语义的多义性、隐喻的研究,更重要的是他将心理分析放在解释哲学层面的思考,即心理分析是如何发生的,这是他的理论的重大进步,因为以往的诠释学方法只是应用了心理学的原则与方法,并未讨论如何发生。正如他本人所说的那样,他不是精神分析专家,他只是讨论了精神分析,将不属于诠释学范围的学说和思想拉进了诠释学领域。更进一步地说,利科将诠释学的范围扩展到了精神分析理论。例如,他认为,精神分析的话语是一种混合话语,是一种"解释学和能量学的话语",或是"欲望语义学的话语",弗洛伊德在梦的形成和分析中指出的浓缩、移植等概念可以用来理解不同解释的冲突。他指出,要看到不同解释模式的内在统一性,所有的解释都可以归为两类,一类是揭露假象的回溯,一类是意义的向前发展。传统正是在这两种创造性中得以存在并保持生气。所以,利科的理论是诠释学的,不是精神分析的。

此外,我们从利科的著作中明显感觉到的一点是,他和贝蒂一样,对伽达默尔忽视诠释学方法论的做法提出质疑。在这一点上,国内诠释学研究学者洪汉鼎评论说,按照利科的看法,诠释学既然是一门关于理解和解释的理论,它就不可避免地要与注释学、历史研究和精神分析相联系,如果抛弃这些明显带有方法论性质的学科,诠释学也就不成其为诠释的科学。

至于深受后现代主义影响的批判理论是否可以称为批判的诠释学,这是诠释学将来要回答的问题。但显然,当代批判理论,借用马克思主义的思想,正在走进大众视野,尤其是马克思主义在东方中国的成功,使其影响力也越来越大。通过之前章节的讨论,我们能够看出当前批判心理学是如何在实践中运用诠释的方法重新建构心理学的发展历史,重新建构心理学思想的当代意义的,同时这也体现出心理学的时代发展特性。

如何看待诠释学?伽达默尔指出,诠释学的基本功绩在于把一种意义关系从另一世界转换到自己的世界。诠释学的发展过程从一开始就是和人的生活实践活动密切相关的,如同哲人的思考对人类精神生活的指引一样。随着学科分类的形成,诠释学逐渐形成自己的学科内涵,在自然科学占据统治地位的时候,让人们重新重视内心的精神生活世界,并告知人们内心世界的运作模式。在这一点上,诠释学可以认为是西方笛卡尔的身心二元论思想的延续,将自然科学的"身"和精神科学的"心"分开,并试图建立精神科学自己的方法论。尽管一路发展过来,明确对当前实证主义和追求技术发展的倾向提出批评,但其实诠释学一直在努力寻找可以被实证主义接受的方法,比如关于语言结构的探索。这正是诠释哲学的语言学转向,关于语义学、语用学等的研究越来越多,而且这些理论也正在借助当代科学技术的发展影响着当代人们的生活,比如在认知结构语言学与人工智能、心理治疗领域。

我们关注诠释学,其实是关注它的关于"生活世界是理解和解释的世界、我们生活在解释的世界中"的论断。的确,对我们每一个人来讲,我们需要在生活世界中找寻我们自身的意义、世界的意义、自身对世界的意义、世界对我们自身的意义。如果我们的知识仅仅限于自然科学的对纯粹现象进行说明的像一块石头一般存在的知识,那我们所理解的世界将是僵死的和灰蒙蒙的世界。正是我们作为主体参与到历史、现在和未来中,我们根据我们的理解来解释我们的世界,我们才是真正参与到这个世界中,我们才会是这个世界的主宰,世界才是属于我们的世界。这兴许就是诠释学回归本体理解论的意义所在。

事实上,作为当前中国主要意识形态的马克思主义,所强调的正是在参与和实践中去理解和解释我们的生活世界。马克思说:"不是从观念出发来解释实践,而是从物质实践出发来解释各种观念形态。"马克思在《关于费尔巴哈的提纲》的第十一条提出,"哲学家们总是以不同的方式解释世界,问题在于改变世界"(俞吾金,2001)[83]。从心理学的生活意义上讲,我们需要哲学家们对纷繁复杂的世界去归类和清晰化,不是去认识主体,仅仅作为知识都是必要的。模糊需要明了,即所谓认识,这是人类的本真渴望。以哈贝马斯的知识论说法,任何认识都起源于"兴趣"(interest,有学者翻译成旨趣)。基于此论断,颇具马克思主义批判思想的哈贝马斯还将所有的科学划分为三种并确定了与之相对应的三种兴趣:经验-分析科学和技术兴趣,历史-解释科学和实践兴趣,行为科学(也称批判导向科学)和人类精神解放的兴趣。

西方诠释学思想被引入中国后,中国的学者也在一直研究,并结合中国的实际情况进行中国化的诠释,就像马克思主义中国化一样。马克思主义的中国化其实就是马克思主义在中国的再诠释和再创造。俞吾金先生在探讨诠释学和马克思主义著作相结合时提出了"实践诠释学"的概念,认为诠释学的本体化显然已在海德格尔那里得到完成。俞吾金认为,哲学是普遍的现象学本体论,海德格尔从作为生产的分析的此在的诠释学出发,把所有哲学问题的主导线索的端点固定在这些问题产生和复归的地方,海德格尔的诠释学也由此被称为"此在的诠释学"。这一转折的思想可以说在叔本华、克尔凯郭尔、尼采等那里已经奠定了基础。如叔本华提出了意志第一性学说,他说:"每一个人都是由于他的意志而是他,而他的性格也是最原始的,因为欲求是他的本质的基地。由于后加的认识,他才在经验的过程中体会到他是什么,即是说他才认识到自己的性格。所以他是随着,按着意志的本性而认识自己的;不是如旧说那样以为他是随着,按着他的认识而有所欲求的。……在旧说,人是要他所认识的东西;依我说,人是认识他所要的东西。"(俞吾金,2001)[4] 在叔本华看来,康德的"物自体"就是生存意志,这种意志是本体,是世界的本质。而在克尔凯郭尔看来,存在是不可能被理性化和逻辑化的,"一个逻辑的体系是可能的,一个存在的体系是不可能的。"正如法国人萨特所评论的那样,"克尔凯郭尔是正确的:人类的悲伤、需要、情欲、痛苦是一些原初的实在,是既不能用知识克服,也不能用知识改变的。"人的生存境遇,如悖论、孤独、痛苦和绝望等属于"孤独的个人"。此后尼采对于权力意志的分析进行了分析,认为"苏格拉底是一个误会……耀眼的白昼,绝对理性,清醒、冷静、审慎、自觉、排斥本能、反对本能的生活,本身仅是一种疾病,另一种疾病——全然不是通往'德行'、'健康'、'幸福'的复归之路"(俞吾金,2001)[4-6]。或许在尼采看来,要恢复生命、本能和意志,对抗传统所弘扬的理性、逻辑、概念与抽象的思维和空洞的道德说教。

　　无论是施莱尔马赫之前的注经学,还是施莱尔马赫的注重语法和心理规则的技术诠释学、狄尔泰的生命诠释学、胡塞尔和海德格尔的此在现象的本体论诠释,还是伽达默尔的诠释哲学,抑或是诠释学的学科概念被引入中国后产生的实践诠释学,都在开创和引导着人们关注自身的世界以及发生在自己身上的现象和现象的意义,并从不同角度去讨论自身世界、生活世界和共同世界,或者是海德格尔所说的"共在"的现象学诠释。作为严肃的科学研究也好,作为某种文化构成也好,还是只是成为一种引导我们思考的知识,他们的思考都是属于人类自己的思考,创造性的概念虽然是精神的,但有其是物质存在一般的意义存在。而在心理学领域,因为德国和欧洲的诠释学思考,尽管美国的心理学现在似乎引领着世界心理学的发展,但不难看出,在人文应用领域,欧洲心理学仍然有强大的话语权。

第六节　诠释学评价与实践的现实生活意义

　　诠释学评价与实践的现实生活意义,用一句话来说明就可以:"人是个自我阐释的动物。"这是国内学者洪汉鼎在研究狄尔泰的思想时,由尼采的"人是尚未规定的动物"而引发阐释的(洪汉鼎,2001b)[116]。这句话一方面说的是人在现实生活中需要阐释,而且是自我阐释;另一方面说的是人在现实中阐释自己。事实上,我们一直生活在解释之中,生活在关于法律、道德、意义、正义、文化与历史的自我阐释中。我们也一直在解释之中学习又在解释之中发展。这也是诠释学可能成为一般哲学的原因,因为人们在生活中发现,自己生活的周围时时刻刻都在解释中,我们需要对呈现在我们面前的纷繁复杂的世界进行解释,解释给别人,解释给自己。这就像饮食一样,是本能的需要,追求解释和确定感的答案才会使人可以安心生活。

从另外一个层面讲,我们生活在一个自然科学发达的世界。自然科学发现的真相和真理是生活的一部分,而这一部分需要自然科学家将其融入人的生活世界,这就需要用大众能理解的语言来解释。而对于生活在社会中的普通人来说,更需要知道的是他所生活的社会世界是个什么状态,然后决定自己该如何使用自己短暂的生命时间,使自己的生活更有价值和意义。这是我们大多数人的现实生活需要。正如德国学者金直(Geldseter)指出的那样,"关于解释,科学家对此并不陌生,它也要解释自然现象、科学理论以及数学公式。在这个传统背后,是古老的新柏拉图主义,它将整个自然看作神圣创造者的作品,是与《圣经》平行的第二'启示录',用数学和几何学符号写下一切。科学家通过解读,可以窥视这件作品及其作者的真正含义。后来,人类的天才取代了上帝。他们继续使用语言,主要是数学语言,外行无法理解它们,只有内行才能解释。把握意义——自然现象的、科学理论的、数学公式的、逻辑概念的、文本的和文献的——这就是解释学的任务"(黄小寒,2002)[42]。

需要注意的一点是,我们不能因为诠释学的某些特征陷入了相对主义的"真理"中,或者因为诠释学的历史制约性陷入了历史主义的"真理"中。诠释学家们努力的方向,是让诠释学成为具有科学意义的学科,研究普遍性和单一性,这正是现代科学的所指和意义所在。以实证主义的质疑为主旨的后现代认识论的代表利奥塔(美,Lyotard),根据他所理解的维特根斯坦的语言游戏理论认为,社会可以理解为一个由多种语言游戏组成的交流网络,具有不可通约性的规则和不确定的关系,那么生活在这个"具有不可通约性的规则和不确定的关系"中的人们总是会有寻求到可通约的和确定的关系的愿望。这是科学一直在做的。但是,不得不说,叙事性知识与科学知识应具有同等的重要性。遗憾的是,叙事知识对科学知识是宽容的,但反之则并不如此。这一问题在心理学中变得更加严重,因为在心理学领域,"科学知识和叙事知识之间的界限更加灵活,这使得心理学中自然科学知识的支持者在划定边界时更加严格"(梯欧,2020)[142]。

伽达默尔的论述或许更能表明诠释学的现实生活意义。在伽达默尔看来,人们生活在语言中,而诠释学的根据在于语言总是回溯到自身,回溯到它所表现的表述性之背后。他认为,语言表述并不是不够清晰、需要改变的东西,如果语言就是它所能是的东西,那它就必定总是要回到它所唤起和传达的东西背后去,因为在讲话中总是蕴含着讲话所包含的意义,这种意义唯有作为幕后的意义才能行使它的意义功能,因此,当意义出现在表述中时,它就失去了自己的意义功能。伽达默尔还区分出讲话返回其自身之后的两种形式,一是在讲话中未曾说出的但通过讲话呈现出来的,二是通过讲话掩盖了的。可以看出,如果说人是关系的动物,是交往的动物,那么便离不开语言。我们需要语言和外部世界沟通,甚或是只有和外部世界"交通"之后,我们才可能知晓自己在哪里。而对语言的诠释显然是重要的,无论是如何看待别人的言语,还是我们自己如何表达自己的言语。伽达默尔的这些论断在心理学应用领域更富有意义,尤其对有精神分析背景的人来说,一看即明,不需赘言。

我们的很多知识来源于我们所读的书籍,这些留传下来的文字文本,同样是诠释学的。我们带着什么样的思维或者情绪去读,所得到的是不同的。同样一首小诗,有人读出悲伤,有人读出坚强,甚至读出欢乐来。亚当·斯密(英,A. Smith,1723—1790)的《道德情操论》,如果从心理学视角去读,他的中文译本完全可以当作一本生活心理学的书来读,尤其是其中对情绪和情感的分析。当然作者的主题是道德感、合宜感、好的品格、公平与正义等,虽然侧重于情感的分析,这是作者论述所呈现出来的,但亚当·斯密的论述又明显暗含着其自然法学的思想。

文本给了人们诸多的遐想空间。如果把世界看作一个大的文本,我们将自己置入其中,并有了各自对世界的不同诠释,那么这样的世界是多姿多彩的,即便因为"多"带来了诸多的选择困难和烦恼。社会在不断发展,每个人在不断地以时代语言诠释着社会,其中蕴含的创造性是社会不断发展的动力,使得世界有了每个人自己诠释的色彩。

在心理咨询与治疗实践中,对心理师来说,来访者及其问题便是需要研究的文本,要根据心理师自身的特征、理论背景等去理解与解释来访者及其问题。因此,从某种意义上说,心理咨询与治疗实践本身即具有明显的诠释学应用特征,而诠释学上升到哲学层面,尤其是语言诠释学层面,更是心理咨询与治疗实践的理论基础和研究课题,这正是本书成书的要点。

第三章 语言文字与心理学

本章简介 本章根据诠释学的语言学转向,梳理了西方语言学家对语言的研究及语言和心理的关系,重点讨论了西方语境和汉语语境的差别,及这种差别蕴含的心理学意义。

诠释学的语言学转向并非偶然。如果假定说物质的大千世界和其中蕴含的规律与真理不会随时间变化,那么唯一随着时间变化的就是思想内涵存在的变化。而思想需要以时代语言表达出来才能被理解。所以,意识具有时代性,这也是毋庸置疑的。意识到才能感受,才能交通,交通才有其社会性,人作为社会性动物需要表达自己,理解他人。当然,表达的方式有很多,表情、动作等都可以,但其中最重要的是语言文字,这是语言工具论的逻辑起点。语言学家眼里的语言有三种形式:有声语言、姿势语言和无声音的文字或符号。可以想象,在人类诞生之初,人们更多的是通过表情、行为和简单的声音变化来表达自己的思想,或者通过语音的变化来约定某种意图;其后是随着生存实践空间和内容的变化,言语内容开始增加,一些约定在族群中固定或确定下来;再其后有偶然产生的图画或符号,尽管这些早期的人类涂鸦粗陋笨拙,但已具有标识和警示意义;随后这些图画和符号逐渐演化成文字。

文字和语言一开始就具有约定的意义,这种约定的意义成为人类意识层面的意义,也使得文字和语言的存在成为不同于其他"物的存在"。借用金岳霖先生的话说,这是文字和语言的"意念的意义"(金岳霖,2019)[824],成为文字和语言本身之外思想和思想表达的工具,语言的工具性意义就在此约定的意念的意义。

语言对人类的重要性无论怎么强调都不会过分。它与人类一起同步发展。就现在而言,我们所学习的知识或者说学习的所有东西,夸张一点说,恰恰所学的仅仅是学科语言而已,或者说恰恰是各个学科的语言和它们的表达方式。比如说,和物理学家们交流,你必须要懂得物理学的语言,和心理学家交流你也要懂他们的语言和表达方式,和画家、音乐家们对话,也要懂得他们的语言和表达方式。你不掌握学科语言,那在这个学科里,你只是懵懂的外行,无法开展真正的沟通与交流。在群体生活里,你不了解对方的语言,便无法更好地和别人沟通。所以学科内的人要学会将自己的想法用普通人能理解的语言表达出来,才能被理解。这可以理解为外语。某种意义上,同一语系的方言也是外语,需要翻译、解释,而后被理解,这也恰巧体现诠释学的价值所在。

不同生活地域和族群有不同的语言。语言和心理的关系密切,不同的语言表达相同或不同的心理,这被很多语言学家、心理学家和哲学诠释学家所认同。洪堡就是其中突出的一位。他在《关于语言的民族特征》中提出,语言的多样性不只是符号的多样性,不同的语言实际上是不同的世界观。语言是世界观,洪堡最著名也最具争议的这个主张,其实很容易理解。从根本上说,没有语言,概念便不会产生,更不会有概念的表达。洪堡在进一步解释中认为,语言是一种世界观,不仅因为它必须共存于世界本身(由于每一个概念都被语言俘获),而且还因为在对象中通过语言所带来的转变使得心灵能够见到它们的相关性,和世界的概念紧密联系在一起。每一个民族的语言是不同的,表现出来的世界观是不同的。当然语言不仅仅只是文字语言,还有文字语言的表达方式和句法结构,即便是使用同一语言文字的民族,也会有不同的表达方式。从更广义的角度说,语言还包括一些无声的语言,动作、服饰、建筑构建等等,都在体现着不同民族、不同族群的世界观。

在心理学家詹姆斯(2009)[198]看来,心理学中的错误之源,"第一个错误之源来自令人误解的言语的影响"。在这里,詹姆斯的意思是,因为语言最初不是心理学家创造的,所以大多数人使用的词汇几乎全部是关于外部事物的词汇,而指称主观事实特殊词汇的缺乏,妨碍了除对主观事实的最粗糙研究以外的所有对主观事实的研究。这也许就是在心理学和精神病学领域总有"莫名的不适""说不清楚的难过"等模糊表述的原因,因为没有相应的主观体验的表达言语,只能依赖于公共语言的表达。在詹姆斯看来,心理学家需要注意的谬误是,因为语言的问题,他可能将自己的立场与所报告的心理事实相混淆。

的确,因为语言文字的不同,对同一概念,不同民族有不同的理解,即便是同一语言,其含义也在随时代的发展而变化。汉语中"心"的含义更多具有情感的含义,不同于西语的 mind(思想、心灵)。从心理学来说,psychology(心理学)的西方词源来自古希腊神话中 Psyche 公主。"精神分析"一词来源于中国学者(高觉敷)对 psychoanalysis 的翻译,至于是不是符合它的原意"心理分析",要看译者对这个词的理解。

不同的语言都有其在不同语境中的内涵。我们以诠释学的诠释这个概念再来说明这一点。根据洪汉鼎(2015)[114-115]的研究,在德文中,关于解释的词有好几个,如 Interpretation、Explanation、Explikation、Erklaerung 和 Auslegung,其中 Interpretation、Explanation、Explikation 是从拉丁语而来,英语里对应的是 interpretation、explanation、explication。从语言史来看,Interpretation 最接近于希腊文 hermeneus(诠释)的翻译,拉丁文 interpretation 来源于 interpres(信使),既有翻译又有解说的含义,更接近于Hermes。而在德国语言学家看来,Interpretation 至少应该有两个基本含义,用德文自身形成的两个词语表示,即 Erklaerung 和 Auslegung。而这两个词前一个偏重从原则或整体上进行说明性的描述性的解释,中文一般译为"说明"(狄尔泰的自然科学需要说明),后一个词则偏重从事物本身出发面对解释者进行阐发性的揭示性的解释。

对很多人来说,语言只不过是表达出来的心理,那么人的心理活动的另一个重要内容思维和语言的关系是如何的呢? 似乎不是那么直接,因为不言语并不代表不思维。伽达默尔在其《真理与方法》一书的《语言能在多大程度上规定思维?》一文中有所论述。伽达默尔是从哲学的角度出发谈论这个问题的。在他看来,这个问题的提出是一种原则性的怀疑,是怀疑我们是否能够从我们的语言教育、语言修养和以语言为媒介的思维方式的禁区中走出来,并能够自己面对着一种和我们的前意见、前规范、前期待不相符合的现实。"我们是否在我们经由语言媒介的世界经验中就已经受偏见的影响",他说,"没有人会否认我们的语言对我们的思维具有影响。我们是用语词进行思维。思维就是指自身思考某些东西,而自身思考某些东西又是指自身讲出某些东西"(伽达默尔,2010b)[249-250]。伽达默尔认同柏拉图把思维称为灵魂和自身对话的说法,这种不断进行的自我超越反过来又对自身和自己的意见和观点发生怀疑,提出异议的对话。"如果说有什么东西能标志我们人类的思维,那就是这种永无止境、永不最终导向某物的和我们自身的对话"(伽达默尔,2010b)[252]。伽达默尔在之后的论述中提到,信念和意见的形成,和在学习说话时的练习掌握习惯用语一样,是在一条事先形成的意义表达结构的运动中形成的。他还说道,完全的理解和"确实说出了自己想说的话"是"我们世界定向的极限",所有的语言(手势、表情、神色等)哪怕是精确的数学符号之类的特殊语言,都是人类自我表现的形式,必定要不断地纳入灵魂和自己的对话之中。

第一节　西方语境下的语言与心理

在西方文化传统看来,亚里士多德为人的本质下了一个经典的定义,即"人就是具有逻各斯(logos)的生物",即人是具有理性的动物(rationale animal)。如此,人们就以理性的含义解释了 logos 这个源于希腊的词。的确,"逻辑"这个词的来源,说明了逻辑思维能力是人与动物的主要区别。而这个 logos 在诠释学者如海德格尔等人看来,它的主要意思就是语言。在西方,无论是作为哲学家和语言学家的维特根斯坦,还是作为诠释学开创者的施莱尔马赫,以及将诠释学提高到哲学高度的伽达默尔,都强调语言的作用。维特根斯坦说"哲学的最后就是语言",施莱尔马赫说"诠释学的一切前提无非就是语言",海德格尔(2000)[366]说"语言是存在之家,人居住在语言的寓所中",伽达默尔(2010b)[223]更加强调语言的作用:"诠释学的根据就在于,语言总是回溯到自身,回溯到它所表现的表述性之背后"。既然语言如此重要,那么作为心理学的语言,理应成为心理治疗领域研究的对象,而且应成为最基本的研究对象,这不仅仅是因为在心理咨询和心理治疗这个应用领域需要语言来交流沟通,还因为我们是在学习语言的过程中而逐渐长大,学习和了解世界,并用学到的语言和世界沟通。

关于语言和心灵或心理的关系,亚里士多德(2016)[60]在其《解释篇》一开始就写道:"言语是心灵过程的符号和表征,而文字则是言语的符号和表征,正如所有的人并不是具有同一的文字符号一样,所有的人也并不是具有相同的说话声音,但这些言语和文字所直接意指的心灵过程则对一切人都是一样的"。擅长语言的隐喻解释的大师斐洛说,话语是心灵的兄弟,心灵分娩思想,"话语出来迎接思想,甚至大步奔向它们,急不可待地要领会它们,诠释它们"(潘德荣,2016b)[76]。

而西方近现代关于语言和心理的关系的研究者中,可以列出的大家,大都被称为哲学家和语言学家,如维特根斯坦、索绪尔、乔姆斯基(美,Chomsky)、维果斯基(苏联,Vygotsky,1896—1934)以及自称"回到弗洛伊德"的精神分析语言结构学派的法国人拉康(法,J. Lacan,1901—1981)。

作为语言哲学的代言人,维特根斯坦自不必说。索绪尔在《普通语言学教程》中写道:"(语言的价值)从心理方面看,思想离开了词的表达,只是一团没有定形的模糊不清的浑然之物。哲学家和语言学家常一致认为,没有符号的帮助,我们就没法清楚地、坚实地区分两个观念。思想本身好像是一团星云,其中没有必然划定的界限。预先设定的观念是没有的,在语言出现之前,一切都是模糊不清的"(索绪尔,2019)[164]。由此可见,语言对于思想和心理的表达的重要性。对文字语言学家来说,言语和符号本身对个人来说是任意性的,只有成为约定的族群,"语言"才具有意义。

最直接论述语言和心理的关系的是乔姆斯基,他于1967年在加州大学伯克利分校的三次演讲集结整理成《语言与心理》一书并出版,该书的侧重点是语言的实质研究和思考对于人类心理学研究的贡献、与心理有关的当代语言学发展状况和语言与心理未来的研究方向。总结来说,乔姆斯基的观点大致有如下几点:① "语言运用的创造性"是人类所特有的、在一种"既定的语言"框架中表达新思想以及理解全新的思想表述的能力,"既定的语言"是指作为一种文化产物的语言,它遵守部分是它特有的、部分是反映心理普遍属性的法则和原理(乔姆斯基,1989)[7];② 句子的结构形式有表层结构和深层结构,在表层结构和深层结构之间有其内在的转换规则——语言能力(乔姆斯基,1989)[17-19];③ 对语言能力的研究可以帮助我们理解心理过程的特性和心理过程形成和使用的结构的特性,那是合理的(乔姆斯基,1989)[80]。乔姆斯基同时指出,在 19 世纪和 20 世纪,随着语言学、哲学和心理学走向各自的路途,语言和心理的传统问题必然重新出现,并且有助于联结这些分离的领域,指明其各自努力的方向和意义。结合当前的认知心理学和人工智能、大数据分析等的应用,我们也证实了乔姆斯基的观点,而且,目前似乎已经没有完全独立和排他的学科了,所有的学科都可以借助于其他学科的发展而发展,并提出自己专业领域内的新问题。

另一位重要的语言心理学者维果斯基指认了导致心理学危机的各种问题,其中之一就是语言。托马斯·梯欧在《心理学的批判:从康德到后殖民主义理论》一书中说,维果斯基认为缺乏理论整合是心理学的危机的一个核心特征,不同的研究纲领依赖于不同的现实。精神分析、行为主义和主观心理学不仅运用不同的概念,而且运用不同的事实。对于精神分析家来说,俄狄浦斯情结是一个现实,而对于使用不同框架的心理学家来说,却只是一种想象。危机的另一个因素是缺乏依据的观念的扩张,心理学的各种研究项目都是从基本的见解或原则开始,然后被推广到心理学的所有领域,但是忽略了一个基本问题,就是在某个领域可能有意义的原则,并不一定适合解释整个研究领域。比如,精神分析使神经病学家在对神经症的研究中得以发现无意识过程对心理现象的重要决定作用,这在神经病学领域是一个有意义的事实,但是这些基本思想被应用于和影响了邻近的领域,甚至传播到临床心理学的整个领域,继而播散到日常生活、儿童精神病学、艺术和社会心理学等领域。精神分析甚或成为社会学的方法论,或者称为一种认识论和世界观,从宗教神秘主义到广告、文学和艺术,似乎一切都可以得到精神分析的解释。反射理论也是如此,被扩展到做梦、思维和创造、心理技术、精神病理学,一切都是反射。这些在维果斯基看来,每种观念在其位置上都有其意义,但扩张到所有领域之后,就变得毫无意义。维果斯基反对任意无原则的理论组合,他认为将实验的和数学的方法转化到心理学中的做法,只是看起来像自然科学,但表现出来的恰恰是心理学的无助。为此,维果斯基认为,心理学问题的根源在于心理学的语言,每个流派都在自己的概念中运作,这些概念源于日常语言、哲学或者自然科学,日常语言分散模糊但却适合实际生活,哲学概念由于其悠久的传统无法真正转化到心理学中,而自然科学的概念只能模拟心理学的科学地位。就此,维果斯基认为,心理学应该发展自己的语言,而不是借用各种概念。

要注意的是,语言和心理的关系在当前后现代批判主义观点的影响下,重新回到了心理学的主题。现象学诠释学的发展、哲学诠释学的思想尤其是伽达默尔的诠释哲学的语言学转向,几乎同时影响着心理学的语言学转向。托马斯·梯欧在其上面提及的《心理学的批判:从康德到后殖民主义理论》一书中,再次提及心理学者格根的观点。格根从现代认识论的角度指出,知识不是对世界的反映,而是互动的产物,心理学家们遇到的不是客观现实,而是社会产物,心理学的对象和事件随着时间的推移以及不同文化发生着重大改变,知识不是被概念化为在头脑中某个地方拥有的东西,而是人们共同创造的东西。心理学概念不是建立在本体论的基础上,它与真实的心理实体并不相符,而是与历史进程和社会语境中的发展意义有关。在日常生活中,理解是在人们互动和共同决策的过程中进行的。所以在格根看来,情绪不是真实的对象,而是在语言使用的语境中社会构建出来的,比如愤怒不是一种情绪状态,而是一种社会角色。这个说法也算颇有道理。愤怒是弱小的表达,生气是对不遵守秩序的不满。中国人说"恼羞成怒",其中的"羞"显然是对方触动了自己内心的薄弱的地方,气恼的是自己的权威性正在被挑战。

在临床应用领域,最早开始利用语言研究精神病人的是布洛伊尔和他雇用的后来大名鼎鼎的荣格。1900年,在布洛伊尔的鼓励下,荣格运用一系列词汇联想来研究不同组别的精神病人对情绪性词语反应的潜在影响因素,这也成为认知语言学研究的重要方法和内容。在这一领域一直深耕的是被一些应用心理学者所关注到的拉康,或者拉康的精神分析。拉康把语言学研究引入了精神分析。他发现在潜意识、梦、语言之间的活动规律有其相似性,由此他提出了两个重要命题:一是潜意识具有类似语言的结构;二是潜意识是他者的语言。在他看来,潜意识不是无序的、混乱的冲动,而是具有逻辑性的语言结构,是主体之间的话语交流,是主体与他者的话语结构,所以人在处理潜意识时所遇到的只是语言。在他看来,梦的语言提供了通向潜意识的唯一途径,可以运用语言学的规则在对梦的分析中找到隐藏的潜意识。在拉康看来,语言中的“我”对自我的塑造具有像母亲的关注、父亲的权威、家庭角色、社会地位一样的“镜像”塑造功能。在他看来,需要来源于匮乏,通过语言转变为需求,欲望则诞生于需要和需求之间,是被压抑到潜意识之中不能表达为需求的部分需要。所以,在拉康看来,精神分析最重要的目标是揭示病人话语中流露出来的潜意识欲望。我们理解拉康要表达的意思是,潜意识的语言一定是模糊的语言,在表述为意识的清晰的语言之后,病人将自动清晰自己的被压抑的愿望,并给予正确合理的认识,达到解决问题的目的。的确,我们在很多临床咨询和治疗工作中遇到了“无法表达的不适”和“说不清楚的难过”,当这些“无法表达”和“说不清楚”以能表达的语言表达出来之后,很多问题便清晰可解。

第二节　汉语语境下的语言与心理

据报道,中国汉字的发萌时期是在大约 8 000 年前。在湖北宜昌杨家湾的考古发掘中发现大量的陶器上有刻画符号,共 170 余种。据考古学家考证,这些符号有固定的意义,也有一定的规则,被专家们确定为中国迄今发现的最早的象形文字,而后一路发展而来,到甲骨文字,已经非常成熟(据:潘德荣转引《湖北日报》1994 年 7 月 26 日)。古埃及和亚述利亚的文字也大都是象形文字。中国的象形文字为何能一路传承下来,西方如何演化成拼音文字,回答这些问题是文字和语言学家的工作。但有一点是确定的,语言的传承与消长与这个族群的发展与壮大与否密切相关,这应是共识,即便现在也是。中国的方块文字之所以传承至今,与中华民族的地缘与族群发展关系密切。文字的传承不断,是中国文化和文明传承不断的原因之一。

在中国文字史学家看来,伏羲创八卦图和仓颉造字只是广为流传的传说。当然,既是传说,便无从考证,似乎也无考证的必要。但有一点是肯定的,八卦和文字是古代人们观物取象的结果,尤其文字是对物象的直接表达,这就是汉字的象形特征。可以想象,古代初民最初用图画符号代表文字,开始了文字的萌芽,之后随着群居、交往、大脑的进化和发育等创造出越来越多的图画符号,逐渐演变成文字符号,经过历代的发展,出现"六书"等造字方法,秦"书同文",以秦小篆为统一的官方文字。此后,汉字从秦小篆发展到汉隶、楷书。尽管现代的汉字已很难看出其象形的特征,但总是能找到其图画的意义,其标识作用仍有章可循。如果说古代中国有诠释学,那么系统成文的东汉时期的诠释学文本《说文解字》应该是其中的重要代表。而对于现代的中国人来说,越接近于古人,尤其是圣人或者流传下来的名人的解释就越是可信,越接近于原初"神的语言"。和西方一样中国也有这方面的神话传说,比如仓颉,"天生德于大圣,四目灵光,为百王作宪"。和诠释学的词源赫尔墨斯一样,仓颉是作为神的信使来到人间,诠释神的旨意。

在通常意义上讲,语言分为说的言语和书写的文字。对于西方拼音文字来说,由于其表意的方式被弱化,会更重视即时的语音和语调,西方人讲话时的手势语言很多,也许源于此,因为需要手势语言来加强语音和语调。而在中国,汉语有明显的语调表达,而且因为同音字词较多,也更重视书写。这样,语音可以恒久留在具有表意功能的书写文字中。从这些书写的文字中,中国人就可以看出隐藏的秘密语言。这种最初文字的符号功能现在依然存在。所以,有学者将西方诠释学视为"语音中心论",将中国的诠释学视为"文字中心论",并进行区别讨论。

根据《说文解字》,"古者包牺氏之王天下也,仰则观象于天,俯则观法于地,视鸟兽之文(注:同纹,纹路)与地之宜,近取诸身,远取诸物,于是始作《易》八卦,以垂宪象。及神农氏,结绳为治而统其事,庶业其繁,饰伪萌生。

皇帝之史仓颉,见鸟兽蹄迒之迹,知分理之可相别异也,初造书契,百工以义,万品以察"。所以,汉语文字因其保留最初文字的图画符号意义,更具有"观"的价值。"王"字是否为观察老虎额头花纹而创暂且不说,其中的图画意义给出了更多的诠释和想象的空间,董仲舒解"王"字亦有图画符号之意:"古之造文者,三画而连其中谓之王。三画者,天地与人也;而连其中者,通其道也,取天地与人之中以为贯而参通之,非王者孰能当是!"(潘德荣,2003)[15]。如果按照洪堡的观点,语言即是世界观,那么也应从此看出中国人的世界观和思维习惯,中国人的形象思维应当比使用拼音文字的西方人更为发达,反过来则是,中国人缺少西方人重逻辑的思维方式和习惯,这在后文会再提出讨论。

曾有一段时期,有学者认为中国之所以封闭和落后是源于汉字的难以学习和理解,显然这不过是为了寻个理由来解释中国封闭和落后的原因。安子介先生做过研究,因为汉字的书画特征,中国儿童读懂一般的报刊文章只需要 6 年时间的学习,而欧美儿童需要 9 年的时间。在拼音文字中,文字的图画审美和直观已经消失,只剩下它的符号标识意义,所以也更需要严格的语法规则才能表达意义;而汉语不同,因为在中国人看来,"书画一家",文字的艺术和审美价值留驻其中。

不同的文字显然意味着不同的诠释传统,中西两种不同的文字也造就了不同的诠释方法。古希腊学者坚信,在人类的理解与解释的过程中,言语较文字更具有优越性,言语是真正的意义之源,而书写只是一种派生的交流形式。柏拉图同样认为,言说者发出的声音是有生命的,而书写则是无生命的形式。亚里士多德明确表示:"口语是心灵的经验的符号,而文字则是口语的符号"。西方的语言观一直延续到现在。索绪尔说:"语言和文字是两种不同的符号系统,后者唯一的存在理由是在于表现前者。"海德格尔的表达更为直接,"语言之本质就在道说中"。对于汉字,索绪尔认为汉字是表意文字体系的典范,"对汉人来说,表意字和口说的词都是观念的符号;在他们看来,文字就是第二语言"(潘德荣,2003)[16-17]。基于这几点,有学者认为西方的解释传统必然是"语音中心论",而在中国则是"文字中心论"。这种说法,不无道理,因为语音中心论表明意义蕴含在"说"中,而文字符号只是"一种伪装"，如果不是怕忘记，文字存在的价值就没有，黑格尔甚至认为，这是拼音文字的优点，可以让人们"远离感性具体事物的精神，就会把注意力转向更明确的因素，转向有声的语词及其抽象因素"（潘德荣，2003）[18]。这也许是西方哲学精于抽象思维思辨的原因。此后的洪堡、维特根斯坦等学者同样认为，西方语言系统形成相对固定的语言逻辑顺序，所以必须特别注意语法和语词分析，正是基于此，哲学思辨的"分析精神"得以形成，逻辑学分析成为西方哲学的原初动力，成为分析哲学的源始。

诚然，言语先于文字，在文字出现之前，人们已经开始有了语音，就像婴儿也是先学会言语，才学会书写一样。西方语言学者重视语音，认为语音比文字书写更有优越性，这不难理解，但也有反对者。如文字学家德里达所说，言语的特点在于其即时性，需要在飘忽的瞬间把握意义，难免由于倏忽即逝的语音产生误解，而文字不同，可以被固定下来，反复思考揣摩。利科的"间距"理论也说，言语有其特定的语境氛围，意义在于说话的当时，一旦用书写文字确定下来，这中间就会有差距，对文本抛开语音语境之后的开放性理解是利科诠释学的主要思想。在这里，并不是要讨论言语诠释和文本诠释哪个更重要，而是要看到汉字表达意义的价值。汉字的表达，当人们在言说时，文字的图像就已经呈现在脑海中，这也是汉语言交流中的理解和解释与西方语音文字的最大不同。由于汉字的象形特征，人们在解释文字时，具有直观和联想的性质，少有西方意义上的"分析"特点。在长时间的表意和形象化的交流中，形成了学者们认为不同于西方"听的哲学"的"观的哲学"。中国哲学思想和中国人的生存智慧也大都和"观"有关。"知行合一""听其言，更要观其行"，这种形象的"观"的哲学无论如何会影响中国人的思考方式和心理表达，中国人注重"眼见为实"，而较少思考和关注"眼见之实"的背后逻辑，重表面的整体观念，不重视内在的分别和复杂的机理。在诠释学引入中国后，学者们也正是从这一点上阐释了中国诠释学的独有特征，并借鉴西方诠释学的研究成果，努力推动中国解释学传统的现代转化，为构建中国自己的诠释学理论体系做了有益尝试。

中国象形文字的表达是形、音、义的组合。正是这种直观象形的意义，使得中国人有了"不言而喻"的说法，而这恰恰也是心理科学的困难之一。

心理学所研究的是大家都很熟悉的现象,人们易于把这些现象看成是理所当然的,对现象的熟悉能够达到视而不见的程度。兴许这正是心理学没有在中国产生的原因,因为一切都很清楚,说自不必说,更不消去深入研究了。

以上对语言和心理的关系的讨论主要是在熟悉的应用领域,语言和心理的关系究竟是怎样的,尚存很多争论或者说法,比如语言能否真实反映人的心理状态,语言是否在塑造人的心理等等。这些争论听起来似乎又都有各自的道理,如果从诠释学角度看,这些争论也是诠释学的。这里要说明的是,正像上面介绍过的,对于语言和心理的关系的研究很多,尤其是语言学的研究,文献更多,而且更为庞杂,但只要是和人有关的研究都可以被心理学借用过来,以此回归西方科学的工具价值与意义。如此,在计算机时代,在信息科学时代,语言学作为基础学科的地位日益稳固。西方对语言结构进行分析和研究正在受当前计算机语言的影响,如何更好地以计算机语言模拟人类语言是当前认知语言学的研究要点。作为心理学工作者更需要注意的是应用领域的研究,比如认知语言学关于隐喻的研究,而隐喻的研究显然和心理的关系非常密切,因为隐喻更需要理解和解释。尽管隐喻不在诠释学的研究范围,但有关它的研究却和诠释学密切相关。在这一领域,中国的文字是音、形、义的统一,而且几千年来文字的字形也在随时代变化之中,从甲骨文到繁体字再到现在的简化字,字形表义的痕迹越来越不明显,但表音或根据外来语自造的表义字或词语越来越多,其中有很多根据外来语(尤其日语)的发音,结合汉字组成很多新的词语。如何将中国的文字学研究发扬光大,并跟上时代发展,让不同于西方的文化继续得以传承,这应是重要的课题,这些看似都是语言学研究的内容,其实和文化与心理息息相关。

第四章　中国文化背景下的诠释学比照 与中国的心理学思想

本章简介　本章主要借鉴西方诠释学的发展脉络讨论了中国的诠释学思想,重点介绍注经学,尤其注意了中国注经学中的心理学思想,同时对西方学者对中国传统经典思想的诠释进行了简单的回顾,在西方诠释学框架下对中国文化背景下的诠释学进行了讨论,提出中国的经学诠释思想对中国文化和中国人心理的影响及现实意义。

众所周知,现代学科是在西方世界逐渐发展、分化而来的,学科概念也大多源于西方,比如诠释学。中国的现代学科发展同样是在西方的框架下,但是,中国的文化却又源远流长,一直有着独特的风格,在"西学东渐""洋为中用"之前也一直有自己的学科建设和体系,唯不成现代西方的体系而已。在中国的诠释学者看来,中国也有自己的早期诠释学,称为"训诂学"。中国诠释学的起点和西方诠释学的起点类似,不是起源于哲学而是起源于语言的实践应用,起源于对圣人圣言、礼法、宗教的解释,以及从这些文字或流传的寓言和语言中揭示出来的生活道理和规则,而不只是单纯文字学的知识。这些生活道理和规则一直影响着人们的行为,有些更直接规范了中国人的行为,并参与到每一个人的生活当中,实践性和实用性极强。所以,诠释学的应用在中国几千年来的文化传承中更显意义非凡。

如前文讨论,西方诠释学的发展也是从文字解读开始的。对于一直随时代发展的诠释学而言,语言、话语、文字、文本等一直都是不能避开的主题,尤其是当今认知语言学和人工智能语言的发展,而诠释学发展到现在也有了语言学的转向。语言、文字、文本一直都是诠释学学科对象的核心材料。因此,讨论中西方的诠释学思想比较,显然绕不开中国的汉字和语言以及在中国有文字记载以来的、一直占有重要思想价值和地位的儒学思想诠释。而且,对这些经典的诠释长期兴盛不衰,时至今日,这些经典仍在不断地根据时代的发展获得新的诠释、新的生命和新的时代意义。

从学科意义上讲,中国诠释学的发展是在西方诠释学发展成普遍学科之后的一种自身文化反思。前文提过,在诠释学引入中国之后,有诠释学者从汉字字形和西语之间的差异开始,得出结论,西方是重语音的"听的哲学",中国则是重形式的"观的哲学"。原因在于中国诠释学者倾向于突出汉字的形、音、义联结,尤其是汉字的直观视觉形义,努力构建不同于西方的诠释学结论,即有别于西方语音中心论的文字中心论。如果西语研究侧重于语言结构分析和语音分析的内容,那么汉字确实是非常直观,这种"明摆着"的意义对于中国人来说省时省力,已无须再像西语语境中那样进行反复分析和逻辑呈现,这也许就是中国文化传统与西方文化传统的根本区别所在。的确,很多人在遇到问题之后,尤其反映在心理问题上,大都"只是看到或知道了,不去深究,缺少分析",一句"明摆着的是"或"这就是命"便解决了一切。基于此,也因此很容易产生本土的具有宗教特征的追求"顺其自然"的道教风格。顺带说一句,这种思想风格在当前成为颇受西方关注的超灵性心理学和正念疗法的基本思想来源。

提到西方学科发展对中国的影响,这里有必要简单介绍一下,历史学家们如何看待最早的"西学东渐"与西方学科的传入对中国社会的影响。据历史学家余英时研究,在留学归来的中国学者中,严复是介绍西学的第一人。余英时曾引用王国维先生的话,认为虽然自明末起西方的数学等开始传入中国,但当时只是被中国人当作一般技术,直到严复将西方功利主义思想和进化论思想介绍到中国,并引起了一大批具有革命精神的学者们的思考,这才真正触动了中国的思想和社会。而反观中国,有着悠久生活智慧和文明的人们——尤其在士大夫阶层的心理上,却是具有明确的反功利主义思想的特点。也许直到现在,中国社会中的主要文化冲突仍然是这样一点,受西方经济科技发展的压力影响的功利主义思想,和中国传统的反功利主义的思想之间的冲突。

第一节　训诂学与注经学

言语成为文字符号的开始,便需要文字的解释,方能被人认识、应用和传承。所以,文字的解释是开始,之后才是意义的解释。在中国,最早的诠释学是训诂学。训诂学作为一门学问的产生,一定是在"训诂"之后,所以要首先知道什么是训诂。学界一般视许慎的《说文解字》为文字解释和文本解释的开始。我们从这部著作对于训诂的解释,也可以看出训诂学的含义。《说文解字》言部:"训,说教也,从言,川声。"段玉裁注:"说教者,说释而教之,必顺其理。引申之凡顺皆曰训"。《说文解字》言部:"诂,训故言也。从言,古声。"段玉裁注:"故言者,旧言也,十口所识前者。训者,说教也。训故言者,说释故言以教人,是之谓诂……训诂者,顺释其故言也。"换言之,训诂就是将古代的语言加以解释,让现代人明白、知晓。近代语言学家齐佩瑢先生在《训诂学概论》中说:"故谓故旧,古字古言的古音古义谓之故,顺释疏解之便谓之训故。"如此,训诂学则是将零碎的训诂知识综合整理,让其系统化和条理化。

根据郭在贻著《训诂学》的介绍,训诂学的渊源已在先秦典籍中出现,秦汉之际的《尔雅》一书是第一部成系统的训诂专著,两汉时期由于"罢黜百家、独尊儒术"的政治需要,解经学得到极大的发展。解经必先通训诂,所以在此时不仅有著名的《说文解字》的诞生,也有其他的经学著述。至魏晋南北朝到隋唐,训诂学和注经学开始相对分离,训诂学成为为古文献服务的角色,而以训诂为基础的注经学则成为中国解释学的始源。尽管训诂学对文字和经句总结了一套如据古训、破假借、辨字形、考异文、通语法、审文例、因声求义、探求语源等训诂方法,但在现代的诠释学者看来,训诂学是否能称为诠释学仍有争论,现代诠释学者认为训诂学忽略了"解释"和"解释学"的区别,只是对文字文本的具体解释,与西方诠释学的早期解经学的发展类似,所以不能称为严格意义上的诠释学。而且,由于基于图形符号的汉字有象形意义,人们习惯倾向于从这个角度来理解字义,使得中国的解释实践带有很强的直观性、自我联想与主观随意性,往往根据当时自己所处的时代要求,引申出符合时代的见解。同样,因为汉字可以孤立表达的特点,所以从形、音、义方面都可以有不同的解释,因此汉语表达的语法结构就比较简单,和西方语音文字相比较内在逻辑性弱,多种解释和歧义性也会更加突出。潘德荣(2003)[41-42]基于这一点,曾对中国的诠释学的特点进行分析,认为除了解释的直观性和联想性之外,中国的诠释学还有如下特点:一是忽略语法分析,仅从单字的形义和音义出发的可选解释多;二是解释常常只有结论没有分析过程,如《说文解字》;三是不解释本义,只解释引申义,对有些字并不按本义解释,只是表达自己的认识;四是注重解释实践,疏于理论体系的建构(注:这一点,不只是在解释学上,其他学问也一样,如只发明火药,不注重其原理)。

至宋理学时代、明心学时代,经学发展成为相对系统的注释学或解释学学问,清代对前人的训诂研究、字典和工具书的编纂渐成系统。宋明理学、心学时期对儒家思想的进一步诠释,清戴震的《孟子字义疏证》等著述,都明显看出对儒家经典著述的重新解释,他们的重新解释尽管有借以达到表达自己新的哲学思想的嫌疑,但也使得诸多经典著述有了时代的活力。

第二节　中国经学诠释中蕴含的心理学思想与实践智慧

诠释是和实践应用紧密结合的行动。所谓"实践出真知",这一点对中国人来说是不错的。同时,中国人崇古尊古的思想也是中华文明之所以延续的最重要的原因,而传承下来的必是当时社会的主流思想,至少是有一定影响力的人物的思想。这和西方的文明传承是一样的,无可厚非。重要的是，农耕文明和忠君重家的思想一直囿于相对稳定的地理范围，未有崭新的外来文明的直接介入，其间流传的思想也是前人的实践思想，尽管有所进步，也只是结合自身所处时代或环境，将前人的思想拿来重新思考和诠释。在如此反复思辨中，中国人关于人的生活的实践智慧，尤其是关于自身所处生活世界的人文智慧，越来越清晰，对于自然世界的探索重视不够。这也正是中国社会人文学科的发达与遗留甚多，而自然科学却少之又少的原因。也正是在此意义上来说，中国人在实践中的生存智慧是绝不输西方的。

儒家"修身、齐家、治国、平天下"的思想，是中国人的知识核心。因此，对这类知识的探索成为重中之重，或者也可以说是唯一思考的主题。这种状况一直延续到宋朝，理学创始人之一张载仍然说："为天地立心，为生民立命，为往圣继绝学，为万世开太平"。当代哲学大师冯友兰称之为"横渠四句"。宋明理学和心学的代表朱熹和王阳明的思想如此，直至当代仍是如此，儒家思想对现代的很多人尤其有大理想之人的影响仍然很大。若对普通人来说，从心理学实践角度看，儒家思想极具教育功能。

《礼记》关于大学之道的论述，先摘录于下：

"大学之道，在明明德，在亲民，在止于至善。知止而后有定，定而后能静，静而后能安，安而后能虑，虑而后能得。物有本末，事有始终。知所先后，则近道矣。古之欲明明德于天下者，先治其国；欲治其国者，先齐其家；欲齐其家者，先修其身；欲修其身者，先正其心；欲正其心者，先诚其意；欲诚其意者，先致其知；致知在格物。物格而后知至，知至而后意诚，意诚而后心正，心正而后身修，身修而后家齐，家齐而后国治，国治而后天下平。自天子以至于庶人，壹是皆以修身为本。其本乱而末治者，否矣。"

先说"止于至善"，这是道德的最高要求，东方如此，西方似亦如此。至后世王阳明称之为"致良知"，不过是说得更明白些。我们注意到的是这段论述后面几句的心理学教育意义。"知止而后有定"，这句话极具心理学的当代现实意义。随着社会的发展，诱惑和欲望增多，想要的东西太多而不能得到，生活的焦虑增加，要解决这种焦虑，需要知道自己止在何处——在中国的士人看来，是止在"至善"或良知的，而对普通人来说，这句话的意思就是提醒人们，自己要有做人的原则和界限，明确哪些是属于自己的，哪些不是自己的,哪些是自己可以控制的、哪些是自己不能控制的。换成现代语言就是人们需要"确定感"和"控制感"。紧随其后的是"定而后能静"。心里有了定数,情绪自然平静,平静即是心安,心里安定,才能思考,或者说才能进行不带情绪色彩的客观思考。不带有情绪色彩的思考才是"擦干眼泪看清世界的思考",才会得到真正的"真理",或者对学生来说,才能够进入学习状态,学有所获。很多现代人的焦虑,或者说"否"(音 pǐ),是源于不知止的修身"本乱"。

再来看现代心理学家张耀翔颇为看重的《关尹子》。书中关于心、性、情的辩证关系的论述:"情生于心,心生于性。情者,波也;心,流也;性,水也。"这段关于"情波、心流、性水"的譬喻,在中国的心理学史家看来,"不单是较妥帖地说明了'以性为母,以心为子'的道理,更重要的是在于它提出了'心流说'和'情波说',以揭示意识和情感的实质。前者说明人的心理、意识像大江的水,不舍昼夜地流动"(高觉敷,1985)[234]。西方心理学界直到19世纪末,詹姆斯才提出与"心流说"具有同样性质和意义的"意识流"的概念。而《关尹子》关于"情波"如何产生的说法"心感物,不生心生情;物交心,不生物生识",又颇有现代意义上的认知情绪疗法的核心思想的特征,即"情是由外物感动所致,而识则是心物相交所生。二者与外物的关系是:情是感,感则动,故有波浪;识是交,交不动,故乃平静"(高觉敷,1985)[235]。如果进一步诠释,正是认知和合理情绪疗法的主旨所在,事件理解为外物,如果没有通过认知的"交",或者和自己的认知无关,那么必然情绪平静。而"感而不动"正是现代比较时髦的正念疗法的核心思想,注重感觉和体验。

再来看王阳明的"知行合一"说。"知"和"行"的关系是哲学问题,更是心理学问题。最早的《尚书·说命中》有"知之匪(非)艰,行之惟艰"的说法,即最早的知易行难说,也是当前大多人都会说的,"道理都懂,做起来很难"。老子主张"不行而知",荀况主张"知之不若行之"。近代孙中山先生也曾有名言"知难行易",认为"知易行难"是为"不真知"。王阳明在答辩"知行是两件"时说:"此已被私欲隔断,不是知行的本体了,未有知而不行者,知而不行,只是未知。……'如好好色,如恶恶臭'。见好色属知,好好色属行。只见那好色时已自好了。不是见了后又立个心去好。闻恶臭属知,恶恶臭属行。只闻那恶臭时已自恶了,不是闻了后别立个心去恶。"显然,王阳明的"知行合一"的说法,倘以现在的分析哲学背景的心理学看来,是将"认识、情感和动机都看作行了。实际上是以不行为行,以知来代替行,统率行的。'行'要通过效应器官的活动,才能联系实际;如果把头脑中认识、情感、动机都算作行,那就是脱离实际的'行'了"(高觉敷,1985)[270]。王阳明的观点,再一次反映出中国古人的不善分析、不愿细究的模糊性的思考习惯。当然这又或者是汉语语言表达的多义性和缺少精确的模糊性的原因,而这种模糊性恰恰给了后人很多的诠释空间。这种思辨的思想在当时已属不易,不能以现在的语言和知识去苛求古人的思想一定符合现代人的表达习惯。

从上面的约略介绍可以看出,在西方意义上的社会心理学领域或者某些个体心理学领域,中国人并不缺乏思想,只是不能按西方的心理学体系去对照。又或者说,西方心理学的发展是将心理学知识推广应用到各个领域,然后自成体系;而在中国,心理学思想的应用领域是纯粹的,而且和自己的切身生活融合得很好,看不出西方概念的心理学的痕迹。

除却儒家思想之外,道家思想是中国产生的颇有宗教色彩的本土文化,极具心理养生意义。从这种重视养生的思想中,人们可以阅读出中国人尊重生命和自然的世界观。及至现在,人们还可以从所熟知的心理学的或者是民间的实用的心理放松技巧中看出它的影响力。张亚林等正是依托道家思想发展出了独具中国本土特色的道家认知疗法。在国外心理学领域,道家思想同样具有重要影响,或者说与某些国外心理学思想不谋而合。文学巨匠鲁迅曾有一段颇有意思的感慨,他在《而已集·小杂感》中有过一段描述:"人往往憎和尚,憎尼姑,憎回教徒,憎耶稣徒,而不憎道士。懂得此理者,懂得中国大半。"这段描述能够反映出道家思想对中国人的深刻影响。而西方人李约瑟在整理中国古代科技史时,对道家思想更是深爱有加,对道家经典的诠释着墨甚多。关于老子《道德经》、庄子《逍遥游》和中国禅宗的心理学诠释很多,这些诠释对主流的儒家思想亦有影响。可以说,在中国,儒、道、释的思想互有借鉴,相得益彰。与中国文化渊源很深的日本,道家思想同样表现出很深的影响,在日本得到研究和发展之后,随着西方文化又一同再传回中国。正如前文说过,人文知识在中国是不缺少的,丰富的人文知识传承成为中华文明几千年延续不断的一个重要原因。现代的很多西方心理学研究开始了东方转向,尤其是更早接近西方的日本的心理学思想,更彰显传承和经典诠释的巨大生命力。

至于佛家一说,研究颇多,不去赘述。总而言之,正像研究中国哲学的很多中外学者所说,如果只是从心理或生活智慧的角度去考察中国的心理学思想,以儒、释、道为核心的中国哲学是普通中国人安身立命、获得生命力量和方向的精神营养和源泉,即便是其他领域的专家学者同样需要和正在将"中国哲学"的实际内涵视为自己的"生命导师"。顺带说一句,从中国人的心理上讲,有儒、释、道三种思想的三角支撑,或许给中国人的内心带来积极努力、稳定与祥和。进一步可以从人性成分来说,或可以说是中国人依靠的这三重人格思想的完美结合来保证个人的平衡与稳定,这似乎是另外一个值得研究的话题。

第三节　西方世界对中国经学思想的诠释

中国经学思想与西方的交流开始于我国的明清时期。当时来中国传教的耶稣会士把西方的经典翻译成中文便于传教,同时他们也把中国的经典翻译成西文,目的是让西方人了解和理解中国的文化。为了方便交流和传教,他们需要从中国的经典中获取语言和思想的资源。对中国人来说,耳熟能详的《大学》《中庸》《论语》等儒家著作,在西方世界究竟意味着什么?西方人如何翻译和诠释这些渗入中国人血液和骨髓中的价值观与生活智慧?这些问题是中西文化交流离不开的话题。翻译是诠释学最早的意义形式,也是诠释学的本体意义。

在学者们看来,对中西方经典的互释互译是比较经学研究的内容。比较经学研究的文献很多,这里仅择取一二,以说明经学互释的诠释学特点及其重要性。据说最初耶稣会士开始翻译"四书"只是为了给新来的传教士教中文,后来才在传教活动中将西方天主教的上帝、耶稣的福音与中国的传统儒学结合起来,以使天主教礼仪适应中国的文化,得以传播和发展。他们的翻译也大都受当时在世的有影响的儒者的注释影响,如朱熹、张居正等人。根据梅谦立的研究,在西方传教士柏应理(比利时,P. Couplet,1623—1693)的《中国哲学家孔夫子》一书中能看到一些西方人如何翻译和理解东方的经典,如《中庸》开篇"天命之谓性,率性之谓道,修道之谓教"被解释为"天赐给人的东西,这被称为理性的本性。符合这本性并跟着它,这被称为准则,或者说是符合这一理性"(游斌,2013),如此就将西方自亚里士多德以来的"人是理性的动物"这一灵魂特点突出出来了。当然这句话是根据英文的再翻译。

"慎独",是中国人熟悉的思想,很多人将其作为座右铭而挂在书堂。在现代人看来这个词有多种解读方法,如根据字面意义指"一个人的时候要谨慎""孤独者的思考"等等,也有根据朱熹注解的"独者,人所不知而己所独知之地也"的内心自我认知,关注自己独一无二的不同于他人的独特之处。而西方耶稣会士则将其诠释为"要关注自己心灵的神秘之处"。这样的诠释显然是和西方耶稣教义对当时的中国人相对神秘有关,而且神秘的东西更会吸引人去探索。或者说,这样的诠释是为了其更便于在中国的传教。再如,《中庸》里将"未发"和"已发"这两种心灵状态的中间状态称为"中",张居正的解释是"这情未曾发动,也不着在喜一边,也不着在怒一边,也不着在哀一边,无所偏倚,这叫做中"。耶稣会士的解释则是"在情绪发出和在行动上现实之前,是所谓的中间或者说处于中间状态"。另外一个中国人熟悉的"无为"的概念,有很多种诠释和解读,而且听起来都颇有道理。在哲学家眼里,如从事东西方哲学宗教思想比较研究的学者森舸澜(美,E. Slingerland)在其《无为——早期中国的概念隐喻与精神理想》一书中指出,无为的概念不是"不用力或不努力",虽然英文常常翻译为"do nothing"或"non-action",但要首先知道的是,"无为指的不是在视线范围内发生的动作,而是人的心理状态,也就是说,无为指的不是做或不做,而是施动者的现象学意义上的状态",这又与现象学联系在一起了(森舸澜,2020)。

中国人自己对经学的诠释都是随时代而不断赋予其新的含义,更不消说一个不是在这种文化浸染中成长起来的外国人如何解读了。而且,外国人解读完之后,我们又根据自己的理解对外国人的"翻译"再翻译过来。从这其中,可以看到的是作为翻译方法的诠释学的意义所在。尤其现在很多人在做中西比较哲学的研究,研究的文献很多,收获很多,而且其中的许多研究是根据西方现代语言学、分析哲学的研究思想对中国古代哲人思想的研究。在中国人看来,或许是习以为常的思想,在西语视野下获得了我们不曾注意到的视觉体验与观感,在已经具备全球化观念和思想的中国社会有很多可取的应用价值。

第四节　中国经学诠释中散在的诠释学思想

中国的经学是一种统称,所涉及的内容几乎包含了现今各个学科尤其是人文科学的所有内容,如政治学、经济学、哲学、心理学等等,并通过不断地对经典进行传承、诠释而发展。这不只是古代中国的传统,西方古代思想也是如此,包含了各个学科的思想。就学科建设而言,这种传统究竟是后人的诠释还是时人的意图与主旨,已不得而知,但其中一定蕴含着的是后人主动诠释这个主题。《陆象山全集·语录上》记载:"或问先生何不著书? 对曰:六经注我,我注六经。"人们从这句话中既可以看到陆象山(陆九渊)不著书的原因,也可以看出他对其时所著书的理解,这里体现的是著书对六经的诠释。若论最早的诠释学思想文献,有学者认为,孔子的《论语·述而》中的"述而不作,信而好古"是重要的原始经学诠释学命题。这一观点是否妥当暂且不予评论,但《孟子·万章上》中的"故说诗者,不以文害辞,不以辞害志"和《孟子·尽心下》中的"尽信书,则不如无书"的论断应该是确定的早期经学诠释思想无疑。也有学者在研究《荀子·正名》的过程中,将荀子的"约定俗成论"诠释为最早的约定论。《荀子·正名》说:"刑名从商,爵名从周,文名从《礼》。散名之加于万物者,则从诸夏之成俗曲期,远方异俗之乡则因之而为通。"这可能是最早从概念上论述的对"名"的解释。类似的研究有很多,后世有很多借助"传""注""笺""疏""正义""章句""训""训纂""训诂""解故""说""说义"等解释经学经典的方法与体例。虽然必须承认在儒家经典诠释传统中蕴含着丰富的诠释学观念、诠释学原则和方法,但如果从作为一门专门学问的角度去考察,显然这些离诠释学的著作相去甚远,用学者刘笑敢的说法,应属于"诠释性的哲学著作"一类(杨乃乔,2016)[120]。

所以,如果按照西方诠释学的系统思想来考察中国人自己的诠释学研究,显然会失之偏颇。如若从中国人自己的传统角度谈论中国的诠释学,那么虽然不系统,但散在的解释学思想显然是非常丰富的。比如《易经》一书,不管有多少种不同的解读,尤其是经过宋明理学和心学的发展与补充后,其本身是诠释性的著作是无法质疑的。其中朱熹的诠释学思想不仅被认为是对儒家思想的重大发展,朱熹也被现代的诠释学者视为具有与施莱尔马赫一样的地位。诠释学者潘德荣在其著作《文字·诠释·传统——中国诠释传统的现代转化》中总结了《易经》中国传统的诠释观念的三个主要特征,分别是解释的辩证性、应用性和价值性,认为《易经》的解释特点注意事物和概念间的关联、转化与动态发展,对图形和文本的各种含义解释都渗透着社会价值的观念体系,具有特定的价值取向,整部《易经》不仅是对卦象的解释,同时也表达着儒家的价值观念,将解释和应用融为一体。有意思的是,在精神分析学派的荣格(2000)看来,《易经》成为具有迷信和巫术色彩的咒语集合。从这一点也可以看出,尽管荣格曾对东方佛教心理学思想和中国古代的哲学思想有过研究,但局限于他自己的欧洲文化背景,并未能真正理解到古老中国的思想精髓。

至于宋明理学和心学,以回归经典的原义为宗旨,指出正确理解经典不仅是正确读懂句法,还需用"心法"来取其要义。心法是立足于自身独特体验的理解方法,强调读者个人的领悟与提高。潘德荣对朱熹的诠释思想评价颇高,指出朱熹虽然更重视理解与解释的实践,并未构造系统的诠释学理论思想,但认为他可以和施莱尔马赫相提并论。潘德荣依据西方诠释学思想指出,朱熹的中国解释传统已具有诠释循环的特征,不仅仅是提出把语句放在上下文去辨识的"部分到整体"的循环,还因为古文本没有标点、断句,更需整体把握语词、语句、文本的整体关联。还有其从"无疑"到"有疑"的循环,这部分内容,潘德荣引用了朱熹与其门生的对话来说明:"向常问他有疑处否,曰:都解得通。到两三年后再相见,曰:尽有可疑者。""读书无疑,须教有疑。有疑者却要无疑。到这里,方是长进。"潘德荣认为朱熹的解释循环起于"有疑",止于"无疑",之后再"有疑"。

中国台湾学者黄俊杰曾将诠释学定义为"关于或厘清理解的思想传统或哲学思考",而将中国诠释学界定为"中国学术史上源远流长的经典注疏传统中所呈现的、具有中国文化特质的诠释学"。他通过分析中国学术思想史所见的孟子学解释史,构建了中国诠释学的类型学。黄俊杰的这种构建让我们对冗多的中国学术思想有了更为清晰的认识。在他看来,中国诠释学思想有三个类型:作为解经者(自我)心路历程之表述的诠释学、作为政治学的儒家诠释学、作为护教学——维护各自的经典权威——的儒家诠释学。(杨乃乔,2016)[119]

西方诠释学由于其巨大的影响力,尤其是胡塞尔的现象学诠释学、海德格尔的存在诠释学,在所有精神学科都具有重大的影响力,在社会科学领域,成为人们几乎一致认同的方法论思想。中国学者出于对中国文化的热爱、出于尊古尚古的文化精神,一直试图从深厚的中华经学文化开始,努力挖掘和构建中国自己的诠释学学科体系,使其具有像西方诠释学一样的影响力。的确,在传统的儒家经学思想、道家思想中我们可以窥见诠释学的某些特征,虽然散在,但毕竟存在。我们要注意的不只是在西方诠释学框架下的中国诠释学构建,更重要的是从传统文化中找寻自己的不同思路。当前西方主流的哲学方法总体是分析哲学的方法,受自然科学对微观世界分析的影响,西方的哲学思想显得非常多元,似乎各成体系,门派林立,甚至矛盾重重。中国的哲学思想却总是和实践价值联系在一起,总是希望找到一个总体的规定。比如朱熹的"理",在朱熹的哲学体系中,"理"是宇宙万物的最高法则,它广大悉备,无所不包,千头万绪均和谐地统摄于一"理";阳明心学体系,均为一"致良知";而生于本土、具有明确宗教性质的道教,则统摄于一"道"。由此看出,这种"九九归一"的实践思想是中国哲学思想与西方哲学思想的明显不同,这一不同已经成为中外哲学界的共识。

第五节 诠释学在汉语语境中的当代发展
——中国本土文化的本体诠释学与创造诠释学

经过近两个世纪的发展,诠释学已成为世界性的哲学潮流。旅居海外的华裔学者首先注意到了这股潮流,因为受悠久历史文化传统的浸染,开始了中西方哲学传统文化的比较研究,对于诠释学中国化、或构建中国传统文化基础上的中国诠释学做出了重大贡献,其中的代表是成中英的本体诠释学和傅伟勋的创造诠释学。尤其是成中英的本体诠释学,全面地比较和批判了欧洲的诠释学思想,致力于构建一种符合中国传统文化思想、融会中西方哲学的"整体哲学"。

成中英本体诠释学中的"本体"概念有其特殊意义。其中,"本"即实在(reality),"体"则是体系,"本体"即实在自身的体系。成中英认为,"本"与"体"不可分割,"本"不仅产生了"体",而且源源不断,"体"可能遮蔽或扭曲"本",所以需要时时由"体"返回"本",通过"本"的再生或重构以获得更开放的空间和发展。这样,本体所构成的不是一个静止的系统,而是具有创造性特征的动态系统。在成中英的诠释学体系中,理解和解释的作用在于通过揭示实在的陈述、观念或思想体系来确定本体,本体又引发了更明晰的理解和解释。在成中英看来,他的本体诠释学不同于海德格尔的本体论,海德格尔的诠释学是对体验如何实现它的历史基本意义做出现象学的说明的方法——伽达默尔的"视域融合"、利科的"间距"都和其类似,这一点也反映了西方的思维特征具有鲜明的方法论和知识论倾向,不同于中国传统思维的本体论与价值论。成中英认为,这种差异源于中西方不同的生存体验。紧张恶劣的天人关系和绝望时去体验上帝的存在,使得西方人为了自己的生存去认识外在于人的"天",所以西方哲学思想诞生之初就具有了工具与方法的意义,此后西方哲学史的演进主要表现为方法的演进。而中国哲学则强调"天人合一",强调融合了人的本性、人生意义和世界的统一,认为本体是生命的力量,是人的意义的根源和基础,人参与了世界的进程,人与自然和谐共生。这种思想源自中国原始初民的生活实践,从文字的产生到《易经》卦象所指代的自然现象,抽象符号所反映的世界,直接取之于自然。对这一符号系统的解释和预言式的说明,都是围绕着人的行为准则与事件展开,而不仅仅是关于自然和人的知识,自然也不是外在于人并与人对立,而是与人的生活息息相关,人可以通过改变自身的行为去和自然和谐相处而不是去改造自然。

成中英指出,中国哲学中"范畴"一词,出自《尚书·洪范篇》,该篇中提出的"洪范九畴"说包括了自然界、人生、行为、做人的德性、政纲、气候征象等,总的目标是治国安民,范畴选择的标准便在于对此一目标是否有价值。(李翔海 等,2006)这种价值论的取向明显与西方知识论的取向不同。在西方,从亚里士多德到康德再到黑格尔,从来都是强调"客观知识",表现出明显的知识论倾向。而在现代,社会科技的发展,尤其是西方科技的发达带来的一系列问题,让人迷茫、烦恼,使得西方哲学开始从人的"工具论"转向人的"价值论"。也就是说,中国从一开始就放在第一位的价值,西方在转了一个大圈之后,才开始重视。梁漱溟在《东西方文化及其哲学》中比较了西方、中国和印度的文化之后,认为东方哲学优于西方哲学的要点之一是其一直重视人这个主体。当前心理治疗的东方转向似乎也能说明这一点。

中国的文化传统经历了绵延数千年的发展,充分显示出其内在的生命力,这种生命力之源就在于中国文化中和谐统一、天人合一的整体辩证法思想。成中英分析了哲学史上出现的三种辩证法思想,他在《知识与价值》一书中分析了这三种模式的辩证法:① 黑格尔(马克思)的"冲突辩证法",视事物为对立统一体,在其发展过程中,以对立双方的冲突与斗争为其根本动力,通过斗争解决矛盾,这样就很容易产生所谓的"斗争哲学"。② 佛家的"中观辩证法"(龙树),是一种否定的辩证法,而且是一种彻底的否定,它首先否定一切命题,再否定其否定的命题,如此一直否定下去,最后一切皆为"空无"或"虚无",人们只能通过悟出这一点,才能从一切冲突与矛盾中解脱出来,排除万般烦恼。这种彻底否定的辩证法事实上是以超越问题的方式来化解问题,因此也可称为"超越的辩证法"。③ 儒家的"和谐辩证法",强调"和而不同",虽然和冲突辩证法一样,都视事物内在地含有对立与统一两个方面,但"对儒家来讲,和谐乃是实在界的基本状态和构成;而冲突则不隶属于实在界,它不过是一种不自然的秩序与失衡,是没有永久意义的。……儒家坚持:整个宇宙、人类社会、个人生活的大方向是趋于和谐与统一的"(潘德荣 等,2003)[119-120]。如此,根据和谐辩证法的思想,只要人们紧紧把握这一点,不失时机地调节人自身的行为,使之与自然和谐一致,把冲突视为和谐化过程的一个环节,就能避免冲突。通过和谐化解矛盾与冲突,这就是和谐辩证法区别于冲突辩证法的最大不同。

或许可以说,正是上述冲突辩证法的思维方式造就了现代西方哲学的多元化特点。成中英指出,从整体上看,整个西方哲学给现代人留下了四个难题:一是柏拉图的理念定位问题,这种理念包括价值理念、知识理念和形而上学的本体理念;二是笛卡尔的主观与客观的关系问题;三是康德的知识之基础问题;四是黑格尔关于本体的存在是什么的问题。成中英分析,20世纪西方哲学的探索就是围绕着这四个问题产生的新方法,也由此形成了"九家十说":实用主义、现象学、现象主义、逻辑实证主义、一般语言分析、存在主义、过程哲学、新实在主义、结构主义和新托马斯主义。而在我们看来,西方哲学的问题在于理性传统的禁锢,往往"知分不知合、重分不重合",各学派各执一词,不能相容。如果立足于和谐的辩证观,不排斥任何学派的合理成分,各学派相互理解、相互诠释,那么就既促进了自身的发展,也促进了整个哲学体系的发展。

在成中英看来,西方哲学知识论倾向的形成经历了三个阶段:① 以柏拉图和亚里士多德为代表的"知识与真理相符,真理与实在相符"的实在论的知识论;② 笛卡尔-康德的基础主义知识论,它系统地提出包括一整套原则与规范的分析方法,以此来确定事实真理的基础与判断事物之概念的有效性,为现代分析知识论奠定了基础;③ 奎因的现代知识论,其特点为整体性,认为知识是相互关联、相互制约的观念、理论和经验。成中英认为,所有的这些都只具有方法论的意义,虽然人们可以在理论上宣称"一切都将经过理性法庭的批判",但理性本身却不能解决人的所有问题,如价值和意义的问题。与此相反,中国传统思维一开始就具有价值论的倾向,他指出,"中国哲学本质上是价值哲学,是对宇宙价值、人生价值、人类价值、社会价值深沉的肯定与体验"。这倒并不是说,中国的传统思维不重视知识,成中英进一步说:"知识是生命为达到其整体目标而产生,同时也是价值精致化、健全化所需要的批评工具及充实力量。若以知识为价值,知识就是真理"。而就价值而言,它是人的行为之主导,人生意义的来源,决定了知识的导向;就知识而言,它不仅是价值实现的基础和条件,而且具有理解价值、开拓价值的作用。"西方哲学的问题是如何在知识宇宙中安排价值;中国哲学的问题则是如何在价值宇宙中建立知识。"(潘德荣,2003)[123-125]

在诠释学中国化的研究中,美国华裔学者傅伟勋在其著述《从西方哲学到禅佛教》中提出的"创造的诠释学"同样具有重大的影响。创造的诠释学不同于成中英的本体诠释学和现代的哲学诠释学,旨在回归诠释学的方法论思想、构建诠释学的规则和体系,它的理论基础是对中国传统文化的儒释道三家的重新诠释和构建。傅伟勋深受东方禅宗的影响,同时又受到分析哲学的影响,尤其吸收了乔姆斯基语言分析的方法,他曾选定五种理论来比较东西方心性论和行为理论,其中西方有弗洛伊德的精神分析、萨特的实在分析和弗朗克的"意义治疗法",东方的则是佛教和禅宗哲理。为何没有将儒家列入,因为在他看来,儒家思想不及道家深邃,更不及佛学层次分明。当然,这是他的一家之言,或许与他对佛教的研究颇多有关。

傅伟勋的创造的诠释学主要特点和贡献有四点:一是对"误读"的积极肯定;二是借用现代语言学对句子深层结构的分析;三是对道理和真理的区分;四是提出了创造诠释的操作方法。

在傅伟勋看来,施莱尔马赫的诠释学对"误解"的理解是消极的。他认为,由于读者自身所具有的理解之前结构,加上语义变迁的时代特点,使得误解不可避免,也无法消除,"哪里有误解,哪里就需要解释"将变成"哪里有解释,哪里就有误解",如此终将陷入相对主义的陷阱。而"误读"虽然在形式上和误解有些类似,但根本不同,误读是主体的有意为之,凭借误读引申出新的含义。傅伟勋对郭象的《庄子注》进行了分析,他认为,庄子和郭象都倡导"齐物论",但在郭象看来,庄子的"齐物论"并不彻底。《庄子·逍遥游》

中大家熟知的寓言,鲲鹏南迁万里被蜩与学鸠嘲笑之事,在庄子看来,这属于"小知不及大知",以小智笑大智,也就是说在庄子的思想中物之品性仍有大小高卑之分,"大知闲闲,小知间间;大言炎炎,小言詹詹"(《庄子·齐物论》)。而郭象不同,他主张"大小虽殊,而放于自得之场,则物任其性,事称其能,各当其分,逍遥一也,岂容胜负于其间哉!……苟足于性,则虽大鹏无以自贵于小鸟,小鸟无羡于天池,而荣愿有余矣。故小大虽殊,逍遥一也"。在傅伟勋看来,郭象的解读,才真正实现了老子的"道法自然""道常无为而无不为"的"自然无为、万物齐一之义谛"。傅伟勋还以日本的道元禅师(1200—1253)为例,说明"误读"的深意。他认为,道元禅师是一位"误读的天才",时时以创造的方式误读佛教经典,表达自己深刻的禅悟体验。他举例说,《大般若涅槃经》有言:"一切众生悉有佛性"。原意是"一切众生生而具足可能成佛的种性",道元却将其解释为"悉有"(万事万物)即佛性,众生只是"悉有"中的"一悉",如此一来,万事万物都是佛性的当下实现,都是永恒的"现在",按照西方哲学的说法,即"现象"和"此在",是物在此一时刻的呈现。所以,在傅伟勋看来,积极有益的"误读者"是知道文本的共识的"正解",通过有意的"误读"将理论体系中阐释的矛盾、不协调之处,统一起来成为一以贯之的体系,应为"正解"。

另一方面,傅伟勋借用语言分析的概念认为,一个创造的(而非平庸的)解释者在重新诠释或建构原有哲学思想时,必须能够透视并挖出隐藏在原有思想的表层结构(普通探求者所能知晓)之下内在的深层结构(非普通探求者所能发觉)。在表层结构这一层面,要允许有不同解释的可能;而在深层结构中,要发现潜藏在表层结构底下、作者思想中隐而不显的、作者自己未能觉察的思想蕴涵。这也正是海德格尔所说:"思维愈是具有独创性,则(藏在)思维之中的未被思维者(das Ungedachte)就愈显得丰富"(傅伟勋,1989)[274]。傅伟勋认为,不同的角度看"深层结构"会得出不同的"未被思维者",正像文化学者牟宗三以近代科学研究朱熹的思想一样,牟宗三研究后指出,朱熹的"理气"基本原则是"科学"的结论,指出其已非儒家正统。从深层结构上说,以儒释道三家代表的中国形而上学,具有共同的深层结构"顾及全面的多层远近观",即全面的、多视角的、多层次的多元透视方法。

在傅伟勋(1989)[242-243]看来,西方哲学家追求的是"真理"(truth),而中国哲学家追求则是"道理"(the principle of the way or human reason)。所以,西方更重视自然科学,因为只有自然科学才具有真理的属性:普遍性、客观性、经验的符合一致性。而"道理的特质是在依据见识独特而又意味深远的高层次观点,重新发现、重新了解并重新阐释现前现有的经验事实对于人的存在所能彰显的种种意义。道理所能具有的哲理强制性与普遍接受性(但绝不是客观真确性),本质上是建立在相互主体性脉络意义的合情合理与共识共认"基础之上的。"道理不像真理,无须经验事实的充分检证和反检证(sufficient confirmation or disconfirmation),但绝不能违反、抹杀或歪曲经验事实"。从道理的角度看,道理是关涉人存在(human existence)的相互主体性真理(intersubjective truth),而非客观真理(objective truth)。他进一步说,"一般文学艺术的雅俗共赏之理,人伦道德,政治思想,历史文化的了解,乃至哲学上的形上学、心性论、价值论、宗教哲学等等,皆属道理的领域。至于心理学、文化人类学以及一般社会科学,则兼摄真理与道理两面,与形成纯粹客观真理的自然科学不尽相同;换句话说,就研究态度与方法言,属于(科学)真理,但无法完全摆脱相互主体性道理的条件"。所以在傅伟勋看来,中国哲学的逻辑思考薄弱,要实现中国哲学的现代转化,必须关注哲学思想(在问题设定上的)齐全性、(在解决问题上的)无暇性、(在解决程序上的)严密性,以及(在语言表现上的)明晰性,要加强对西方诠释学、语言哲学、现象学和分析哲学的研究,借用这些理论和方法,建立起符合时代要求的哲学语言。

傅伟勋的创造诠释学本质上是一种诠释学的方法论,他提出在实际操作中,可以根据五个步骤或层次来进行解释:一是"实谓"层次,即"思想家或原典实际上说了什么",具有客观性的特点,主要是考证、版本比较等,这是诠释的起点;二是"意谓"层次,即"思想家想要表达什么",尽量客观忠实地了解并诠释作者的意思或意向;三是"蕴谓"层次,即追寻"思想家可能要说什么",这一点要通过考察其后的思想者的发展,通过原有思想发展的结果来推断可能的蕴含;四是"当谓"层次,即"进一步思索思想家应当说出什么",意在挖掘原思想教义表层结构下的深层蕴含;五是"必谓"层次,即"面对当下的世界,思想家必须要说出什么",亦即当下读者在新的历史条件下如何发展"旧的理论",让其与时俱进地创造性诠释。

总体来说,傅伟勋的创造诠释学,既注重意义诠释的客观性依据,又注重意义的开拓创新性,而且结合了西方哲学的秩序性、逻辑性、合理性,是中西哲学方法的融合,尤其借助了西方分析哲学的方法发展的中国哲学诠释学。在傅伟勋看来,西方解释学对于中国哲学和宗教思想及其发展史的现代化重解或重建很有益处。他在《批判的继承与创造的发展——关于中国学术文化重建的问答》中写道:"譬如说,两千多年来的儒家与佛教这两大传统的思想发展,可以分别看成一部解释学的历史;换句话说,是分别对于早期儒家的原先观念(如仁义、性善、天道天命等)与原始佛教的根本理法(法印、四谛、缘起等)所作'解释再解释、建构再建构'的思维理路发展史。"(傅伟勋,1989)[427]

成中英和傅伟勋这两位海外的华人学者因为其双语和双栖文化的身份和背景的优势,对西方诠释学的理解极为深刻,所以他们的诠释学研究有自己的系统,研究成果已成体系,所以做了重点介绍,更为重要的是其中蕴含了明确的心理学应用思想,后文还会讨论。与成中英、傅伟勋同样背景的还有黄俊杰和汤一介,他们分别对孟子经典思想诠释和中国诠释学构想提出了自己的观点。后期我国对诠释学进行成体系的研究的还有俞吾金等。俞吾金通过研究马克思主义思想得来了马克思主义诠释学,提出实践诠释学的概念。这些研究都富于建设性。

中国大陆地区学者对诠释学的介绍和研究是在改革开放之后。根据何卫平(洪汉鼎,2003)[211-226]的研究,从1979年到2002年是西方诠释学在中国的传播阶段,他认为,这一阶段又可以分成两个阶段,1990年之前和之后,1990年之前是起步阶段,是一个熟悉和积蓄的过程,1990年之后是诠释学在中国的大发展阶段,这一时期的主要特点是在翻译和相关主题论著上有了突破。这一时期,洪汉鼎先生毕10年之功译成的伽达默尔的巨著《真理与方法》得以出版,成为后来研究伽达默尔诠释学的经典,后期洪汉鼎先生相继出版了《理解与解释:诠释学经典文选》《诠释学:它的历史与当代发展》《理解的真理:解读伽达默尔〈真理与方法〉》等诠释学著作,介绍了现代诠释学在中国的开创研究。在洪汉鼎先生的推动下,很多学者的研究性专著也得以出版,2001 年由洪汉鼎主编的《诠释学与人文社会科学》集刊相继出版,该集刊包括潘德荣、黄小寒等人的诠释学研究专著,洪汉鼎可以视为中国诠释学研究的开拓者。2002 年起,由傅永军教授主持的山东大学"中国诠释学研究中心"每年都会汇聚诠释学的研究者一起研讨,并将讨论和研究的成果以集刊的形式出版在专辑《中国诠释学》上。这部集刊从 2003 年发刊到 2020 年已出版了 19 辑。该集刊主要汇集介绍西方诠释学研究、中国儒释道经典思想的诠释、诠释学理论与方法等研究。从此中国诠释学研究有了自己的话语平台,中国诠释学研究进入了一个新的阶段,开始重视本土文化经典的诠释学研究。成中英在 2023 年 10 月的《学术月刊》上发表的《本体诠释学即中国诠释学——兼论中西诠释思想的异同与交融》一文中再次指出,本体诠释学即中国诠释学,中西哲学在中西诠释上存在着互补性,代表着不同的诠释模式,各自具有普遍性,可以构成相互为用的诠释圆环,并提到国内目前有代表性的研究观点,如潘德荣的德行诠释学与傅永军的中国诠释学哲学路径,希冀中国诠释学研究不要停留在理论研究上,更重要的是纳入应用领域的研究,获得更多的经典思想诠释成果,并在实践应用中得以发展,形成真正意义的中国诠释学。

总体来说,诠释学学科引入中国之后,引起了中国学者的极大关注。在中国学者看来,中国的经学诠释学中蕴含的诠释学思想是极其丰富的。杨乃桥在其主编的《中国经学诠释学与西方诠释学》一书的序言中提出,中国经学的诠释学思想是一种普世理论,他认为:"如果我们把西方诠释学理论作为研究视域,去审视中国经学史及其内在丰沛的诠释学思想,我们没有理由不承认,一部中国经学史就是一部中国经学诠释学发展史"。对此,其他很多学者都进行了大量的讨论,但很遗憾的是,希望建立中国诠释学的想法依然没有实现,但对中国经学传统的研究,却丰富了中国的心理学思想,从某种意义上说,中国心理学思想史,其实就是一部经学诠释思想随时代发展的历史。

第六节 中国生存哲学与实践智慧的心理学现实意义

哲学,无论从其来源还是从其学科性质来说,都是贴近生活尤其是贴近人的生命意义的学问,是智慧的学说。人为世间一物,无法离开世间万物而孤立存在。正如马克思所说,人的本质是一切社会关系的总和,社会关系是人的关系,是人与人的关系、人与群体的关系、人与自然之物的关系。既然人与物不可分割,人与人不可分割,那么纯粹自在的物质世界中的"物"便因进入了"人"的生活世界而获得了人文的意义。人则在关系的对象中领悟自己存在的意义。所以,客观存在的"关系"虽然不似物质一般的实体存在,但其却具有"客观存在"的特性,在应用时,我们也需要赋予它以可视的"物质性"存在,才能真正理解我们所处的"周围世界""共同世界""生活世界"和很多人希望有的自认为的"个人世界"。

中国的哲学正是沿着上面所述的哲学实践智慧而来,中国古人的哲学思想也恰恰是在对自然界的适应以及与社会关系的纠缠中一路走来,所以,首要的是生存,中国的哲学是更具有实践意义的生存哲学,而非西方的理性和概念的思考。中国的生存哲学中蕴含着丰富的人文心理学知识。显然,按西方"理性心理学"体系来考察中国本土的"实践心理学"是不适宜的。况且,西方心理学之成体系也不过是近百年的时间。前文说过,中国人更注重实践,注重"天人合一"的中国人从不缺乏生存哲学和生活智慧,甚至从实践意义上讲,比西方更早,某些思想更早于和优于西方。比如,儒家、道家哲学思想重"天人合一",反对个人的功利主义,更符合整个人类社会的需求。不过,不得不说,儒家经典和西方的《圣经》一样,由诸多单独的文本合编而成,是由不同的人在不同的时期结合当时的社会发展需要诠释完成,仅仅根据字面语义去解释,有时会发现很多矛盾之处,所以更需要将文本置于当时的历史语境和现实意义中,这样才能更具实践意义地理解和解释经典,带给我们以现实意义。

回到心理学的现实意义上来说。据高觉敷主编的《中国心理学史》，中国的心理学思想基本特点是关系：① 天人关系，即人与大自然的关系，普遍的观点是"天人合一""交相胜，还相用"。② 人禽关系，即人与禽兽的区别，"万物皆有良能，如每常禽鸟中做得窠子，极有巧妙处，是他良能，不待学也。人初生，只有吃乳一事不是学，其他皆是学"。③ 形神关系，即心身关系，"形具而神生"。④ 性习关系，即性善或恶，"养其习于童蒙，则作圣之基立于此"。⑤ 知行关系，"知之匪艰，行之维艰"。能够看出，中国古代这些心理学思想的教育心理学功能或者生存智慧功能的意义更大，虽有现代心理科学的思想萌芽，但毕竟未成体系。

如果借用大家熟知的阴阳平衡理论来看中国人的实践智慧，我们是否可以更容易理解和解释实践智慧中的心理学现实意义。儒家思想一直在强调人的社会化，并以此作为心理问题产生的价值观基础，如果将其视为"阳"的话，那么，在中国一直有道家思想（包含后期吸收和改造了的释家的思想）作为人的治愈思想，可以视为"阴"，寓于一体的阴阳有机地调和与平衡，使得中国的古代社会和文明思想能够一直稳定地存在。这一点在作家林语堂的《中国人》一书中论述得同样精彩（林语堂，1994）[67-68]。既然矛盾能够稳定存在，那么就不必有西方那样的察微细究。又或者如林语堂（1994）[96]所说："中国人相信自己的庸见与洞察力的闪光"，避开了分析性思维和"枯燥的工作"。这个问题在李约瑟那里有另一番详细论述。李约瑟（2020）[10]在其《文明的滴定》（*The grand titration*，又译名《大滴定》）中说，中国的"长青哲学"（philosophia perennis）是一种有机唯物论（organic materialism），不是机械唯物论，机械论的世界观根本没有在中国人的思想中发展起来。中国思想家普遍持有一种有机论观点，认为现象与现象按照等级秩序彼此关联，这种关联将导致稳定的模糊的界限，融为一体而存在。如何理解李约瑟所说的"有机论"和"机械论"呢？我们的理解是，有机论是一种成熟的、自然的、灵活的、随机而变的成长状态，以适应外部多变和危险的环境，而机械论强调的是断裂的因果目的论，或者说是机械的因果法则。

当然，在李约瑟的论述中提到，中国文明之所以稳定存在，没有发展出现代意义上的科学，还与中国的自给自足的地理环境、封建文官制度等其他因素有关。此外,他还特别强调因为中国没有类似欧洲城堡那样的战争,也因此虽然火药的发明很早,但并没有用于战争。在其他社会文化学者们看来,世界文明在人类发展到一定阶段之后进入了文明思索的"轴心期",在这一时期东西方都涌现出了很多大的思想家。这一时期便是被大家所熟悉的雅思贝尔斯提出的公元前 800 年到公元前 200 年,他在《历史的起源与目标》中概述道:"最不平常的事件集中在这一时期。在中国,孔子和老子非常活跃,中国所有的哲学流派,包括墨子、庄子、列子和诸子百家,都出现了。像中国一样,印度出现了《奥义书》(Upanishads)和佛陀(Buddha),探究了一直到怀疑主义、唯物主义、诡辩派和虚无主义的全部范围的哲学的可能性。伊朗的琐罗亚斯德传授一种挑战性的观点,认为人世生活就是一场善与恶的斗争。在巴勒斯坦,从以利亚(Elijah)经由以赛亚(Isaiah)和耶利米(Jeremiah)到以赛亚第二(Deutero-Isaiah),先知纷纷涌现。古希腊贤哲如云,其中有荷马,哲学家巴门尼德、赫拉克利特和柏拉图,许多悲剧作者,以及修昔底德和阿基米德。在这数世纪内,这些名字所包含的一切,几乎同时在中国、印度和西方这三个互不知晓的地区发展起来。"(吾淳,2019)从这一时期之后,世界文明开始走向了不同的发展道路,中国文明因其特殊的发展连续性,延续至今,其间虽有所突破,但延续性的主基调没有变化,而西方包括印度文明都有明显的突破发展。关于这三类文明发展与差异的研究,哲学家、史学家和文化人类学者们的研究结论非常丰富。

我们所列出的李约瑟的《中国科学技术史》中的思想,是从西方人的视野来看中国的科学思想,所以有其特别之处。在李约瑟看来,对道家思想的诠释,可以看出整个中国社会的全貌(注:和前文鲁迅的说法有异曲同工之妙),而不只是儒学的社会。道家的"自然"难免有宗教神秘主义的特征,但对自然的"观"却发展了科学态度的最重要的特点。道家不仅"观",还提醒人们根据"观"来行动,以此推动植物学、药学、化学等得以发展。可惜的是因为和主流的儒家不同,道家并没有能力或可能发展出像西方那样系统的科学,因为西方科学的发展也要依靠统治阶层的兴趣,需要"皇家科学院"才会得以生存和发展。

不同于较为局限的科技发展,中国人的生存哲学可以说较西方更为全面,前文已经有所论述。儒学教人,既有目标又有方法,生活中人如遇困扰,知之,如无法知之,学之,学以不到,则既有心学的"致良知",又有道家的"顺遂自然之道"。方东美先生常说中国文化是"早熟的文化",早熟的含义是中国相较于其他民族有一套完备的系统思想和生活智慧。按照方先生的说法,儒、道、墨三家并列:老子论道,孔子谈元,墨子主爱。如何教育、如何成长、成长为什么,儒学有答案,人与宇宙等外部世界有道学,人与人的世界则有"兼爱""互利",如此便"与天地合德、与大道周行、与兼爱同施"。对于中国哲学一贯强调的"天人合一"的宇宙观,方东美(2019)[37-38]先生在其著作《中国人生哲学》的一章中有专门介绍。从《易·乾卦·文言》中"夫'大人'者,与天地合其德,与日月合其明,与四时合其序"到"天为我所欲,我亦为天所欲"(《墨子·天志》)、"善言天者必有征于人"(《荀子·性恶》)、"人与天调,然后天地之美生"(《管子·五行》)、"君原于德而成于天……合喙鸣,喙鸣合,与天地为合。其合缗缗"(《庄子·天地》),再到程朱理学、阳明心学等,无不提及,"以天地万物感应之是非为体"。直到现在,这个思想还一直浸润在中国人的心髓深处。

另外,在方东美看来,中国很多过去的和现在的思想家都未曾注意到,儒、道、墨三者思想融合会通之处,"是中国哲学的完满精义"。方东美(2019)[218]写道:"儒家是要追原天命,率性以受中,道家是要遵循道本,抱一以为式,墨子是要尚同天志,兼爱以全性。就是因为天命、道本合天志都是生命之源,而中国人酷爱生命,所以我们极端尊重生命的价值,对于生命,我们总是力求其流衍创造,以止于至善。中国人深知:如果离开生命的价值,宇宙即蹈于虚空;如果撇开生命的善性,人类即趋于诞妄"。这一点的确不同于西方关于人性的传说。西方关于人性的传说是,浑圆的原始人心智伟大,触怒了宙斯,被切成两半,一男一女,从此开始心智的二分与对立,矛盾和争斗不断。

中国的语言和文字亦与西方不同,前文已有论述。这里再做些补充。中国的汉字兼具形、音、义,所以与单纯的西方的语音学理应不同,最少较西方的文字多了形意和义意的诠释。前文提到的傅伟勋先生,学贯中西哲学、语言学和伦理学,他在《从西方哲学到禅佛教》一书中曾建构孟子性善论的十大论辩(傅伟勋,1989)[243],以此来看中国人所追求的"道理"如何实现其教育功能。例如,"仁恕论辩",傅伟勋指出,就字体结构而言,孔子的"仁"字指谓二人,象征着人伦道德始于人与人之间的相互主体性关系;"恕"字指谓"如心",人人原有同心。儒家这二字彰显了人伦道德普遍性的深长意味。在傅伟勋看来,儒家所标榜的仁恕之道,颇会通着亚里士多德以来的西方中庸(the golden mean)观念,或耶稣所云"你要他人照你的意思待你,你得一样如此待他"(马太福音第七章第十二节),更像孔子所说的"己所不欲,勿施于人"。再如"教导效率性的论辩",傅伟勋认为,《孟子·告子上》说,"五谷者,种之美者也;苟为不熟,不如荑稗。夫仁,亦在乎熟之而已矣",孟子这里的比喻,极具道德教育的深远意义,道德人格的正规发展,有如谷种的播放、滋养与成长的自然过程,而道德教育的主旨是在启发人人重新发现和收回一度放失的本心本性。就道德教育的意义和价值而言,孟子性善论可以包容弗洛伊德等人的自然本能,又可视为对康德、萨特等人的"人的自由本质上是道德自由"的肯定。在傅伟勋看来,陆象山是对孟子性善论的教导效率性最能领会的第一人,陆象山说:"孟子曰:'言人之不善,当如后患何?'今人多失其旨。盖孟子道性善,故言人无有不善。今若言人之不善,彼将甘为不善,而以不善向汝,汝将何以待之? 故曰:'当如后患何?'"。《孟子·告子上》:"公都子问曰:'钧是人也,或为大人,或为小人,何也?'孟子曰:'从其大体为大人,从其小体为小人。'"傅伟勋解释说,孟子认为,道德教育的主旨是在唤醒小人(小体之人)的本心本性,转化小人为大人(大体之人),他借用海德格尔的现代名词来说明,即不外是实存的非本然性(existential inauthenticity)到实存的本然性(existential authenticity)之心性醒悟与转化。他同时指出,海德格尔只善于分辨本然性与非本然性,却未能深一层地透视心性醒悟的本原所在。而傅伟勋在第九辩"人的终极关怀之论辩"中,引用了孔子的"君子忧道不忧贫"的说法,"忧贫"的"忧"是日常世俗的忧愁忧虑,而"忧道"的"忧"意指儒家的终极关怀,也就是常说的忧患意识,"君子有终身之忧,无一朝之患也。乃若所忧则有之:'舜,人也;我亦人也。舜为法于天下,可传于后世。我由未免为乡人也'。是则可忧也,忧之如何? 如舜而已矣!"傅伟勋指出,孟子所云"君子忧终身之忧"的现代意涵,可以借用意义治疗法的开创者弗朗克(Victor Frank)《医师与灵魂》(*The Doctor and the Soul*)所说加以诠释,弗朗克说:"没有自我责任意识的人只把人生当作自然赋予(a given fact),实存分析却要教导人们把人生当作一种任务(life as an assignment)。但是,我们还得加上一句:有些人更进一步,在高层次体验人生(的意义)。他们体验到(人生)使命源头的权威;他们体验到赋予他们使命的主人(task-master)。我们在这里看到了宗教家的特质:他对人生了解到双重责任,一是完成他的人生使命应负的责任,另一是面对赋予使命的主人所承受的责任"(傅伟勋,1989)[258]。

傅伟勋先生自己也说,他所建构的十大论辩,有些是孟子明白点出的,有些是他暗示过的,有些是他的话语所蕴含而本人不见得深透到的,有些是他理应知道而未及表示的,也有些是他自己自创的相信孟子应当认可的。由此,我们可以在中国的诠释学学者这里寻找到创造性诠释的意义。

那么,科学语境的西方人如何看待东方的文化呢?仅以伽达默尔(2010b)[401]在《真理与方法》第二卷中的说法作简单说明。伽达默尔说,科学概念是西方文化的特征,如果我们把西方文化和伟大的高度发展的亚洲文化作比较,则它的厄运也许就在于这种科学概念之中。西方科学概念来源于亚里士多德的"纯粹科学"概念,其特征是不可改变而必然存在之物,演绎是其基本方法,数学和物理是其典范。从这个特征,可以看出,价值、习惯、制度等是无法做到不可改变的。但在中国则是"学问",中国人一开始就把人的生存和价值立于学问的首位,"为天地立心,为生民立命,为往圣继绝学,为万世开太平"。很显然,东方的哲学思想从一开始就关注人的本身,学问是为人服务的,而随着社会变迁,学问的表达则也会因时而"易"。

前文所述似乎可以得出这样的结论:西方的心理学体系是各自独立的,东方的心理学思想则从一开始就是整体性的,而且从哲学那里开始就建立得非常完整,政治的、生理的、社会的、个人发展的等等融合在一起,而且这种融合不是简单的堆砌,而是有机的融合。如此看来,在心理学应用领域,有机融合的心理学思想可以指导其时的人们去面对生活中的困扰,最后总能做到自我内心的协调,这便是中国生存哲学和实践智慧的意义。

第七节　中国传统医学经典《内经》中的心理学思想现代诠释简述

西方心理学者们在世界领域考察心理学的历史时，都会提到古代中国的心理学思想，也会提及东方哲学智慧对心理学的应用价值和意义。尽管西方心理学理论已成体系，但他们也同样没有否认东西方思想融合的完美意义。美国心理学家墨菲在其《近代心理学历史导引》中指出，亚洲哲学与心理学的欧化，有其积极的影响，同时也有消极的影响，"它可能导致远东心理学中某些有力的和原始的成分遭受损失"，"或许，综合新与旧、东方与西方的大门仍在敞开着，而其结果可能是一门比较健全的科学"。（墨菲 等，1980）[663-664] 由此可见中国传统文化中对世界心理学的贡献。

但在中国人自己看来，西方心理学界对中国传统文化中的思想了解可能远远不够。最具代表性的，当然首先是指西方人对中国传统医学经典《内经》的认识。如同西方医学产生的背景一样，《内经》在中国医学史具有划时代的意义，它以中国古代哲学思想构建了不同于西方医学的心身有机整体医学观，提出了阴阳五行、藏象经络、七情五志等学说，阐述了疾病的病因和机制，制定了诊治原则，奠定了中医学的理论基础。而它的贡献不仅如此，如果说在上述的中国经学和经学诠释中蕴含了很多的心理学思想，那么《内经》则是较为系统地提出了整个现代心理学的大致框架，既有发展心理学和人格心理学思想，又有朴素的生理心理学思想，既有精神病理学的内容，又有心理治疗学的内容，提及病患人本又强调医者特质。遗憾的是，这些鲜明的思想并没有被西方语境的世界深入了解。

《内经》中的心理学思想非常丰富，贯穿和融合在整部书中，该书虽分为《灵枢》和《素问》，而且两部分侧重点有所不同，但其中的身心有机整体论的思想是一致的。由此，《内经》更是一部中国人自己对世界和人的关系诠释思考，而且是从自身经验开始自我探索、自我诠释，经验即实践，如同诠释学一般到达自我理解、解释及应用的循环一体，这一点和西方现代医学的视角完全不同，更重视现象和情景，西方医学则一直努力借助外部手段或者工具，以达到透视性地剖开了看人自己的身体和思想，理性和非理性地区分开来。

至于现代诠释的意义，仅以一例说明其现代心理学实践意义。《素问·移精变气论》中说："余闻古之治病，唯其移精变气，可祝由而已"。"祝由"应是现代心理治疗的始初模样，清代吴鞠通对此解释道："祝，告也，由，病之所以出也……吾谓凡治内伤者，必先祝由，盖祥告以病所由来，使病人知之而勿敢犯，又必细体变风、变雅，曲察劳人思妇之隐情，婉言以开导之，庄言以振惊之，危言以悚惧之，必使之心悦诚服，而后可以奏效如神"（庄田畋 等，2019）[5]，通过解读原因，转移对症状的注意力，关注原因，调整人体阴阳至恢复平衡，如此摒弃巫告鬼神的诠释，几乎是现代心理咨询与治疗实践的完整过程。"祝由"虽有一定的迷信色彩，但经过诠释，显然又决不能与迷信画等号。

《内经》作为中国传统医学的奠基之作，随着中医学的发展，经过历代医家的不断补充、诠释和发展，到现在已经自成体系。20世纪80年代初开始，中医心理学作为学科概念提出后，中医心理学的研究者也在不断挖掘和整理传统文化中的心理学思想，中医心理学体系不断得到完善。遗憾的是，中医心理学思想自《内经》以降的各种思想内在诠释关系因为各自理论而缺少统一的逻辑关系，不免给人以庞杂之感、神秘之感，令人畏叹而望而却步，而随着社会的发展，西方医学的科学发展因其在治疗方法的便捷性、快速性、直观性等因素的作用下，一直占据着医学的主导地位，使得中医心理学思想的整理并未得到应有的重视，可能的另外原因也有中医自身的局限性，其中一个重要因素或者是中医语言的问题，因为能读懂古汉语的人越来越少。如何深入研究中医心理学思想的逻辑关系，以现代语言系统地整理出来，这的确是一个很大的课题。

语言对心理学的重要性上文已经讨论过。如何将中医的语言随着时代语言的发展，翻译和诠释成被时代所理解和接受的语言，应该是重要的任务。季建林（2001）教授曾在《心理治疗在中国：西方治疗技术与东方文化思想的结合》一文中特别提到，要用中国人听得懂的语言来重新诠释西方心理治疗的语言,这一点显然在心理咨询与治疗实践中意义更为重大。中国传统文化语言中的诗词、谚语、成语、歇后语、警言名句等都蕴含着丰富的心理学实践思想,这些虽然是碎片一样的知识,却是心理咨询与治疗中的诗性智慧,会更能激发来访者的自我反思和领悟。在中国文化背景下进行心理咨询与治疗实践,显然"三十而立,四十不惑,五十知天命"比埃里克森的八阶段理论更易理解。

当然,在全球化的今天,中医需要走向世界,被世界理解和接受,同样,需要有人将中医思想以他种语言翻译和诠释也是中医文化繁荣发展的必由之路。然而,中医语言的翻译与诠释的复杂性、中医思想的融合性等特征使得中医心理思想显得过于庞杂,缺少系统和全面的整理。这种情况又或者在当前仍缺少合适的整体的方法论去统领,也需要大量的时间。可喜的是,已经有很多学者开始尝试以西方现象学思想来诠释中医思想,或许,在不久将来,作为西方哲学方法论的现象诠释学可以承担此项大任。

随着社会的发展,心理服务需求的增加,我们已经注意到中医学界的心理卫生工作者的努力,挖掘整理传统文化和传统医学中的心理学思想,总结出了开导劝慰、以情胜情、习见习闻、移精变气等心理医疗和养生保健方法。汪卫东(2011)教授基于其临床实践逐渐摸索出来的发展治疗学理论,尝试综合中医心理和西方心理学理论的概念进行研究,提出了"低阻抗意念导入疗法",并总结出支撑这一技术的理论基础——"发展治疗学",对中医心理理论进行了西方科学意义上的现代研究和诠释做了努力,虽然略显单薄,但毕竟是做了有益的尝试。

我们也注意到,汪卫东的核心技术——意念导入大约源于《内经》中的思想。《灵枢·本脏》(庄田畋 等,2019)[95]中"志意者,所以御精神,收魂魄,适寒温,和喜怒者也。……志意和则精神专直,魂魄不散,悔怒不起,五脏不受邪矣"的现代诠释,即中医所谓"正意顺念法",而"正意顺念法"所强调的"清心、克己、内观、正心"等方法,与当前从西方流转回来的正在流行的"正念疗法"(mindfulness)所强调的"不评判""觉知当下"几乎相同。期待现代医学对"正念疗法"的研究可以为中国传统疗法提供现代科学依据,同时,我们也应该提醒自己重新审视和重视中国传统医学心理学思想的科学性。

第五章 心理咨询与心理治疗理论与方法的共同特征

本章简介 本章对心理咨询与心理治疗的一般特征进行了梳理与回顾,提出心理咨询与心理治疗具有鲜明的教育特征、自然科学特征,尤其具有鲜明的精神科学特征和时代特征。

心理咨询与心理治疗(也可简称为"心理咨询与治疗")不同于其他任何专业,它是一种内容极其丰富和复杂的经验过程,既是科学的,也是艺术的。从一般意义上说,心理咨询与治疗所要达到的是这样一个目标,即有效地减少或减轻人类所要经验的痛苦。而要达到这个目标就需要做到以下方面:达成相互理解、教以知识促进成长、协助减轻痛苦和解决问题,甚至是帮助分清方向、寻找意义、预防问题延续,等等。要做到这些又会涉及知识如何传达、如何提供问题解决方法等方法学设定的问题。我们要回顾和讨论的是西方心理咨询与治疗的方法学共同特征。讨论这些,一是为后面讨论诠释学的特征做个铺垫;二是让从事心理咨询与治疗的同道们注意到这些特征,以便更好地理解我们的工作。

第一节　心理咨询与心理治疗的早期及教育特征

从人类开始思考自身的生活世界，并试图从上一代的言语和文字中去寻找答案伊始，人们所寻找到的就是知识，尤其是可以在实践中运用的知识。如此，上一代留下的语言、符号、文字便首先具有了教育的特征。最初的语言符号因为被"神化"，作为信使的智者将很多可怕的后果解释为忤逆神意（注：在古代中国即有"敬惜字纸"的说法，污贱字纸与不敬神佛、不孝父母同罪），其神奇无比的威慑力和极具权威性使人不需要、不允许和不能从自身理性去思考，只有顺从才是唯一的选择。当有勇敢者开始思考和质疑时，于是便有了"为什么"的问题，因为人们希望知道的不仅是信仰，而且希望知道为什么信仰。这就需要和要求智者对所信仰的东西给予解释，而且这个解释需要被理解和接受才行。于是，智者和先知基于对世界的观察和理解、基于对他的前人给予他的知识的思考和理解，将"神说"转换成他所在的时代可以被理解的语言或者不甚理解的语言。所有的这些智者和勇敢者的言论，被后人发展成为早期哲学思想。对于这些言论，柏拉图的建议是，人们要学会运用自己的智慧去做出明智的选择，因为"如果我们相信它，它就能救助我们"。不得不说，柏拉图是聪明的，一是让你觉得那是"你自己的明智的选择"，二是你没得选择，你只能选择相信。至此，这些延续下来的生活的实践知识被记录下来，总结成为语言和文字并被代代传承，成为指导人们生活的准则，也避免了遇到事情和困难时候的无所适从。从这个意义上说，中国的儒家思想，一开始也扮演了生命导师的教育角色，教育人们如何去生活，这是儒学或者说是一切学问的初衷与价值所在。随着时代的发展，这些知识或学问不断地得到诠释和补充，以应对时代发展的或政治、或生活的需要。传承有序和系统一些的思想，被后人称为哲学思想，又或者是具有宗教的权力威名，成为学科或学术思想。

心理咨询与治疗的教育功能，从一开始就是它存在的价值和主要功能。

所有的现代心理咨询与治疗方法所强调的或者隐含的知识功能,都指向其教育或教化职能,因此现在所有的心理治疗方法,尤其是认知行为治疗,在应用其核心理论和技术之前,首先要强调的是该方法的心理健康教育功能部分。

关于心理咨询与治疗教育功能的作用机制,现代神经科学的研究已经证实并提供了可靠的证据。现代神经科学发现,人们一旦学习到一个新的观念或者知识,不论正确与否,也不论是从自己的日常生活中,还是从周围人的世界中,抑或是在专门的课堂上学习到,这些观念和知识、和周围环境互动的获得,都会引起人们个体内部的变化,尤其是神经功能的变化,这些变化长期存储在大脑中,直到因为衰老或者其他某种原因导致神经系统的衰退和损伤。现代神经心理科学的研究也表明,人们在自己的生活世界学习过程中出现的神经元重塑,能够使人们的行为、情感和心理状态发生适应性的改变。这应是心理咨询与治疗过程中人们在学习到相应知识后能够改变自己的基础,也是目标。也因此,在心理咨询与治疗过程中要注意到人们长期所受到的教育知识对人们心理状态的影响,尤其是从小受文化教育而获得的知识的影响。

中国古代散在的心理学思想因为强调修身、养性,所以教育功能的特点更为鲜明,这也是中西医学传统不同的原因之一。西方医学强调发病后治疗的及时性和可靠性,这一理念在当今社会占据着主导地位,但显然这只是医学功用的一个方面。中国传统医学所强调的"治未病",更应成为医学研究的重要内容。预防重于治疗,这是中国传统医学强调整体医学之外的另一不同于西方医学的特点。中医强调养生,而中医养生受形神治疗观的影响,更强调"神"的价值,即心理的作用。《内经》中的很多思想有明确的指导意义,《素问·上古天真论》说:"恬淡虚无,真气从之,精神内守,病安从来"。当今社会生活的节奏快速化,更需听从孙思邈在《千金方·养性》所说"养性之道,常欲小劳,但莫大疲及强所不能堪耳"的建议。诸如此类,包括很多流传下来的思想大家的思想,非常之多,都颇有价值。《中国心理学史》副主编杨鑫辉教授在总结中国传统心理学思想后建议说,在中国传统文化背景下,应构建全面的心理咨询与治疗观,其中包含四个方面:积极意义的心理健康教育观、本土文化的心理咨询辅导观、古今中外结合的立体心理咨询治疗观和文化-养形调神心理健康模式的机理观，而其中的积极意义的心理健康教育观和文化-养形调神心理健康模式的机理观——即养生观念，更具有教育的意义，这自不必说。

正确和积极的心理健康教育观涉及人的素质教育。人生观、世界观、价值观的塑造不仅是和自身的心理健康有关系，更重要的是涉及包含身体素质、政治素质、品德素质等各种必备素质，涉及推动人类进步和发展的各种要求。我国一贯重视思想政治教育，其中心理教育或者心理品质教育几乎等同于思想政治教育这个概念，只是表述和侧重不同，但落脚点都在人上。

这些具有教育功能的心理学思想，可能不是严格意义上的心理咨询与治疗方法，但是在实际操作中却无法抛开。尤其对以认知或认知行为治疗为背景的从业者来说，在心理健康教育阶段、认知和行为的功能分析阶段，分析和调整认知离不开这些基础的心理学思想，而这些思想受中国人从小所受教育形成的世界观、人生观和价值的影响，无论如何都无法避开讨论，尤其是在人本主义心理学者看来更是如此。更不必说当前的某些西方心理治疗思想其实只是这些心理学的思想的重新诠释。曾风靡大半个中国的森田疗法，核心思想就是"顺其自然，带着症状去生活"的道家养生思想。目前正流行的正念疗法、辩证行为疗法，基础思想也都是东方的或者是中国人所熟知的冥想、静观等，只是操作方法似乎更清晰、程序化或者称之为"科学化"了。所以，调整和维持心理健康不应忽视这些传承很久的思想的心理健康教育功能。如果说心理咨询与治疗的方法与技术是知识层面的意识，那么这些重要的心理学思想则是文化层面的潜意识。

第二节　心理咨询与心理治疗的自然科学特征

科学的发展要为人类服务。心理学一直努力让自己成为自然科学的一员，所以一直注意吸收发展中的自然科学理论。影响深远的精神分析理论，虽然到现在仍然被很多人拒绝在科学之外,但弗洛伊德一直强调自己是科学的理论,所以精神分析理论中能看到很多物理学和化学的概念,如"能量""转移""压抑""浓缩"等等。

在现代科学技术的影响下,认知心理学尤其是当前的信息加工认知心理学,受计算机科学和信息科学的发展以及信息论、控制论、系统论的影响,一直走在科学发展的前沿。现在已经到了人工智能时代,ChatGPT 等人工智能工具不断涌现。信息加工认知心理学的基本理论假设是人的心理的模块化运作,将认知分解为一组连续的步骤,通过对输入和输出的现象进行观察,然后推测出不能直接观察的内部心理过程,基本的方法是反应时实验和眼球运动轨迹追踪实验等。此后,随着计算机模拟技术的发展和研究的进一步深入,模拟生物神经系统网络的人工神经网络,对模块之间的联结方式进行了研究,提出了联结主义的认知心理学,认为信息加工和储存是在神经元的网络连接中进行的。

早期行为主义产生于经济发展了的美国,是在当时工业革命完成的时代背景、实证主义和实用主义的哲学背景、巴甫洛夫的条件反射的生理学背景下并受进化论对动物心理学的研究思想影响而产生的,早期的行为主义强调人的行为的环境决定论和适应性。其代表人物之一是华生。华生认为,行为主义的理论目标是对行为的预测和控制,他将"感觉"改造成"反射","行为"改造成"反应",试图建立一整套的反射概念系统替代旧的意识心理学的概念,将心理学改造成为和其他自然科学一样,仅凭实验者的外在观察就能描述其经验事实的实证科学。华生的观点促进了心理学科的发展、拓展了心理学的研究与应用范围,但是他的过于简单地将生理心理学理解为心理学的观点受到了很多批评。后来的新行为主义者则重视了刺激和反应之间的中介变量的作用和认知、思维对行为的积极影响,较有代表性的有托尔曼的认知行为主义和斯金纳的操作行为主义。

行为主义的产生源于对之前意识心理学的不满。行为主义者受达尔文进化论的影响,将动物心理行为研究和人的心理行为研究联系在一起,并认为心理学研究不能使用"主观的内省法",而应采用更客观的"客观的观察法",而意识不能被直接观察,能被直接观察到的是人的行为。实证主义哲学、实用主义思想在当时的美国正蓬勃发展，当时的经济和社会的发展需要训练人们更好的适应行为，提高生产效率。为了迎合了时代发展的需要，混乱的心理学界选择采取了实用主义的方法，这对行为主义的发展有了很大的影响。

从唯物主义和当前占据"科学"领导地位的实证主义的角度看，行为主义坚持使用客观的研究方法，促进了心理学向自然科学领域的发展，更强调心理学的生物特性，这是目前心理学客观主义和机械主义者一致坚持认为的最科学的成分。但批评者仍然认为它把人的心理等同于动物的心理，忽视了人的心理的复杂性，尤其是忽视了对于意义、自由等主观经验的解释。

第三节　心理咨询与心理治疗的精神科学特征

前文约略讨论过，心理咨询与治疗的实践与理论源于宗教及其活动的启迪、哲学家生命智慧的启蒙和教导，这些都是精神科学的，而非自然科学的。

心理咨询与治疗首先强调的是理解。理解来访者的问题和处境是所有心理咨询与治疗方法的基本出发点。人本主义首倡"设身处地理解"这一点，应该没人怀疑。要做到这一点，就需要看看作为一般精神科学方法论的理解是如何发生的。狄尔泰曾经对理解这个词的用法下了一个定义："我们把这种我们由外在感官所给予的符号而去认识内在思想的过程称之为理解"（洪汉鼎，2001a）[76]。根据他的定义不难看出，理解首先是对于人们所说、所写和所做的东西的把握，即对语言、文字、符号和行为等"表达"（Ausdruck）的领会，而领会的又不能仅仅是这些符号和表达，还必须要领会和把握其中包含的观念、思想的意义和意图。

心理咨询与治疗的另一个任务就是解释。解释是心理治疗的武器，解释具有满足人们去掉迷障和困惑的需要的知识功能。心理咨询与治疗的从业者需要将自己所掌握的心理学专业知识，以自己的理解和能被来访者理解的语言来解释,这些语言被接受和理解之后,才会有行动的可能。

理解和解释有相互性的特征,心理治疗也同样强调参与性和互动性。在心理治疗成体系的早期,罗森茨维格(美,Rosenzweig)就罗列了他所认为的有效心理治疗的四个要素:治疗关系、基本原理或思想体系、人格子系统的整合、治疗者的人格。这是被称为心理治疗共同因素方法的第一次表述,也就是所谓的"渡渡鸟效应"(大家都赢了,每个人都有奖)。而其后的弗兰克(Frank)在其《劝说与治愈》一书中对共同因素进行了阐述,他认为共同因素包括如下三个方面:① 心理治疗是在情绪的改变以及治疗者结成的信任关系中发生的;② 在心理治疗的治愈环境中,病人相信治疗者能提供帮助,并觉得这些帮助是可靠的;③ 必须有某种原理、概念模式或神秘的东西,能对疾病进行看似合理的解释,并为病人治疗疾病提供一套治疗仪式或程序。可以看到,几乎所有的心理治疗理论首先都会强调"信任的治疗关系(或者工作联盟)",其次是病者因素和治疗者理论与技术的解释和可操作性。

如果说在心理咨询与治疗的过程中,理解与解释过程包含有理性的理解,那么加入情感的理解就是所谓的"共情"。这种共情的治疗被称为"有温度的治疗"。而这种共情中必然会包含"文化的共情",对于文化的诠释也必将具有明确的精神科学特征。里德利和林格尔(Ridley and Lingle,1996)定义了"文化共情"(cultural empathy)的概念,认为它是"咨询师习得的、能对其他文化中病人的自我经验进行准确理解的能力,这种理解是咨询师对文化数据进行解释的基础上获得的"(古德哈特 等,2021)[110]。可以看出,他们提出的文化共情的概念其实是在强调治疗者必须要根据不同文化背景的病人,来调整自己的治疗措施和方法,从"文化"大的概念上说,每一个病人的"文化背景"都将是不同的。换句话说,每一个来访者都是不同的,都需要我们根据他的"精神"来调整自己的治疗方案。研究用的手册式的治疗方法用于研究当然是必要的,但在需要灵活处理的心理治疗实践中僵硬地使用这些治疗方法是行不通的。

最后,我们来看来访者中心疗法的开创者、人本主义心理学家罗杰斯如何来评价自己的心理治疗实践。罗杰斯说:"我既是一位心理治疗师,从多年来执业于这一令人兴奋、充满回报的活动中获得了很多经验;我又是一位科学研究工作者,致力于探索心理治疗的真谛。由于这种双重身份,我日益意识到这两重角色之间的鸿沟。我的心理治疗工作做得愈好(我相信是这样的)——如在治疗过程中那些最精彩的时刻——就愈是忘我,对自己的主体意识浑然不觉;而我的研究工作做得愈好,愈是'硬头脑',愈是科学(我相信我也做到了),作为科学家的严格的客观性和作为治疗家的近乎神秘的主观性之间的距离就愈是叫我坐立不安。"[注:此段译文出自江光荣著:《人性的迷失与复归:罗杰斯的人本心理学》,湖北教育出版社 2000 版,第 219 页,与杨广学等翻译的《个人形成论:我的心理治疗观》(罗杰斯著,中国人民大学出版社 2004 版,第 186 页)的译文不同]这是很多多年从事心理咨询与治疗工作的人都很熟稔的想法。

第四节　心理咨询与心理治疗的时代特征
——当前心理咨询与心理治疗方法的东方转向

20 世纪以来的时代特征是技术决定一切。随着科学技术的发展,技术知识从掌控自然发展到开始掌控社会,甚至扩张渗透到整个世界中,包括人的内心、人的存在受到技术理性的统治越来越明显。作为现代文明基础的科学思想在影响着人的方方面面的社会实践。科学指导着人的生存、竞争,甚至战争,科学影响着人的生活选择等。科学在发展,而且日新月异,但其暴露出来的对人自身自由、价值和意义的影响等问题同样日益明显。人们正在逐渐失去对生产和生产后果的控制性,被经济强权和专家权威(技术掌握在这部分精英人群中、普通民众因并不掌握而无法控制地盲从)推动着奔跑,逐渐失去了自身思考和思考自身的自由。甚或艺术的创造亦不再是温暖的、自由的体验,成为格式化和程序化的代言。那么,人们不禁要问:人的自由在哪里?

于是,我们看到了当代心理学的转向和超人性心理学的发展。这种转向,一方面反映出现代科学在对待自由、人性、意义等心理学元问题时的无奈和无力,也反映出工业社会、科学技术发展带来的诸多问题,不只是最底层的人群的利益受损,也让处在中间层的精英们开始思考。

超人性心理学更重视人的体验(经验)。追溯起来,可以从德国哲学家那里得到答案。自胡塞尔以来,德国人一直用两个词来区分经验的两种意义:Erlebnis(即活生生的经验,lived experience)和 Erfahrung(即科学的经验,scientific experience)。前者是个体独特的体验,后者指一般的普遍的经验。活生生的经验来源于生活和经历,更具有加深生活的意义,也即生活的再体验,是主体的一种主动行为,是个人自身生命的一部分,更具有直接性和个体性,因为这种体验是直接的自我体验,强调去生活(to live),不是道听途说,不是推理、猜测出来的,所以更具有直接性的动能,也因此更被个人所接受。

现代心理学的超人性转向,不得不再次提到的便是稍早于胡塞尔的德国人狄尔泰和他的生命哲学。前面已经提到,在第一次自然科学开始占据主导地位时,为了提醒人们注意哲学等精神科学存在的重要意义,狄尔泰站出来为精神科学代言。狄尔泰认为,自然科学研究的对象是外在的事物,它利用理性思维的计量方式描述对象,通过假说把事物联系起来,概括出一般的规律和法则,以满足人们的某些功利需要,精神科学则是探索生命或者包含生命在内的社会现象。狄尔泰认为生命不是实体而是活力,是一种不可遏止的永恒的冲动。生命既井然有序,又盲目不定,既有一定的方向,但又不能确定。因而,人们无法用理性分析的方法即自然科学的方法去理解,只能用精神科学的方法,即凭借个人内心的体验去领会和解释它,这就是狄尔泰所称的方法"释义学"(或"解释学")。狄尔泰依此也确立了他在诠释学领域的不可替代的地位。伽达默尔(2010a)[99,323]对狄尔泰的生命观念做出了这样的论述:"由于生命客观化于意义构成物中,因而一切对意义的理解,就是'一种返回(Zurückübersetzen),即由生命的客观化物返回到它们由之产生的富有生气的生命性(Lebendigkeit)中'。所以体验概念构成了对客体的一切知识的认识论基础",并说"生命本身解释自身。它自身就有诠释学结构。所以生命构成精神科学的真实基础"。

人们所熟知的存在主义心理学治疗思想,对自由、死亡、孤独、意义这四大终极人性问题的思考,更可以看出对技术决定一切的反抗。克尔凯郭尔、萨特、马尔库塞等人的著述已经足够说明这一点。他们讨论的要点,或许正是现时期人们心理问题产生并逐年上升的原因。

当前最受关注的心理咨询与治疗方法,非被称为"认知行为治疗第三次浪潮"的正念冥想治疗莫属,包括大家熟知的辩证行为疗法、接纳承诺疗法、正念认知疗法、正念减压疗法等等。事实上,正念理念的开创者卡巴·金(J. Kabat-Zinn)只是根据自己的禅修经历,认为东方的禅修可以作为一种精神训练的方法来缓解躯体的疼痛。在正念冥想训练下,人们可以有意识地将注意力集中于"当下",觉察当下的一切观念而不做任何分析、评判与反应,只是单纯地觉察它、注意它,从而达到放松心灵、缓解压力的作用。人们可以通过经常的练习,学会接纳和忍受生活中的不确性和痛苦成分,将注意力放在和投入有价值、有意义的生活中,达到缓解焦虑、抑郁等心理问题和其他身心疾病的目的。

与较早之前曾风靡一时的同样具有东方思想的"顺其自然、带着症状去生活"的森田疗法和"凝视内心中的自我"的内观疗法相较而言,现在的正念冥想因为影响广泛而备受关注。随着科学工具的发展,科学研究也证实了这一源自古老东方的禅修理念的确可以通过交互作用影响人类大脑的功能。

不难看出,这一当下最受关注的心理咨询与治疗方法因其源自东方更关注人性价值的心灵哲学、又或者更符合当前人们面对科技和物质文明高度发展之后的心理需要而正备受推崇,这一更具东方心灵哲学思想的"禅修"方法,被"科学"地发展为一种程式化的治疗方法。

而有趣的是,正念的英文 mindfulness 显然不如中文更为直观和形象:"今心(念)止于一处(正)为正念",英文只能再进一步解释才能够被更好地领会,比如西格尔(Siegel)将正念疗法理解为"如果能达到 coal(汉语翻译为煤)的状态,那么正念就会自然而然地发生",其中 coal 分别是 curiosity(好奇)、openness(开放)、acceptance(接纳)、love(爱)四个英文单词的首字母缩写组合。

第六章　心理咨询与心理治疗理论与实践的诠释学特征

本章简介　本章讨论了心理学理论与实践和诠释学的互动关系,指出了心理咨询与治疗实践的普遍诠释学特征,讨论了诠释学对心理咨询与治疗理论与实践的借鉴意义,意在说明心理咨询与治疗实践的精神科学特征、诠释学哲学基础。

第一节　诠释学与心理学的互动关系及对心理学应用的借鉴意义

施莱尔马赫有句名言,被他的学生狄尔泰和后来的伽达默尔等重复着:"语文学家对讲话人和诗人的理解比讲话人和诗人对他们自己的理解更好,比他们同时代的人理解更好,因为语文学家清楚地知道这些人实际上有的、但他们自己却未曾意识的东西"(洪汉鼎,2001b)[85]。这段话如果用心理学家替换语文学家——只需这个替换——同样适用,而且更为"自负的心理学家们"接受。对于文字和语文学家来说,无论是语法解释、客观解释、风格解释、个性解释还是历史解释,它们的顶端只有一个,就是心理学的解释。这种解释是"理解"的解释,因为理解是交往行动本身之前的第一种人与人关系的行为,如此,任何解释都开始具有生命本身的意义。

如果去除未明确和系统化的前诠释学,那么从其真正诞生之日起,诠释学便与心理学联系在一起。施莱尔马赫的浪漫主义诠释学时代,在修辞学的诠释、《圣经》的诠释学中加入了"心理移情"的诠释方法。而在此之前的雷姆巴赫也已经将情感引入到了诠释学的领域。雷姆巴赫对情感的关注没有引起科学心理学者的注意。心理学当前的研究热点在认知,因为在认知心理学看来,情感产生于认知,这种假设显然建立在人是理性动物的基本假设基础之上。但我们不应忽略人们感性情感力量的存在对人类心理和行为的影响。我们经常会问的是:之前如何理性的人为什么在"愤怒、嫉妒和爱"等激情时刻,总会忘掉自己理性的认知而盲目行动。

潘德荣(2016)[7]在总结诠释学的三个向度时说,作者原意、文本原义与读者接受之义理解为诠释学的三大要素。假设我们将我们生活的世界理解为简单的文本,那么我们在理解周围生活世界时所要追求的恰是这个世界的原意、呈现在我们面前的世界的原义和我们自己所理解和接受的世界。如果和心理咨询与治疗相对应,这三大要素又恰恰可以理解为心理治疗的三个要义:症状意图、症状的本义、周围人群或心理治疗师的理解与重构。

以上约略说的是诠释学中的心理学意义成分。学科发展总是相通的,尤其对于社会科学和人文科学来说,一切的统摄都在于人或者"人性",人性之于心理学来说是重要的。诠释学研究的结论同样可以拿来助力心理学科的发展,我们之前所讨论的心理学科的分类、心理学的研究内容和方法,中间已经透出诠释学的特征,前理解、前见、前把握等这些诠释学的概念都可以和已经应用于心理学的研究,尤其是质性资料的解释学取向研究。而且,全球化的今天,存在不同文化差异的人群交流和互换关系使得心理学的本土化越来越受学者们的注意,而本土化的基本方法论,就是文化的普遍性与特殊性的统一。各种语言之间的互通互译,以表达理解和被理解,这也已经成为当前后现代主义心理学的批判地认识主流心理学的重要工具。

第二节　心理学与心理治疗理论构建的诠释学特征

　　和我们上面讨论的心理学的自然科学等特征一样,已经有学者注意到心理学理论的诠释学取向。中国学者徐冰(2013)[64]将现代心理学的复杂分支从方法论的角度划分出两个主要取向、三个重要进路,两个主要取向是自然主义和诠释学的取向,三个进路是经验主义、人本主义、结构主义。另一位心理学者贾林祥(2019)指出,尽管在心理学研究者看来,解释学这种非理性的方法论缺乏普遍性、精确性和可重复验证性,而且其自身存在否定"唯一解释"的逻辑困境,使其丧失了寻找所谓规律性的价值,但不可否认的是,因其纠正了长期以来实证主义影响的科学心理学研究的缺陷,使心理学回到了关于意义、价值等研究主体,也回到了所有学科都应该具有的初始人文意义,也使得心理学更为饱满而富有热情与温度。贾林祥认为,伽达默尔指出了解释学问题的普遍存在性,使得主流的科学心理学和人文心理学一样存在着理解和解释,心理学人文知识的合法性得到了进一步确证,也因此,解释学与现象学一起构成了对实证主义方法论统治地位的挑战,成为心理学的第三大方法论。徐冰和贾林祥的讨论主要是从理论心理学的角度展开的,我们这里主要从心理学应用的角度来讨论心理学与心理治疗理论的诠释学特征。

　　我们已经知道,心理学来源于哲学对人自身的思考。从对外部世界的关注到对自己的关注,人们希冀能够更好地适应自然和赖以生存的社会。或者我们需要对自然界现象和人类自身内在世界现象的解释,这样就可以满足我们的好奇心、确定感、控制感和安全感。这应是心理学科理论实践意义的初衷。

　　现在我们从另外一个角度看,所有的学科研究都不希望成为单一的知识,都希望能够成为一个理论体系或者是成为体系中的一员。鉴于心理学横跨自然科学和精神科学,除却对心理现象的解释,同样一直希望找到像自然科学那样的因果关系,以增强心理科学的预测和控制功能。但作为人类心理物质基础的大脑具有不可直接研究性,在探索真正的因果关系时必然面临不同于物理和化学等自然科学的困难,尤其是心理学解释的应用部分。辛自强(2018)总结和研究了心理学理论的 5 种解释方法:同、异质类别解释;个、共性解释;循环论证和有效的解释;还原论与整体论解释;功能性和目的性解释。他指出,人与人之间个体差异的异质性是研究的难点,使得心理学更倾向于研究同质性,试图建立共性的解释,这样研究出来的结果,就只能存在概率性价值。而对待个体的问题又只能回到个性解释的路上。同时,心理学的解释又存在着循环解释和以方法解释现象的问题。例如,"你的抑郁情绪是因为你得了抑郁症",而抑郁症的诊断又是因为有抑郁情绪才可以诊断。另一种所谓科学的还原论解释的特点是,因为"发现你的脑内有生化改变,然后出现了生理的变化,生理的变化导致了你出现了抑郁情绪",这种解释显然只是通过研究的方法来解释心理的现象,并没有真正能够说清楚是一个怎样的变化机制,只能以一种功能主义或机能主义的整体论思想来寻求解释。

如此说来,心理科学自身的局限性已经说明,寻求理论解释的方法是心理学的应用功能和任务。尽管如此,这种解释来的理论仍然是必要的。科学所希望做到的是找到事物的一般共同特征。从西方心理学的建构体系中,我们可以逐一发现心理学理论除却前一章已经讨论的共同特征外,还具有鲜明的诠释学特征。叶浩生在其主编的《西方心理学的历史与体系》中对西方心理学的繁杂的理论体系进行了分类,将西方心理学的体系归纳为以下几大类:意识心理学、行为主义心理学、认知心理学、精神分析、人本主义心理学。我们将根据这一体系逐一进行讨论。

在心理学史家看来,之所以将冯特创立实验心理学到构造派与机能主义派的争论统称为意识心理学,是因为它们的研究对象是意识的内容。受斯多葛哲学学派元素主义哲学思想的影响,德国心理学摆脱了英国经验主义和联想主义心理学的影响,试图将意识的内容分析成各种心理元素,将意识的活动规律、意识结构的分析作为心理学的主要研究内容。美国心理学的先驱詹姆斯也从实用主义角度强调应研究意识在环境中的作用,以意识的机能为主要研究对象。在这一阶段,因为心理学有前人充分的哲学思辨基础,加上自然科学对人的认识的发展,对心理学独立于其他学科有了充分的准备,所以,科学心理学独立后首先要解决的问题是它的研究内容是什么,而且,这个内容需要不同于作为它的母体的"心灵哲学"的研究内容。但遗憾的是,正像科学心理学的代表人物冯特对民族心理学的研究得出的结论一样,"在实验法无能为力的地方,幸而还有另外一种对心理学具有客观价值的辅助手段可供利用。这些辅助手段就是心理的集体生活的某些产物,这些产物可以使我们推断出一定的心理动机。属于这些产物的,主要是语言、神话和风俗。……它们不仅依存于一定的历史条件,而且也依存于普遍的心理规律"(叶浩生,2014)[105]。詹姆斯和冯特一样,认为对于心理的高级机能和规律,实验心理学仍显无能为力,即便把情绪和身体反应联系在一起,仍然显得无能为力。所以能看出,这一时期的心理学虽然在方法上显得较之前的单纯思辨更为客观,但仍然没有离开文化的母体。心理学一旦加入了文化的成分,便难免离不开文化的诠释。况且,意识心理学仍然来源于一种理论假设,来源于对意识现象的理解和解释,即便是科学心理学发展到现在,也仍然需要文化和社会的心理诠释。

早期的行为主义排斥将主观经验即意识作为研究内容,转而将可以观察的行为作为心理学的主要研究对象,强调客观主义,以刺激-反应作为行为的解释,强调环境的作用。后期行为主义则强调刺激-反应之间的中介变量,以操作主义的观点推测行为的内在原因。后来行为主义的发展,增加了对认知和思维等因素在行为调节中的作用的研究,但其目的是强调自我认知对行为的调节,认为个体通过将自己对行为的计划和预期与行为的现实结果加以对比和评价来调节自己的行为。这个发展了的行为主义和认知心理学的区别在于,仍然将行为的预测和控制作为其主要和根本的目标,只是在行为主义的框架内确立了认知和思维的地位,不同于认知心理学的信息加工。从心理咨询与治疗的实践角度看,单纯的行为治疗如暴露治疗、放松训练等治疗手段,在目前已不再单一应用,而越来越多地和认知心理学甚至人本主义心理学的思想合作。

在当前,心理治疗领域颇有影响力的正念疗法、接纳承诺疗法、辩证行为疗法的理论基础中,可以明确找到具有东方文化色彩的超个人心理学的思想。所以正念疗法和辩证行为疗法,被称为"基于接纳的行为疗法"。正念被它的创始人定义为"以特定的方式有目的地、无偏见地专注于当下"。这个疗法强调,体验当下而不是反刍过去的事件和担忧未来是重要的,鼓励当事人以没有好坏的立场接受自己的想法、情绪和感受,教会当事人冥想、有意识地练习呼吸、有意识地扫描身体、有意识地进食,像极了佛教中的仪式和东方的禅修思想。接纳承诺疗法强调接受和对自己价值观有意义的觉察与行动。辩证行为疗法则是接纳行为疗法、传统认知行为技术和基于正念的策略的综合,鼓励当事人接受和容忍自己的心理困扰。

认知心理学主要探讨研究知觉加工和思维过程,探讨认知结构的形成和发展,尤其是儿童期认知结构的形成与发展。后期的认知心理学主要是依据现代科学的方法,尤其是计算机的信息加工过程来探索人的认识过程。但无论是格式塔派的考夫卡(美,K. Koffka,1886—1941)还是受物理场论影响的苛勒(美,W. Kohler,1887—1967),他们都承认现象学其实是他们整个心理学体系的逻辑起点和方法论基础,只不过是像卡夫卡所说:"从行为出发比较容易找到意识和心灵的地位而已"。而以发生认识论为理论基础的皮亚杰(瑞士,J. Piaget,1896—1980)则说得更为直接,"发生认识论试图根据认识的历史、认识的社会根源、认识所依据的概念和运算的心理起源来解释认识,特别是解释科学的认识"。如此,将对认知的起源假设和后期结合计算机模拟的有关认知假设放到计算机上进行检验,以证明其方法的科学性是认知心理学的主旨。由于人类大脑的不可直接研究性,认知心理学主张心理活动具有像计算机一样的运作模式,心理活动是大脑的认知活动,人的生活经验和生活历史将作为认知的共同生成物等等。这样的观点只不过是一种把"隐喻"当作它的解释基础,而并不能真正解释人的心理活动,尤其高级的情感类心理活动。于是,认知心理学又发展出了当前备受研究者关注的具身认知概念,这个概念认为,有机体与环境之间的交互作用是认知的必要条件。这是一种新的认知研究和解释思路。

精神分析理论在某些心理学者看来是主观主义的,尽管弗洛伊德本人一直强调他的生物本能,并且借用当时物理的、化学的概念来建构其理论体系。从历史上看,精神分析的产生不是偶然的,有其特定的历史背景。弗洛伊德在治疗神经症时发现,创伤会在人的心理内部产生紧张和冲突状态,这和当时维多利亚时代的清教主义伦理压抑了人的本能活动的背景有关。精神分析中的很多概念来源于其之前的重要哲学思想,比如叔本华和尼采的无意识理论。人类自认为是理性的,实际上人的行为根本就是非理性的,只是人意识不到自己的行为动机,或者是用自己理性的解释欺骗自己。连弗洛伊德自己都承认,自己的理论受诸多思想家的影响,还运用了当时流行的物理学概念"能量、转换、转移"等。精神分析理论的发展已形成一个庞大的体系,这个体系可以用现代医学模式来解释,精神分析的各种理论不过是从人是生物的、心理的、社会的这三个方面各自加以强调。弗洛伊德更重视生物本能,经典的精神分析理论深受当时物理和自然科学的影响。个体心理学则更重视个人的心理,并由此成为人本主义思想的来源。社会文化理论学派的霍妮、沙利文、弗洛姆则主要从社会和关系层面进行讨论和构建。至于精神分析和诠释学的关系,应该说较其他几种理论更为密切。尽管弗洛伊德自己一直强调精神分析理论是科学的理论,用了很多自然科学的概念和名词,但保罗·利科作为诠释学大师,他认为精神分析更像是历史学的解释,精神分析活动更像是一种解释活动,并直接将诠释学扩展到精神分析。他的重要诠释学著作《弗洛伊德与哲学:论解释》一书很能说明他的想法。利科(2017)[214-215]认为,精神分析早期具有一些科学因素,但随着其理论的进一步发展,尤其是"死亡冲动"概念的引入,其自然哲学、神话等文化因素越来越明显,因为"沉默"的"死亡"只有在文化中才能得以显现。尽管利科自己申明自己的观点是有局限性的,因为他不是一个医生而是一个哲学家,但能看出他对精神分析的理解要比很多医生理解得更深更透。而发展到现在,精神分析似乎已经反而成为解释学的方法,成为其他哲学和社会科学的重要研究方法。

更具有人文精神科学气质的是人本主义的思想。人本主义思想可以说是在反抗中产生的,最早是从对神的、上天的决定论进行反抗开始的。公元前5世纪,古希腊政治领袖伯里克利(古希腊,Pericles,约前495—前429)反对"神是万物的",提出人作为衡量一切事物的标准,"人是第一重要的,其他一切都是人的劳动成果"。智者学派的普罗泰戈拉（古希腊，Protagoras，前490或480—前420或410）提出著名的命题"人是万物的尺度，是衡量存在的事物所以存在的尺度，也是衡量不存在事物所以不存在的尺度"，后来的苏格拉底则进一步指出，"有思考能力的人是万物的尺度"。文艺复兴时期，人们提出了人本主义，主张以人本性取代神本性、以人中心取代神中心。进入到近现代以后，克尔凯郭尔抨击当时的教会与社会用一种虚假的安全感哄骗人们，现象学哲学一派的胡塞尔、海德格尔、梅洛·庞蒂、萨特等人则强烈呼吁，将影响人的心理的其他"括号"出去，建立以人的存在、人的本体和自由为基本的现象学心理学。时至今日，这种思潮除了通过直接导致人本主义心理学的产生而影响心理学之外，也影响了标榜为"自然主义"的精神病学科。人本主义心理学强调，质性的解释学和现象学的"用整体研究取代分析研究"研究方法，在收集现象事实的资料之后，进行系统阐述、直觉联系、反思分析和心理学的语言描述，将个人的朴素的日常语言描述中隐含的多种现实内容，用心理学的语言描述出来，这本身就是"理解、翻译和解释"。

　　人本主义心理学作为心理学的"第三浪潮"，它的产生有其特定的社会文化历史背景和专业背景。西方有人说，"19世纪上帝死了（物理等自然科学的诞生），20世纪人死了（被科技压制）"。在科学技术和经济取得长足发展之后，被社会压力和唯科学主义压抑得喘不过气来的人们发现，人需要重新开始关注自身的需要。人本主义心理学者们在哲学和社会学者的推动下，出于对行为主义的不满、精神分析的衰落等原因，适应其时的社会生活状态，提出人本主义心理学，这一理论满足了人们关注自身需要的愿望，所以很快成为一股巨大的浪潮。人本主义心理学者认为，自己主要研究的是"对那些在实证主义和行为主义理论中或古典精神分析理论中都没有系统地位的人类能量和潜能感兴趣，例如，创造性、爱、自我、成长、有机体、基本需要的满足、自我实现、更高价值、自我超越、客观性、自主性、同一性、责任心、心理健康……（研究这些有趣的问题）应该极大地加速描绘一幅更适当的——一种更科学的——关于人类本性中内在的全部能量的图画"（叶浩生，2014）[607]。我们只需要来看马斯洛在其自我实现理论中为什么重视"高峰体验"这个概念，就可以理解人本主义，理解马斯洛提出的超个人心理学理论。他说,高峰体验"这种体验可能是瞬间产生的、压倒一切的敬畏情绪,也可能是转瞬即逝的极度强烈的幸福感,或甚至是欣喜若狂、如醉如痴、欢乐至极的感觉……(凡是产生这种体验的人)都声称在这类体验中感到自己窥见了终极的真理、事物的本质和生活的奥秘,仿佛遮掩知识的帷幕一下子给拉开了……像突然步入了天堂,实现了奇迹,达到了尽善尽美"(马斯洛等,1987)[366-367]马斯洛甚至认为,高峰体验是走向自我实现的必由之路,并将其列为自我实现者的人格特质之一。人本主义的另一位代表人物是罗杰斯,他强调人是理性的,而非本能的,具有一种先天的自我实现的动机,表现为最大限度实现各种潜能的趋向。当然,人本主义和超现实心理学之所以如此受关注,也和当时在美国心理学界影响力巨大的詹姆斯有关。他对《宗教现象之种种》的研究,加上荣格的集体潜意识理论促进了对宗教等超个人体验的研究,神秘和神圣的信仰对人们来说更具有吸引力。宗教本身或者说集体潜意识本身都是超个人的,是个人无法超越的现象,或者说对本来来说是一种需要。

人本主义的批评者多指出其哲学性质而非科学心理学性质,尤其是对罗洛·梅(美,R. May,1909—1994)的批评。批评者认为,罗洛·梅的理论中有太多的宗教色彩,他提出的存在分析理论中提到的焦虑理论,特别提出了宗教中的负罪感和焦虑的关系。但无论如何被批评,现代人普遍感到的生活平淡、乏味,人像机器一样生活得没有价值和意义的存在感丧失,使得其关于存在感的论述迎合了部分人的胃口。罗洛·梅在其重要的著作《存在:心理学与精神病学中的一种新维度》中指出,心理治疗的核心过程是帮助患者认识和体验自己的存在,治疗者的任务不仅是对心理疾患进行命名和开出药方,而且要发现通往患者内心世界的钥匙,理解和阐明患者个体存在的结构,即发现存在感(叶浩生,2014)[595],去除"存在焦虑"。

社会经济和科学技术的发展使得现代人的人际关系越来越具有某些机器的特征。对技术的无奈与沮丧使得人们开始向"超脱"寻求生活意义。超个人心理学正好迎合了这一思潮,可以说,它的理论和方法最少在理论上为人们对现实的无奈与焦虑的情绪找到一个暂时的安全之所、休养之所和理想之所。超个人心理学鼓励人们从个人世界跨过复杂而难过的生活世界,进入到相对自由的而又安全的共同世界（宇宙）。因为在那个世界里，没有关系、没有痛苦、没有规则、自由而平等，类似于把自己放飞到空阔的宇宙世界中，"自由地生活"，体验自己的身体、觉察超出现实世界的感知。尽管有科学的实证的研究证实，长期的沉思可能给大脑带来实质性的帮助，但这对普通人来说，与正常的休息和学习状态没什么两样。超个人心理学的发展得益于当前世界发展走到了大融合的时代，人员在流动融合，文化也在流动融合，不同文化背景的人都在希望从当前的世界中寻求理解和解释，借以缓解科技局限性带来的危机感，解答科技发展带来的诸多目前没有答案的困惑和问题。人们希望超越现实，获得广泛、深刻、终极"意义"的精神世界。

在心理学应用的咨询与治疗领域，美国高校使用时间长、使用范围广的心理咨询与治疗经典教材当属《当代心理治疗》，该书首次出版于1973年，到2021年出版了第10版，中国人民大学翻译和出版了该书的中文版。该书从纷繁复杂的心理咨询与治疗体系中，精选了对当代心理咨询与治疗实务极具影响的精神分析治疗、阿德勒心理治疗、当事人中心治疗、理性情绪行为治疗、行为治疗、认知治疗、存在主义心理治疗、完形治疗、人际心理治疗、家庭治疗、冥想治疗、积极心理治疗、整合心理治疗和心理治疗的多元文化理论等14种主流理论，并由各流派的创始人、主要倡导者或当代杰出领军人物进行撰写。而需要特别指出的是，本书主编丹尼·韦丁在导言中指出，所有的核心章节都强调了多元文化的背景。因为在当前看来，文化基因影响着个人心理的表观表达已经被普遍认同和神经科学证实。同时，他又指出，如果没有合适的术语准确地描述某种心理状态，理论家们就又会创造一些新的术语，以满足科学发展与时代语言的需求。而这些新的术语显然同样需要现在的能理解的语言去表达和解释。从这本书中也可以看出，主流的心理治疗方法的理论基础仍然源于几种基本的心理学理论，只不过有了当代的发展。以目前颇受关注的积极心理学的理论为例，"这一趋势所强调的并不是什么新鲜的东西，在此之前早就有一批先行者，整个积极心理学取向都是建立在坚实的历史基础上"。这一说法可以从如阿德勒的自卑与超越、马斯洛的自我实现需要、罗杰斯的积极关注等中寻找到证据，积极心理学强调赋予意义的心理咨询和治疗方法，而"意义"正是诠释学研究的主要内容。

第三节　心理咨询与心理治疗实践操作的诠释学特征

如果提到心理咨询与治疗实践的历史,人们会很自然地想到人类社会早期,为了自我理解和疗愈的需求而产生的萨满巫师(shamans)。这些资料,在考古学和人类学者看来已经是非常确凿但又久远的事情。古代的萨满巫师们使用了他们从自然中学来的仪式、草药等,通过舞蹈、音乐、吟诵等将"神灵的旨意"传递给人们,并将他们带离困苦的世界达到疗愈的目的。这些基本的思想内核在现代仍在被各种理论进行新的阐释,这些阐释超越了人们已有的视见,形成新的知识领域。人们需要超越,所以,马斯洛说:"如果没有超越、超个人概念,我们会生病、变得暴力、变得虚无,或者因绝望而冷漠。我们需要'比我们本身更高尚'的事物,让我们去敬畏它,让我们为之奉献自己。"而美国精神病学家弗兰克(J. Frank)也有他自己的著名论断:所有的心理治疗方法"都是古老的心理疗愈方法的细分和变体"(韦丁 等,2021)[398-401]。这些都说明了诸多耀眼的心理咨询与治疗的方法的本质,其实是从早期人类就已开始的对自己内部和外部的理解和不同诠释。也的确如此,对前人的理论不断地从不同角度、用不同语言诠释是所有心理咨询和治疗流派的共同特点。

根据上面所述的基本理论思想发展而来的诸多心理咨询和治疗领域的操作方法,显然更具有诠释学特征,尤其是在诠释学所强调的相互性上,体现会更为明显。具体来看,尽管各种心理治疗理论都从各自不同的角度或者是心理现象的不同角度去探索和强调,但其共同点是一致的:它的服务对象终究是人,或者说其目的是解除人们在生活中遇到的烦恼、痛苦,或者持续之后的障碍。综合起来看,颇为流行的心理治疗方法有认知疗法、精神分析、行为疗法、认知行为疗法、当事人中心疗法、整合治疗、家庭疗法、催眠疗法、追求意义的积极心理治疗、各种艺术疗法如舞蹈绘画等,包括当前研究和应用的具有东方文化特征的辩证行为疗法和正念冥想,虽然名称不同,而且各自强调自己的优胜特点,但仍然没有脱离前面所述的几种基本的理论范畴。而且这几种基本理论也大都源于 19 世纪涌现的三股探讨人类心灵如何运作的不同的潮流:实验室取向的实证研究、自然哲学家的思考和临床医学研究。

在心理治疗实践者看来,自然哲学家如叔本华、尼采等人对人性的思考、对无意识领域的探索等深刻影响着在临床领域深耕思考的医生们,而不是那些自然科学的实证研究者。这一点,正如在本书开始时所说,社会文化属性将决定着知识的取向或去向。可以推测,在西方社会文化浸染下成长起来的心理学实践者或者研究者们不可能不受他所处的文化氛围的影响,借用荣格的说法是"集体潜意识"的力量,而这种力量将决定个人潜意识的力量方向。马克思的社会批判、韦伯的价值理性转化为工具理性、帕森斯的功能主义、霍布斯的利己欲望存在和"利维坦"论述等等,不可避免地影响着心理学的研究思路和动向。

所以,对无意识领域的探索在心理咨询与治疗实践领域最受重视,甚至可以说所有的心理咨询与治疗实践都在探索人们意识之外的内容:潜意识压抑的冲突和愿望、未曾觉察到的认知模式、不曾留意的行为功能等等。这一点,只不过在精神分析理论那里显得更为突出。如果从"不被认识的知识"角度来看,这些不被人们意识层面觉察的内容,却被心理学者们赋予非常重要的意义,加以理解和解释,将问题困扰和这些理解与解释结合起来重新进行心理学的诠释,变成可以被意识到的内容,或者,将这些不被意识的内容转换成意识层面的内容呈现出来。如此,无论这种疗法如何强调自己的科学性,对无意识或未被意识的内容的诠释是所有心理咨询和治疗实践的共同特点。这个特点在心理咨询与治疗理论构建中可以明确地感受到,以下的讨论,我们只是试图更明确地找到这些方法和操作的未被注意到的共同的诠释学特征。

一、心理语言的语义诠释学

俗语说,心理治疗是"话疗",这也说明了在心理咨询与治疗实践中讲话和语言的重要性。心理需要表达,尤其是语言表达,包括言语的和非言语的。迄今为止,我们在描述自己的外显心理时大致是用语言、情绪和行为表达出来的。能够表达清楚的,很显然会是共同的心理状态,又或者说是大众都可以理解的。这种心理状态的表达在人们各自的生活世界中可以被他人所理解。但应该注意的一点是,心理学语言尤其是病理心理学语言恰恰是属于个人的心理语言。由于生活世界的不同,对共同语言的掌握不够,表达不清,很多内心的活动将会以情绪或者行为的方式表达出来,其中最明显的特征是语言表达和情绪与行为表达的不一致,甚至是矛盾的。所以,这时候我们除了要关注他的语言表达了什么,另外更重要的是关注他的情绪和行为表达了什么。在咨询或治疗时,我们理解他,即需要用他的语言进行表达,或者说,我们说出了他无法表达的内容。如此便需要我读懂他的语言、情绪和行为,重新进行语义的诠释。别人需要被理解,我们也需要被理解,这中间的中介理所当然是语义表达的诠释。

这是第一层次的问题。第二层次的问题可能更为重要,我们通过对方心理的表达,才能发现他在表达的背后的意图是什么,是他个人的表达,还是希望交流什么信息。这其实说的是语言的实践意义,又或者说是语言的社会功能,体现在语言自身上,便是语言的重要特征,即语言要遵循着某种社会规范和规则。因为只有具有这一点,语言才可能被理解。另外,“言说”与“行动”是相互的理解和解释,最后靠“行动”的社会后果来衡量“言说”的客观性,这也正是中国人一直强调的“言行一致”。这种言行一致,进而也让单纯语言的理解避开了相对主义的风险,使其有章可循。马克思主张的“实践诠释学”(注:俞吾金的研究)的最重要的思想是:“凡是把理论导致神秘主义方面去的神秘东西,都能在人的实践中以及对这个实践的理解中得到合理的解决”,即“实践是检验真理的唯一标准”。马克思的这一思想在中国被重视和发展,正是因为其实践特点符合中国人重行动重实践的传统文化思想。

因此,心理语言要表达的内容及其意图可能是心理咨询与治疗实践首先要弄清楚的,只有将问题和问题背后的东西都看清晰了,问题才会有解决的可能。从这一点上讲,对于临床心理学人来说,需要注意对语言的研究,更不消说,目前语言学的研究无论是在哲学还是计算机时代的认知语言研究领域,都是热点研究。而且,在心理咨询和治疗实践中,当来访者的某些问题一旦被澄清和诠释清楚,这些"困惑和迷惑"的问题也许已经得到解决。另外,我们也应注意到一个很多人都已关注到的现象,即很多人的烦恼在于误解别人的语言和无法准确表达自己的心理之后的被误解,这种误解带来的烦恼将给人们带来极大的不肯定性和不确定性。

二、心理咨询与治疗价值中立原则的诠释学特征

西方对于价值的区分最早或许来自休谟(苏格兰,D. Hume,1711—1776)。休谟很早之前就对"是"与"应该"做了区分。他认为"是"是作为实然,更多地表现为科学认识的对象,"应该"则是作为价值规范,首先指向人文科学领域。在社会学领域,韦伯(德,M. Weber,1864—1920)将理性进一步区分为工具理性和价值理性。在培根的"知识就是力量"的论断下,知识沦为力量的工具。在科学主义的影响下,与人自身存在相关的方式和意义的确认、设定的价值理性被忽略,人们努力追求支配外部世界的技术和工具力量。个中原因则是自然科学者的假定:价值观念不影响研究活动,科学研究只探讨事实。这种科学观希望,通过实证的不以任何价值为参照的证明方法来建立现象之间的因果关系。关于这一点,是否真正能做到,很多人已经非常明白,绝对价值中立只是一个理想状态,就像需要科学家成为一个纯粹的人一样的困难。

西方心理学理论界由于受逻辑和实证方法的影响,一直认为在心理现象背后有着稳定的内在结构,而且,还非常认真地认为,只要掌握了这个结构便能对其像对其他现象一样进行理解、解释和说明,进而可以控制,所以一直强调"去价值"影响,强调研究方法、程序、结论的客观性,认为心理学要探讨的是心理和行为的事实与规律,可以达到真实地反映意识与行为的本质的目的。行为主义心理学的开创者铁钦纳就主张心理学是一门纯粹科学,不能涉及任何主观倾向与价值判断。在他看来,心理学研究的是"是什么",而不是"为什么"。他曾明确表示,科学并不涉及价值、意义或功用,而

仅涉及事实。在科学里并不存在好或坏、有病或健康、有用或无用。他认为："当科学的成果应用于日常生活的时候，它们就被转变为价值……可是科学本身的工作仅在于确定真理、发现事实"（高峰强，2001）[55]。

所以，希望证明自己是科学的心理治疗学，也会一直强调价值中立。应该说，价值中立对于心理学有其有益的一面，价值中立后可以从心理本体出发，建立一门独立的学科。从经典的几种心理学理论也可以看到这一思想的重要性。比如，行为主义理论强调刺激-反应模式的联结作为心理本体，认为"强化"和"反射"是不接受具体价值观支配的。精神分析则把本能视为心理的本体，认为宣泄"本我的能量"可以帮助人解决"超我与自我"的压抑与防御的问题。而人本主义心理学者则坚信人有自我实现的潜能，不需要价值导向的指导等。

与此同时，我们也应清醒地认识到，人文科学与伦理学的价值中立主张，其实源于科学主义的关于自然科学价值的中立性（客观性、无价值倾向性）要求，对于这些领域的应用者和实践者来说，价值中立显得尤为重要。现代心理治疗从弗洛伊德的精神分析开始，一直强调自己是科学的理论。科学精神要求客观，要求摆脱价值判断，似乎不强调"价值中立"就不是科学的。在其后的心理咨询发展阶段，尤其是人本主义理论的发展，强调心理咨询时要用"看落日"一样的态度去对待每一个来访者，在"设身处地地理解"和"关注积极中"相信，每一个来访者都有自己的价值评判和自我实现的能力。至少现在看来，这两种思想决定了心理咨询与治疗实践中的"价值中立"原则。但这之后，尤其当今的一些关于心理学人文科学的本体论研究来看，很明显，这一原则是一个伪命题。在现在看来，无论是科学共同体的范式理论还是批判心理学的思想，都可以作为质疑这一中立态度的力量。美国科学哲学家汉森（N. R. Hanson，1924—1967）的"观察负载理论"指出，任何观察都负载着某种理论，而这种理论本身必然蕴含着某种价值取向。之后的社会学者们也纷纷质疑科学的价值中立可能，如英国社会学者马尔凯（M. Mulkay）认为"科学家共同体内部的科学家行为并不能运用统一的规范来说明，他们的行为规范以及标准只能以科学家各自的利益及目标来说明，因而表现出差异和区别"。法国人类学者拉图尔（B. Latour）甚至认为"科学是发现的科学的说法是错误的,因为科学事实不是被发现的,而是被制造出来的"。无论这些学者持什么样的科学观点,他们都认为,科学知识在应用领域的视野中,深受利益、意识形态和文化的影响。因此对大多数人来说,科学的客观性或许只是一种"可能的假象",尤其在应用领域,因为在应用领域需要人的价值参与。

而在诠释学看来,所有持价值中立立场的理论,都缺少了对于基础的、终极的价值规范的思考。因为在道德和伦理判断这个领域,不能消除"评价",也不能消除"前见",解决的办法或许只有一个就是"约定"。德国现代诠释学者阿佩尔(德,K. O. Apel)提出了人类"理想交往共同体"原则,他认为,人的所有作为与不作为,应确保存在于交往共同体的人类之生存,从而在实际存在着的交往共同体中实现理想的交往共同体。这在一些现实主义者看来,尽管是浪漫的、不可能实现的目标,但对人类来说,有目标总比没有目标要好很多,即便这个目标只是设定的和理想的。

在哲学诠释学看来,此在与此在本身的存在有其固有的意义和价值,不需要另外再做些什么。也就是说,当我们认识到某种东西存在的时候,它就是有意义的。尽管不能消除价值前见,但我们如能在实践中看到自己的价值前见,那么它已经开始起作用了。进一步来说,我们"看见"价值中立,那么就可以让我们避免在心理治疗实践中带有更多的个人"偏见"。而现象学诠释学及其后的诠释学发展,就是讨论如何消除主观意识对文本的影响、如何尽力做到理解原意。当然,倘从人类所有研究来看,价值中立或许可能真的是个伪命题,又或者如上文所说,可以作为一种希望,或者对于心理咨询与治疗工作者来说,这将是一种设置和提醒,借以避免主观主义的成分,努力让心理学科也成为"纯粹的科学"。

在临床心理咨询和治疗实践中,价值中立与价值介入的讨论一直在延续着,科学派与实践派等不同背景的学者均在表达自己的观点。国内《中国心理卫生杂志》曾经组织过探讨,并将相关公开发表文章在 2008 年结集成《心理治疗与心理咨询文集》一书出版。当时参与讨论的人在现在的中国心理卫生界仍具有重要的话语权。讨论基本围绕个人对价值、价值中立、心理咨询与治疗的特殊性、心理健康教育等的理解来进行并加以诠释。这些讨论也基本上是一致的,认为无论如何在心理咨询与治疗过程中会有价值介入的成分,只是在咨询与治疗过程的不同时期介入,而且这是在和来访者商讨价值观问题,会让来访者感受到真诚的存在。

三、心理咨询与治疗设置的诠释学特征

现代心理咨询与治疗尤其是精神分析取向的方法都强调设置的作用,这种类似于仪式的设置,最初的来源应是与心理治疗的始初形式——巫术有关。仪式,这是自人诞生之日起,就伴随在人的左右的行为。它对人的心理的影响,不管是积极的还是消极的,都将成为人一生当中不可避免要实施的行为。结婚仪式、怀孕仪式、出生仪式、成长仪式、成人仪式、死亡仪式等过程,充满着仪式的设置感。这种来源于巫术或宗教的仪式,在社会学者那里成为研究人类社会功能的重要窗口,而心理学实践者将其作用发挥到极致,认为仪式可以疗愈人们在遇到问题时的焦虑,而且提出了很多五花八门的不同仪式。在现代科学看来,这种仪式性的治疗显然是不科学的,而且似乎并不总是有效。但这种仪式也满足了其时人们急切希望摆脱某种困扰的心理需求,当然,采取这些仪式也因为当时的人们认为他们的行为是涉及了神性的问题,是思想和行为偏离了神的旨意,触怒了神才导致了心理上的疾病。总体来说,西方世界在基督教出现之前,基本上是运用宗教的灵性演讲、冥想等获得简单休息的同时,让人们的心灵得以暂时的安宁。而在基督教出现之后、启蒙运动之前的一段时间,在麦斯麦(奥地利,F. A. Mesmer,1734—1815)提出磁催眠术之后,欧洲驱魔治疗的仪式才开始被现代意义上的心理治疗仪式所替代。而在福柯看来,欧洲国家如法国,将疯人收容起来和仪式的治疗效应同样有关。他在《疯癫与文明》中写道:"吉尔村很可能就是这样发展起来的:一个置放灵骨的地方变成了一个收容所、一个疯人渴望被遣送去的圣地,但是在那里,人们按照旧传统,实行了一种仪式上的区分"(福柯,2019)[12]。疯癫之所以在文艺复兴时期备受关注,一是当时医学已经开始发展,人们希望将这类人集中起来,作为医学的研究对象去做科学的研究;二是与当时对教会编织的精神意义的思考有关,因为在其时"这种解放

恰恰来自意义的自我繁衍。这种繁衍编织出数量繁多、错综复杂、丰富多彩的关系，以致除非用奥秘的知识便无法理解它们。事物本身背负起越来越多的属性、标志和隐喻，以致最终丧失了自身的形式。意义不再能被直接的知觉所解读，形象不再表明自身。……这个意象世界的一个基本变化是，一个多重意义所具有的张力使这个世界从形式的控制下解放出来。在意象表面背后确立了如此繁杂的意义，以至于意象完全呈现为一个令人迷惑不解的面孔。于是，这个形象不再有说教的力量，而是具有迷惑的力量"（福柯，2019）[20-21]。从福柯的这段话，也能够看出对意义的诠释一直与人类的心灵和心理联系在一起，可以说，精神疾病专科医院的起始就被赋予了除却疾病本身的其他意义。

理解心理咨询与治疗中的设置，不妨反过来先试想一下如果没有这种仪式和设置会是什么结果，如果有了设置不遵守会是什么结果。很显然，如果没有特别的设置，那么心理咨询与治疗与其他的谈话在形式上便没有区别，将是普通的谈话，而不是心理咨询和治疗意义的谈话。需要设置的原因还在于，定义一件事物本就是设置它的开始，就像设置距离和时间一样，要设置 1 分钟是多久，1 米是多长，这是从定义设置层面上讲的。如果有了设置不遵守会是什么结果呢？焦虑随之产生了，没有按照仪式的流程，或者破坏了仪式的流程，必然会有焦虑和不可控制的感觉出现。这就像没有规则一样，规则其实代表了确定感、秩序感和控制感。

把设置视为一种仪式的开始，或认为其可能起到一种"暗作用"（主要是心理暗示作用），这不是什么新鲜的事情。我们可以从现代学者对人类早期活动的研究来看仪式的作用，如英国人类学者维克多·特纳（英，V. Turner，1920—1983）在其《象征之林》中对非洲恩登布人的仪式象征符号意义的研究，尤其是当地巫医的田野调查；英国社会学者弗雷泽在《金枝》中对各种古代仪式尤其是对交感巫术的研究；美国社会学者柯林斯（美，R. Collins，1941—）在《互动仪式链》中对成功互动仪式活动中相互关注和情感连带的研究。这些研究都反映出仪式对人类情感、社会维持、甚或原始医疗（躯体的或者是心灵的、当然主要是心灵的）的作用。尤其是柯林斯（2012）根据信息时代的发展提出仪式亲身在场是否必要的研究，对于当下的信息互联和人工智能应用时代的人们心理状况的研究,具有很强的现实指导意义。

首位将巫术产生的原因、功能解释为缓解焦虑的是宗教人类学家马林诺夫斯基(英,B. Malinowski,也译为马凌诺斯基,1884—1942)。马林诺夫斯基是我国著名社会学家费孝通先生的老师,曾获得物理学和数学博士学位,他对冯特等人对宗教起源于个人的恐惧等观点进行了补充研究,认为物质器具和社会思想只有在满足人类的生物需要和社会需要时,才会得以留存,原始文化中的宗教和巫术,能够满足原始居民的心理和社会的需要,而且着重强调了社会需要。他在《文化论》中写道:"无论有多少知识和科学能帮助人满足他的需要,它们总是有限度的。人事中有一片广大的领域,非科学所能用武之地。它不能消除疾病和腐朽,它不能抵抗死亡,它不能有效地增加人和环境间的和谐,它更不能确立人和人间的良好关系。这领域永久是在科学支配之外,它是属于宗教的范围。"(马林诺夫斯基,2002)可以说,马林诺夫斯基的研究可以解释为什么在人类社会的不同发展阶段,总有宗教和巫术的影子。其后美国社会学家的霍斯曼曾明确论述过焦虑与仪式的关系(史宗,1995),他认为个人期待某种结果而又缺乏保证成功的技术是主要焦虑,为了应对这种焦虑而采取了没有实际效果的社会决定的仪式或者个人自己发明的仪式,而当这种仪式符合社会传统时,焦虑将潜伏下来,而在个人仪式违反社会传统时将产生某种次要焦虑,在人们确认某种仪式有效时,仪式本身虽不产生实际的效果,但却能祛除成员的焦虑。而在中国学者(李世武,2015)看来,在很多社群中,巫术焦虑是一种连锁的焦虑,巫术传统提供意识的规范的同时,也造成了某种强制的焦虑,如果未按成功经验证明的仪轨来举行仪式,人们将在仪式过程中感到焦虑。

上面的论述或许是心理学对巫术和仪式研究的一种解释。现在回到诠释学的研究上来,我们试着借用伽达默尔关于游戏结构的论述来说明心理咨询和治疗的设置。需要注意的是,"游戏"这个词是翻译的问题,不是汉语"游戏"的意思,它的原意应是一类有规则、有目的的互动活动。心理咨询和治疗本身可以理解为这样一种活动。按照伽达默尔的说法,在玩游戏时,玩者进入一种全新的领域,这对参与各方都一样。在进入这种空间时,游戏者把他自己的关注和欲望放在一边,遵照游戏本身的目的,这个目的与需要支配和命令着游戏者的行为和策略,所以游戏者的主体不是玩游戏的人,而是游戏本身。伽达默尔强调游戏的规范权威,强调参与者必须要遵守的规则和原则,规定了适当的态度和回答的范围。也因此,我们可以看到游戏对于游戏者的优先性,也可以看到游戏必须被表现在游戏者的行为和关注中才会是有意义的存在。这样,游戏就包含了不同的个别行为,这些行为使用不同的策略,与不同情况和反应相遇,最后产生不同的结果。如此说来,心理咨询与治疗似乎同样存在这样一个结构,心理咨询与治疗的双方进入约定的咨询与治疗实践中,要放下各自的关注和欲望——这一点,对双方都是必要的和有意义的,尤其对于来访者来说更为重要。要做到这一点,显然需要克服某些惯性思维的困难,但这不仅必需而且必要,因为倘若总带着自己的关注点和欲望,是不太容易真正进入咨询和治疗中的。而大家共同需要遵守的规则就是心理咨询与治疗本身的设置,以达到心理咨询和治疗的本来目的。同样,每一个参与者都是不同的,不同的行为和策略,达到的结果是属于参与人的不同的结果。

因此,每一种心理咨询和治疗的理论都会有它自己的规则和设置,相当于它们以各自的语言来诠释自己的心理治疗行为。这些涉及位置设置、室内布置等的设置,具有广义的心理咨询和治疗意义。精神分析的躺椅,是做经典精神分析时不可或缺的道具和设置,没有它的存在,治疗者将会以为自己游离在分析之外,而被分析者则可能缺少真正被分析的体验和感受。

四、心理咨询与治疗方法与技术的诠释学特征

建构前述的心理咨询与治疗理论的诠释学特征已经足以表明以此理论发展出的方法与技术的诠释学特征。尽管有些方法在表面上借助了数学和物理的方法,遵循实证主义和循证医学的模式进行研究,但在具体实践领域,心理咨询与治疗操作的诠释学特征仍然不可否认,因为操作者必然加入了自己对方法与技术的理解,没有可能像卡尺一样去操作他的心理咨询与治疗过程。

根据上文讨论过的西方心理学理论的现象学和诠释学特征,能够看出,西方心理学理论在应用到心理咨询与治疗实践中时,不外乎下面这样一个模式和过程,或者你可以将伽达默尔的游戏概念再拿过来类比。它的基本规则和过程少不了下面的四个成分:① 正常化的理解过程:包括情绪和语言的理解过程、心理师的理解、来访者的自我理解;② 解释过程:根据心理学理论的不同,从不同视角去解释问题和现象;③ 诠释过程:心理师根据自己对问题的理解和对所掌握的心理方法的理解进行诠释,包括创造性诠释和重构问题和现象;④ 来访者自我重构过程:主要是来访者批判和重构自己的理解、解释、认知与行为,达到问题的解决。这四个成分,我们可以把它们视为心理咨询与治疗实践过程的共有特征。

　　现在试着将现有的心理咨询与治疗方法拿来讨论。精神分析学派自不必说,前面已经有过提及,弗洛伊德的深层心理分析,本身就是从精神病理现象学的角度结合当时的生物学和物理学等学科概念对心理现象进行解释,就像弗洛伊德自己的见解,“我们并不是自己房子的主人”。所有精神分析背景的精神分析学家都有两个共同的对心理的无意识的诠释,一是人们的经验和行为受到意识之外的心理过程的影响,二是为了逃避心理上的痛苦,这些无意识过程被排除在意识之外(韦丁 等,2021)[20-21]。这里仅以广为接受、而且有目前“科学”实证方法验证的认知行为治疗过程为例来说明上面的共同模式和流程。

　　认知行为治疗过程,第一个要做的是心理健康教育。这个教育过程包含介绍认知行为治疗的过程,还包括对患者问题的自然科学知识的教育,比如抑郁的发病率、发病特征等,这在来访者看来,属于知识类。也就是说,首先要让来访者了解自己问题的特点。这其实首先是个“正常化”的过程,让来访者认识到自己的问题在基于自己的认知特征下,出现抑郁的情绪是可能的和正常的,不必要因为自己不清楚自己的问题再给自己加了一层焦虑,或者可以理解为对自己疾病的“无知焦虑”。

　　之后要做的便是所谓的“概念化”,这正是心理师理解和明确来访者问题的阶段。这个概念化貌似对心理师来说是重要的,但其实最重要的却是让来访者更加理解和清晰自身的问题所在,自己看清楚自己是如何理解自已的问题的。概念化的过程中当然包括心理治疗师根据认知行为疗法的理论构建对来访者心理问题的理解和解释。

再之后，根据认知行为疗法的理论提出的概念对来访者的问题进行诠释。对来访者的问题进行专门的概念诠释，也可以理解为用认知行为治疗的理论对来访者的抑郁进行重新诠释，让患者认识到自己的"不合理信念""自动思维"和"核心观念"，并诠释这三者之间，以及认知和情绪、行为之间的关系。认知行为治疗的理论是建立在认知导致情绪、情绪引领行为、行为改变认知的假设基础之上的。它的理论最聪明的做法是同时结合了当前的神经心理学的最新研究成果，即大脑的功能是心理现象的基础，所以让人看起来更具科学特征。

认知行为疗法最后希望要达到的目标，是让来访者在心理师参与诠释重构的基础上自己再重新理解、解释、诠释和构建自己的认知行为模式，如此完成它的整个过程，并且宣称，它的疗法让来访者形成了新的认知行为模式和问题处理能力，在以后的生活中将会应用这些知识，以达到缓解问题和自我成长的目标。

所以不难看出，这种被认为最具实证意义的认知行为治疗，在其治疗过程中依然充斥着必要的双方的互动理解和解释，在这个过程中，诠释学关于理解和解释的概念已经融合和贯穿在整个过程中。前见、前理解、前把握、循环理解等，这些概念在心理咨询与治疗过程中都得以明确体现。

五、心理咨询与治疗的效果评价与过程评价的诠释学特征

心理治疗是有效的，这一论断现在已经被普遍接受。但是人们不应忘记的是，在心理治疗效果的评价的历史上，关于心理治疗是否有效，有过一段长达 30 年的争论。根据美国心理学者布鲁斯·E.瓦姆波尔德和扎克·E.艾梅尔合著的《心理治疗大辩论》的说法（瓦姆波尔德 等，2019）[26-34]，1952 年开始，美国心理学家汉斯·艾森克（Hans Eysenck）曾发表一系列文章，声称接受心理治疗的康复率和自然康复率相同，他的这个观点在当时引起了很大争议，当然也促进了对心理治疗研究方法的探索。其实，争论的焦

点并不是结论,就像该书作者所说,"没人会问医学有用吗,而只是会问哪种疗法对这种特定的障碍最有效",换成心理治疗则是,不是心理治疗有用还是没用,而是评价角度和方法的不同,只是不同背景的学者根据自己的研究需要选取了不同的研究角度。这非常符合心理科学诠释学特征,也因此有现代学者提出心理治疗的情境模型。心理科学更要允许争论的存在。如果没有这场争论,心理咨询与治疗效果评价的研究也不会得到发展。

我们如果把心理咨询与治疗简单地理解为像其他技能一样的一种获得性技能,那么关于它的评价可能不会超越哲学家休伯特·德雷福斯(美,Hubert Dreyfus)提出的"熟练应对现象学"和他与其弟斯图亚特·德雷福斯(美,Stuart Dreyfus)合作提出的"技能获得模型"。他们提出的模型将人们获得技能分为七个阶段:新手阶段、高级初学阶段、胜任者阶段、精通者阶段、专家阶段、大师阶段和最高境界的实践智慧阶段,并分别进行了阐述,认为从只根据规则进行操作的新手阶段,到情境化应用自如的胜任、精通阶段,再到形成自己风格的专家、大师阶段,及至最高境界的实践智慧阶段,通常都经历了情感转变(从恐慌到享受)、实践转变(从手忙脚乱到得心应手)、认知转变(域境无关到域境敏感)(成素梅,2020)[17-23]。的确,从实践意义上看,德雷福斯兄弟的技能获得模型提供了大致可信的判断标准,但对于主要工作对象是人的心理咨询与治疗工作是否可以借鉴过来,仍需要进一步的研究,因为在实践中,非专业"权威性"人物所具有的作用同富有经验的专家和大师所具有的"临危不乱"的镇定与信心,似乎同等重要。

心理咨询和治疗通过怎样的方式起作用?是有共同因素的参与吗?来访者改变的路径是什么?如何评价心理咨询与治疗的效果?怎样的心理咨询与治疗会对不同的来访者起作用?心理师在疗效中扮演一个怎样的角色?这是心理咨询与治疗研究者一直在思考并努力想办法解决的问题。总体来说,到目前为止,心理咨询与治疗评价的常用研究方法主要是效果评价、量化和质性过程评价,以及过程效果评价的方法。但这些研究方法无一例外地没有将心理师这个重要的角色放在应有的重要位置。这一点,在诠释学看来似乎是不可思议和不被允许的,因为在诠释学看来,理解和解释的同一个问题是,离不开理解者和解释者的前见、前理解、前把握等结构。

随机对照实验一直作为效果评价的标准方法。心理咨询与治疗的效果评价因为其自身具有的医学特征而将这一随机对照的研究引入进来，尤其是安慰剂研究和盲试验。但是，目前很多研究发现，在效果研究中简单地将数据推导为数学公式或方程模型的做法，对心理咨询和治疗的实践应用帮助不大。人为控制的实验环境无法摆脱对临床实践的干扰，而且机械的实验流程明显不符合灵活的实际策略，在伦理学上是不能原谅的，因为没有来访者希望和会按照心理师设定的不变路径生活在变化的世界中。所以，在另一个从社会学引入的质性资料的过程评价中，常用的方法其中之一就有解释现象学的分析。解释现象学分析的目标是对个体进行详细的实际生活经验探究，考察研究对象如何思考和理解其生活中的重要事件和人物，并研究其"意义生成"（meaning-making）和解释关注。过程效果研究则只不过是将过程变量和效果变量合并在一起进行研究，并着重注意过程变量和效果变量之间的关系，目的在于在效果量化的基础上识别出过程变量中的"活"成分，以进一步解释心理咨询与治疗的作用机制。值得一提的是，在过程效果评价中，斯泰尔斯（Stiles）提出的反应回应理论颇受关注。反应回应理论的要旨是，如果心理师对来访者的问题有足够的敏感性，并积极回应来访者的问题，那么所有的来访者都会有同样的效果。如此理解过来，正是我们曾经讨论过的内容：如果心理师不能正确理解来访者的问题，那么该如何回应来访者和解释他的问题，以何种方式和语言解释才能让对方感受到心理师的回应？

心理治疗是随着医学模型的发展而发展的，这是其最好的伴随方式。因为心理治疗和健康领域相联系，所以也一直备受关注，医学模型对心理治疗的学科发展具有重要的推动作用。正因为如此，对心理治疗的评价也一直采用着医学用于证明药物效果的模型，并努力将其概念化为属于医学的范畴。这么做的原因在现在看来虽然可能有很多种，但有两点是明确的：一是心理治疗从起始开始就和医生或医学联系在一起；二是因为涉及健康领域，健康领域的政府和政策投入需要心理治疗提出类似医学的证据。所以，谈论心理治疗必然要和医学联系在一起。但如果像前文提到的从诠释学的角度，将心理咨询和心理治疗诠释为具有的知识教育功能，或许结果就将是另外一种状况了。之所以这么提出,是因为诠释学的基本原理是考虑心理治疗的提供者的因素,而医学模型研究的只是药物和治疗方法的有效性,不研究医生本人这个操作者的属性与作用,而恰恰在心理治疗方面,医生本人的因素被确认为起治疗作用的共同因素,毕竟心理咨询和治疗更大一部分内容是在追求成长和寻找意义,只不过需要将问题、痛苦或者障碍从医学的生理学解释替换为教育的心理学解释。

第四节　心理学质性研究方法的诠释学特征

　　现在来说说心理学研究的另外一个领域——质性研究。在部分心理学者看来,当前流行的实证主义方法是认识论的方法之一,这种认识论方法主张,世界(即事件、客体和其他现象)和我们对于世界的知觉之间的关系是直接的(即世界上的事物和我们对它们的知觉之间是一种直接的对应关系),并假设有关因素不会使我们的知觉偏离、损害这种对应关系。因此,可以假定我们采用了公正而客观的角度,就可以获得世界事物的准确知识。人类采用这种方法只是为了去掉烦琐而复杂的世界现象,采取了一个简单粗暴的统一的数字标准,希望探求"普遍规律(nomothetic)",省去了"独特性(idiographic)"的"关于意义生成——人们怎么感知世界和体验特定的事件的丰富的描述和可能的解释"。或许是因为个人独特而又复杂,研究者无从下手,所以科学家们更热衷于寻找易于寻找到的普遍规律。但是,人们不能不警觉地注意到,这种认识论方法的基础只是在假定的基础上,所以对真实世界的质性资料进行研究或许是最符合实证精神的一种方法。

　　对质性心理学的研究也可以追溯到狄尔泰的论述。狄尔泰认为,人文学科应以建立理解为目标,而不是因果解释。美国临床心理学家奥尔波特(G. Allport)曾说,在心理学科独立之后,心理学界也在不断探索中发现,只通过抽象维度加总的统计分数,不能捕捉到一个人人格的独特性。后来的人类学、语言学和诠释学的发展,以及后现代建构理论和批判理论的日益发展和受到重视,使得人们对长期作为心理学金标准的"科学方法"积累了越来越多的不满,希望获得情境化理解的质性心理自然主义的研究方式被越来越多的学者重视。

最早的关于心理学的质性研究应归功于心理学的第三股势力——人本主义心理学的兴起。根据《心理治疗大辩论》所述,这一现象学取向的学派打破了占主导地位的精神分析学派关于咨询室是神圣不可侵犯和干扰的地方的考量,在 20 世纪 40 年代时开始对会谈进行了录音和整理,并根据这些原材料进行分析和研究,考察心理治疗是否引起了人格的改变和效果的产生等。但这种研究方法在当时被质疑样本量小、对研究的治疗方法界定不明等等。

目前在关于心理学的质性研究中,最常用的方法如解释现象学、扎根理论(grounded theory)、话语分析(discourse analysis)、叙述分析(narrative analysis)等都属于解释主义的方法,每一种方法都包含着解释主义的研究假设,强调文化、语言的重要性,倾向于研究深度访谈资料。这几种方法可能研究的方向不同,但相同的是都希望从被调查者的视角来理解和分析心理和社会现象,尤其在社会心理学领域。

如果具体或形象一点说质性研究方法的特点,美国质性研究方法论者科瑞恩·格莱斯(美,C. Glesne)在《质性研究方法导论》一书中曾有论述。尽管她是教育人类学者,不是心理学者,但她的这段关于解释主义调查可能的应用方向的论述,会让人更容易理解这一质性研究方法。她说:"从你的所见所闻中,你解释其他人对世界某些方面的认识,有助于理解声音和视觉的多样性和我们知识的丰富性。当你去调查目击者的故事,或者调查被忽视者或保持沉默者的声音和生活时,基本的行动就是去听。你的解释能指出世界上一些重要的或有意义的事情;你对这些内容的重新表述,能够激发其他人的理解、信任或者以不同的方式采取行动。解释主义的调查是让你的各种感觉相协调,你的研究和你的耳朵让你对周围生活的理解更丰富,让你感受到人们的行为以及与其他人交流所使用的语言具有复杂性和特殊性。这种研究方法可以超越你作为研究者本身的作用,将你变成研究的一部分。寻求对宏观背景的解释,而不是用你自己的工作来探索你自己。这时你可能更容易看到你自己的假设、刻板印象和主观性。在理想情况下,你在这样一种情境中研究……没有任何期待,你让自己开心地去了解你周围的人和你自己。在这一过程中,你建立了有意义的研究关系。"(格莱斯,2013)从她的这番论述中,我们可以看到质性研究是自然状态的,而非实证研究的实验控制状态,是从第一手的资料中提取自己的研究内容和方向。也就是说,质性研究的基础是"扎根于"资料,而不是预设的研究目的。从一大堆质性资料中推演出具有结论性意义的所在,这更是人文社会科学的研究方法。近年来质性研究在心理学领域受到重视的原因也是因为这种方法似乎能更真实地反映心理学的学科实践意义。

第七章　心理学与诠释学的融合

——从实践角度看，心理诠释学成为独立学科的可能性

> **本章简介**　本章在讨论诠释学和心理学的关系的基础上，结合诠释学的概念，提出了心理诠释学成为独立学科的可能性，并对心理诠释学成为独立学科的意义、研究方法、目的等进行了初步的探索与讨论。

第一节　心理学科发展与时代语言诠释

很多科学家、艺术家的思想和创造在其在世时期往往并不被世人重视，这是事实，对个人来说这是不幸的，但他们的贡献能传承下来，对于人类社会来说却是幸运的。这些贡献让后世的人们可以找到他们希望找到的解释和答案，也在鼓励着人们继续为人类留下属于他们自己的遗产。那么，究竟是什么原因让这些思想和创造没有在提出者在世时就被世人发现其价值并广为传播呢？比如，提到条件反射，很多人首先想到的巴甫洛夫和狗的故事，但据材料显示（叶浩生，2014）[27]，早在 1763 年，苏格兰科学家罗伯特·怀特就提出了条件反射的概念，但当时没有人对此感兴趣，与巴甫洛夫时期的备受追捧截然不同。那么究竟是什么原因造成这么大的差别？解释起来，或许只

有一点,"被重视的条件不具备"。这个"条件"就是指当时的时代精神和学科发展状况。也许在怀特时期,他的说法和时代的语言无法沟通,或者无法被理解,况且,一定时代的思想文化氛围、政治经济特征决定了"谁可以被时代推出"。

我们来看看当今时代,在物质文明得以充分发展之后,心理学何以会如此被关注,除却心理学自身已有的诸多说法,"饱暖思淫欲"可能是最容易被接受的说法。人们在物质生活丰富之后,需要追求自身价值,也开始有能力追求自身价值,于是纷纷开始思考和寻找,从外部世界到自身内部,再从自身内部到外部世界。科技的发展让人们出现某种错觉,似乎所有的事情背后都有确定的原理,都可以被发现并利用,而信息科学的发展,让人们从外部得到的知识"千变万化",又极不确定,矛盾的认知让人无所适从,焦虑不安,随后不得不又再开始转回对自身的反思,包括对自身所掌握的学科和知识的反思。在心理学这里,人们发现,之前的心理学越来越无力应对和诠释人们心理与行为的机制与规律,后现代的话语和语言层出不穷,首先体现在人们的日常语言、网络语言中,进而在文学艺术领域凸显出来,因为其巨大的感染力影响着新新人类。因此,政治学、教育学、社会学等都必须开始关注这一后现代主义思潮。给人们以热切期待的心理学当然不能落后,于是后现代的批判心理学粉墨登场。在这股正在质疑所有存在的后现代浪潮下,在库恩(范式理论)、利奥塔德(叙事理论)、德里达(书写与语言)、福柯(权力与权威)、哈贝马斯(交往互动理论)等思想大师的影响下,实证主义激进武断的观点开始被人文科学的价值解释所替代。人们之前认为是"真理"的东西,像"皇帝的新衣"一样被剥去。人们又开始惴惴不安,因为似乎没有确定的知识可以信赖。于是再次转向超验的"心灵"成为一个不错的选择。这就是我们看到的,在现在的心理学领域,宗教心理学、具有东方神秘色彩的正念和灵修重新回到人们饥饿和不安的心灵餐桌。

在这种后现代时代语言的氛围中,长期掌握心理学话语权的科学心理学实证主义领域,也在悄悄起了变化。被认为是坚持科学主义心理学研究范式的典范的史密斯(M. B. Smith)指出,格根等后现代心理学的转向,的确对心理学的叙事方式提出了挑战。更具人文色彩的心理学者挑战了科学的强制性和排他性,他们赞同当心理学关注拥有价值和意义的人和人性时,既可以用自然科学的因果性解释,同时也可以采用一种阐明式的解释学框架。史密斯承认这种看法有其建设性意义,并且有助于消除机械的行为主义在心理学舞台上所带来的不注重"人"的批评声音。他说:"我反对试图回归价值中立的科学观念,在人的王国中,这种观念注定要失败。"(高峰强,2001)[166]。不过,史密斯同时提醒,虚无主义和相对主义的观点已经开始侵蚀心理学的科学研究,我们不应放弃经验主义和实证主义作为一种发现和寻找证据的方法,这种方法仍然具有其生命力。

在这场关于后现代主义的争论之后,人们不禁要问,后现代主义往何处去?可喜的是后现代的心理学没有回避这一重要问题。格根对后现代主义的心理学思想的潜在发展可能进行了估计,他认为,我们已经知道后现代思想并不限制研究的应用和道德的思考,相反,它允许将这些放到更为广泛的文化与历史的文本中进行考察。借助于对真理和道德的追求,我们或许在生活中与人相处时可以少一些攻击而多一些忍耐与创造性。后现代心理学更应关注文化利益、意义与价值、道德等问题的研究,不能只醉心于发现事实;同时心理学也应超越书面语言的表象神圣性,而应注意到语言所包含的实际应用价值。

在这场关于后现代心理学的争论中,人们关注的焦点是不同的。格根更倾向于强调心理学的应用性,从而将心理学从"学院"里拉出来,拓展心理学的研究领域;而科学主义的心理学强调的仍然是基础研究的重要性和心理学的纯洁性,因为在他们看来,心理学理应成为纯粹的科学,而不是夹杂很多社会学、政治学等理论的"杂货铺"。这与我们一开始即将心理学分为心理科学、心理现象学和心理知识学是同样的思路。

可以看出,时代的发展和要求,是学科发展的推动力。学科的生存和发展本身也要寻求时代的支持。在心理学这里更是如此。语言在随着时代而发展,并不断得到补充。很多在过去曾经为人们所熟知的语言和表达方式已然消失,即便偶尔还有个别人使用,也已经很少有人能完全弄明白。不断冒出的新的语言和表达方式需要心理学及时学习、领会并将其纳入自己的语言。况且,心理学界一直是很善于借用时代的语言去做出某些"隐喻"的。

因此,不理解文字、语词、符号的时代意义,就不能理解语词和符号表达的意义和它后面的隐喻,也就无法理解说话者的心灵。如果不理解说话者,那么你如何进行咨询或者治疗? 更何况,这只是针对个人的,更为重要的是你要理解这个人所在的语言系统、文化背景,对这些"基本的底色",你必须要有所了解,然后才有可能会有准确的表达。如果做不到这一点,理论和方法显然只是无用的"他品",而不能达成被咨询者的自身理解。正像生命之所以能被理解,是因为生命的共同和普遍特质一样,因为普遍性的存在,我们才有可能借助于心理转换或转移来理解另一个人的内在体验,并通过"以他人为鉴",更好地发现自己更为充实的至深的内在经验世界。

我们从当代心理学领域中也能够看到时代语言的特征。在西方心理学的四大势力行为主义、精神分析、人本主义、认知心理学中我们都可以找到其在当今时代不同于初创时期的语言特征。人本主义和认知心理学自不必说,它们都一直紧跟着时代语言的发展而发展。新行为主义开始注意人与环境的交互作用,提出社会认知的人格理论,以人格变量来解释人们如何对各种刺激进行反应。精神分析在一开始是重视知识的实践功能,轻视实证、倡导释义和分析,而在后精神分析时代倾向于更加注重社会批判理论。比如马尔库塞的"爱欲解放论"、弗洛姆的"社会潜意识"理论、福柯的"权力"理论和拉康的"结构主义语言"理论等。这里仅以在心理学界影响较大的弗洛姆为例加以说明。弗洛姆所处的时代,正是美国等西方资本主义国家如日中天的时代。这个时代科学技术的发展给人们带来的是强力的控制和被控制,这是一个人性极度受压抑的时代。弗洛姆受马克思主义等批判思想和后现代主义思潮的影响,其心理学理论的主要特征是从人本主义立场出发,借用精神分析的方法,将精神分析所揭示的病态问题与对资本主义压抑人性的批判结合起来。弗洛姆认为,现代社会不是健全的社会,资本力量和科学技术的控制,在不同程度上压抑着人性,以至人不能成为真正的人,——这和马尔库塞的"单面人"说法相同。弗洛姆认为,人的恐惧和孤独是因为人不可能完全脱离自然和他人的生活,又因为人类自身对自然的贪婪索取,使得和谐的人与自然的关系遭到破坏而无法回归所造成。所以,个体化的无奈与孤独感油然而生。在弗洛姆看来,人类解放的道路在于创造一个适合人性发展的、"使每个人都能够具有生产性性格结构的健全社会"。为此,弗洛姆继弗洛伊德的"个人潜意识"和荣格的"集体潜意识"之后,进一步发展了精神分析理论,提出"社会潜意识"的理论。在他看来,社会潜意识通过共同语言、逻辑规则、法律禁忌这三种机制发挥其社会制约性。如此,在无所不在的社会潜意识的压抑下,人的思想内容、思维方式和言语表达形式等都被规定和决定好了,人成为现代社会的俘虏,从而丧失了批判的能力。弗洛姆主张,在这个"重占有、轻生存"的现代社会,要使现代人的心灵得到解放并获取自由,需要发展人的"爱"的能力。坦率地说,弗洛姆的浪漫主义的呼吁是美好的,但却并不能使现代人根本的心理压抑得以释放,倒是马尔库塞等人给出了具体的建议:艺术创造、哲学思考和宗教信仰。马尔库塞从意识形态高度对资本主义进行了批判,认为在后现代主义的文化语境中,唯有艺术才能毫不妥协地批判现实,也唯有艺术才可能被允许揭露"异化"生活的危机。

现在回到诠释学上来。伽达默尔的哲学诠释学之所以引领着诠释学的语言转向是源于这样一个观点,即理解的根本语言性,尽管这并不能说明一切世界经验只有作为讲话并在讲话中才能实现。伽达默尔(2010b)[632]说:"以苏格拉底谈话为准则的诠释学是不会受到下面这些议论的反驳,诸如意见(Doxa)不是知识,人们在随便生活和随意谈话中达成的表面一致意见并非真正的一致意见等等。然而,正如苏格拉底式对话所做的,对表面假象东西的揭示正是在语言的要素中实现的。对话甚至可以使我们在不能达成一致意见、在误解以及在那种著名的对自己一无所知的承认下达到可能的一致意见。我们称之为人的共性是以对我们生活世界的语言把握为基础的。"在伽达默尔看来,施莱尔马赫早已认识到的诠释学问题的普遍性同一切理性活动都有关系,同人们对之能试图进行相互理解的一切东西都有关系。伽达默尔断定,只要在因为人们"操不同的语言"从而不可能达成一致意见的地方,诠释学就不会终结。在他看来,正是在这里诠释学的任务才变得格外重要,也即寻找共同语言的任务。我们注意到,伽达默尔所谓的"操不同语言"并不仅仅指的是一般意义的语言不同,还在于各个领域、各个专业对世界描述的不同概念之间的不同,我们学习不同的语言是我们认识世界的途径,时代世界的变迁和时代语言的变化是同步的,只有学会时代语言我们才能更好地认识"此在"的世界。

第二节　诠释学源始的心理功能

诠释学中的"诠释"对于中西方来说,一开始都是对我们所相信的东西进行解释。在古代的人类社会,它所具有的心理功能是显而易见的,不仅指示着人如何去做,还有对灾难、痛苦等如何解释,以及如何面对我们所遇到的这些痛苦,这几乎是那时候的人的心理依赖,所以形成最早的关于灵魂的认识和心灵哲学。如果作为学科来讲,作为诠释学来源之一的修辞学,明显体现了人类在交往和沟通中如何更好地表达自己的内心。"如何说话"成为那时候的年轻人必须要学习的功课,所以修辞学成为诠释学的最重要的来源。修辞学如何影响人的情绪和心灵?为何诗和文学的语言比专业的语言更能打动人和影响人?这是很多做了很久心理工作的心理工作者一定会思考的问题。

修辞学如何影响人的情绪和心灵?柏拉图和他的学生亚里士多德早已交代过。柏拉图在《斐德罗篇》中指出:在修辞学看来"演说家根本就没有必要去考虑什么是正义或善良的行为,也用不着关心正义或善行是出自人的天性还是他的教育。他们说,在法庭上没有人会去理会事情的真相,而只会注意陈述是否有理。……用听起来有理的话语来取代陈述事实……要自圆其说,根本不用去管什么真相。"而他的学生亚里士多德则在其《修辞术》中论述了修辞学的重要能力就是其"说服力",在他看来,具有说服力量的论证包含了以下三种形式:"第一种在于演说者的品格,第二种在于使听者处于某种心境,第三种在于借助证明或表面证明的论证本身。"如果根据心理治疗的过程来看,亚里士多德堪称心理治疗的鼻祖。心理治疗的核心是"说服力"——无论怎么辩解,教给知识也好、让他自己领悟也好、教会他体验也好,最后达到的目标只是这个。亚里士多德所说的三种形式,恰恰可以理解为心理治疗师本人的品格——这是最强调的,来访者的某种情绪派生的信任——来访者因素,另外一个就是运用心理学知识的论证过程是否严密和被接受,这是各种心理咨询与诊疗理论一直努力要做的。

修辞学在现代社会仍是备受关注的人文学科之一。伽达默尔就宣称,修辞学对于社会生活具有根本性的作用,修辞学的存在性是普遍的,即便是科学,也只有通过修辞学才能成为生活的部分因素和内容,因为一切具有实际用途的科学都依赖于修辞学。伽达默尔曾指出,首先,只有把握了真理(注:伽达默尔的意思应该是他所说的哲学诠释学的基本思想)的人,才能无差错地从一种修辞学论证中找出可能的伪证;其次,他必须对他试图说服的人的灵魂具有渊博的知识。

再来看当代诠释学语言学转向之后,如何实现它的心理功能。阿佩尔的语言学转向后,和皮尔斯、詹姆斯的实用主义哲学结合起来,把语言分析的指号学引入到科学哲学中,并形成了三个学科:语法学、语义学和语用学。语法学自不必说,要准确表达自己的意思给对方,需要双方都了解和熟悉的语法表达,将字词组合成为句子,需要遵循约定的规则,这样才能被理解和解释。在语义学看来,因为了解首先是相互一致的理解,而理解的过程也必然是相互理解的过程,那么,对于每一个希望了解他人和希望被别人理解的人都必须是清晰的理解。换句话说,理解首先是同意和赞同,而不是怀疑。在和人交往时,首先要注意的是他讲话文本的语义可能性,然后再进入对方所说的语言背后的意图,而不是一开始就进入到意图领域,尤其是“对自己不好的意图领域”。换言之,我们在和人交流时,首先要考察的是他的语言本身的意义,其次是他本人的意图,最后才是“和我有关的交流的意图”。

如果说语法学更像是数学或逻辑学,那么语义学更多是关于语言哲学的。伽达默尔在《真理与方法》一书中有专门一节论述语义学和诠释学,认为它们都是从我们思维的语言表达形式出发,都明显具有真正普遍的观察角度,只是一个是从外部对语言的所有领域做观察性的描述(语义学),一个注意语言符号世界运用过程中的内在因素(诠释学)。在伽达默尔看来,语义学分析的作用在于认识到语言的整体结构并由此指出符号、象征的单义性以及语言表述的逻辑形式化等错误思想的局限性,而且,“语义学分析可以轻而易举地看出时代的区别和历史的进程,并尤其能认出某个结构整体在新的整体结构中的产生过程"(伽达默尔,2010b)²²⁰。

语用学则更具有心理学的表象意义。语用在于沟通,而且是双向的沟通,更能体现心理的功能,因为可能在沟通中直接影响人的心理表现和下一步的行为。另外,语用学包含了非言语的伴生信息和肢体语言的实用信息,这样,会使沟通更为全面:不仅关注信息发送者的信息,同时关注对接受者的影响和接受者的反应对发送者的影响,如此循环在一个沟通的阶段。我们知道,人类处在社会的关系当中,这种关系就是互动的沟通。沟通在人类社会就是现象学和存在主义哲学所说的"存在"。在原始人类那里,沟通的作用更多的是取得食物、保证安全。在当前的人类社会,除却这一基本的语用作用,人们研究和关注的更多的是语言的生活意义所在、沟通和语用的意义所在。语用学研究在心理治疗应用领域刚刚开始。美国学者保罗·瓦兹拉维克(Paul Watzlawick)、珍妮特·比温·贝勒斯(Janet Beavin Bavelas)、唐·杰克逊(Don D. Jackson)合著的关于互动模式、病理学与悖论的研究的语用学研究著作《人类沟通的语用学》一书中,对精神疾病性的沟通进行了研究,提出人类沟通中的语用学悖论:悖论式命令、语用学悖论、双重束缚悖论和悖论式预言。这样的论述对于心理治疗者来说有很好的借鉴意义,可以让来访者自己去发现自己语言和沟通中的矛盾,自我觉醒,这其实也是认知心理学的要义所在。

心理咨询与治疗过程的重要和唯一的媒介就是言语的沟通。语用学领域的研究是心理咨询与治疗实践者需要关注的,尤其是对语言学中对不解、误解和曲解的有关研究,无论是在心理咨询与治疗之初对来访者问题的正确理解,还是贯穿在心理咨询与治疗整个过程之中,都是需要时刻注意的,因为在这一过程中要努力减少和消除的就是不解、误解和曲解。在语言和语用学者看来,不解可能是知识层面的,即对话双方中的一方对对方所述的知识和信息内容并不掌握。曲解则是为了达到自己的某种目的而故意采取的一种语用策略。而最常见的则是误解,误解可能有环境嘈杂或语音上的不清晰导致话语内容没有得到准确传达的原因,也有个人对话语传达内容和话语意图领会错误的原因,尤其是在话语意图的判断上。比如,一个学生因为在学校受到老师的批评,回家和父母讲"不想上学了",其实质上的意图是希望父母对其当前情绪的理解,并非真正意义上的"不想上学"。"不想上学"成为其某种情绪的代表名词。这样的意图误解在人际交往困扰中常常见到,要么把单纯描述性的语言解读为某种意图和目的,要么加入自己的理解误读了说话人的意图,这些都是需要在临床咨询与治疗实践中经常要注意的内容。也就是说,不仅要注意对方表达了什么,还要注意自己有没有误解对方的可能。

上面说的是语言。而在一些学者看来,对影响人类有巨大力量的情感力量的诠释似乎更有价值,而且情感本身即具有心理功能和意义。试想一下,关注语言表达,如果不加入情感的因素,那些语言或许只是一些没有任何意义的符号,即便是很长的句子在我们的眼里仍然不过是简单符号的堆积。所以,与其说是语言和文字在起作用,不如说是我们加入在其中的情感才使得这些符号生动起来,并有了其应该有的心理功能。就像我们读一段文字或者看一场电影,只有在这些符号恰好表达或者印证了隐藏在其中的情感时,你才可能感觉到你是在看这段文字或者电影。音乐、绘画、舞蹈等其他艺术也是,不过是换了另一种语言而已。显然,雷姆巴赫情感诠释学的提出应该有其重要意义,因为情感的诠释所带来的情绪感染力,对人的心理作用的影响是根本的和巨大的,尤其对于重视情感的人群来说更是这样。遗憾的是,这一领域的研究并未受到足够的重视,研究情绪如何表达的生物学基础的自然科学较多,但对情感的研究相对较少,或许是因为情感的复杂性,它本身就是一个难以理解和研究的话题,对于功利主义的自然科学来说又尤其复杂,无从研究。即便是纯论述性的描述,也依然很少。亚当·斯密的《道德情操论》倒是可以借鉴,对人类情感的诠释就很有心理学意义。

第三节 心理诠释学成为独立学科的可能性及现实意义

语言学、修辞学等与诠释学渊源深厚的学科,都对人的心理有明确的影响。诠释学家施莱尔马赫的著名观点,"我们可能比作者更了解他的意思"当然更具有明确的心理学实践意义。心理学对资料和数据的意义赋予过程,都离不开诠释学的方法。结合上面我们讨论的心理学与诠释学的关系,能够看出心理学与诠释学的密切关系,无论是诠释学的心理学方法还是心理学的诠释主体性质都能够看到它们在高度融合。遗憾的是,诠释学作为研究理解和解释的学科在其他领域都得到了非常深入的研究与应用,出现了历史诠释学、法律诠释学、文学诠释学等,唯独在具有本体意义的、心理学的理解和解释意义上的研究并没有得到应有的关注。在心理学科的应用领域也是如此,即对如何将诠释学引入到应用领域,使人可以让自己的生存更具意义、如何以心理诠释的方法帮助存在心理困惑的人们的研究并未引起人们的足够重视。因此,试图探讨心理诠释学作为独立学科的可能性是有意义的。

心理学的科学发展,尤其是神经心理学的发展被生物心理学家所推崇。从科学的意义和价值来说,如果不能让研究成果被更多的人理解和应用,那么这个研究的价值和意义就不会很大。解释好自然科学的事实与存在,并将其应用到精神科学的意义中,尤其对于心理科学来说,试图寻找各种心理现象——目前更多从精神病理现象入手——生物学基础的同时,也同样需要发展我们的"理解和解释的水平",不能把发现解释为心理学的发现,并经由心理学家进一步解释为成为大众的语言,那么就没有意义。正如 D. N. 鲁宾逊(1988)在其所著《现代心理学体系》中所说:"只有在心理学本身达到了系统的理论水平和解释水平时,神经生理学的方法和发现才具有心理学上的意义"。从这一点来说,心理学需要和诠释学结合起来,才能使心理学和心理科学存在的意义更加完备。心理学家如何将事实与存在解释为大众的语言、并得到其实践意义,这是心理科学的应用课题。而诠释学可以作为科学研究和科学应用之间的桥梁和方法。弗洛伊德等心理学家和心理治疗学家发展出了各自的理论与方法去诠释心理现象、病理心理现象,但对其理论与方法本身合法性的研究其实并未引起注意。其实,这可以在诠释学这里找到它的理论支撑。所以,我们试着提出心理诠释学的概念,试图从这一领域破解心理现象与心理学理论之间的关系的难题。同时,心理诠释学也指出了心理学理论的共同基础,不至于让心理学学习者们陷入繁杂的理论困惑之中,把握理论的简单的普遍的特征。

不得不说,心理学对现代人的影响,既是严肃的学术研究,又可能"不严肃"地参与到生活之中。换句话说,研究心理学的人同样离不开他个人所处的生活和环境,如政治的、经济的、个人愿望的等,他也会有自己的价值和信仰。学术研究一直有客观的、价值中立立场的愿望,认为越是客观的、价值中立的就越是真实的。但不可否认的是,研究学术的人也是在生活中的,他不可能离开他的生活世界,飞到外部星球孤独、冷静地看待世界的一切。研究者们一定有他自己的研究立场与意义,研究结果同样既是学术的,又是要成为生活世界的,或者影响生活世界的,甚至成为人们生活的心灵导向。所有的这些,就像中国人熟知的"六经注我"还是"我注六经"的辩证性一样,提醒人们要有一个相对客观和清醒的头脑,去看待我们周围的诠释着的世界。

目前关于诠释学的学科定位的争论,大体上有两种,一种是贝蒂遵循的施莱尔马赫的方法论思想,一种是伽达默尔的诠释哲学思想。尽管两者有所不同,但诠释学的价值就是要证明任何种类的知识都束缚于传统。需要清楚地知道,知识形式不是如它所看到的"实际"那样。作为方法论的诠释学思想认为,诠释学的贡献并不在于像狄尔泰所说,只是为区分自然科学和精神科学提供了基础,而在于它克服了所有知识形式之间的错误区分。方法论的诠释学对心理诠释学的贡献,在伽达默尔的哲学诠释学的讨论中也都有所体现,而伽达默尔显然又是当前诠释学的执牛耳者,如此,我们这里取伽达默尔的哲学诠释学来讨论其可能的对心理诠释学的贡献。

洪汉鼎(2018)[12-16]教授作为中国研究西方诠释学思想的最早开拓者,作为伽达默尔的《真理与方法》的中文译者,并且和伽达默尔有过面对面的交流,他对伽达默尔思想的理解我们有理由认为是最贴近伽达默尔的本意的。而且在洪汉鼎和伽达默尔的一次访谈(2001年)中,伽达默尔曾说过,"200年后很可能大家都学习中文,有如今天大家都学习英文一样"。当时洪汉鼎教授的推论是,伽达默尔的这个预感的根据可能是中国语言的形象性。"正如今天世界交往最密集的地方,如交通、旅游胜地,经常都使用形象标志……中国的独立于声音的形象语言有某种优点,将来可能更容易使人理解"。独具中国特色的语言和文字特点,应该是我们谈论西方心理治疗中国化的起点。尽管伽达默尔的哲学诠释学一直存在着争论,比如他忽视方法论的做法受到贝蒂、利科等人的强烈批评,但这并不妨碍我们借用伽达默尔的诠释学概念进行进一步的诠释,这也许正是诠释学应该有的精神和价值所在。

根据洪汉鼎教授《哲学诠释学的基本特征——伽达默尔〈真理与方法〉一书梗概》(洪汉鼎 等,2009)一文的概括,诠释学有 9 个非常重要的概念。我们试着借用这些概念,结合心理治疗实践进行简单的理解和诠释,试图说明诠释学对心理学的贡献,尤其在心理治疗领域的意义。这 9 个概念分别是诠释学循环、前理解、事情本身、完满性前把握、时间距离、效果历史意识、视域融合、问答结构和诠释学对话。当然,我们要注意到这 9 个诠释学概念不完全是伽达默尔提出的,也有他对他的老师海德格尔的论断的再诠释。

(1)诠释学循环。这是诠释学诞生之初固有的一个重要概念。精神科学的循环结构是指精神科学在他物中重新认识自身的普遍本质。伽达默尔说:"在异己的东西里认识自身,在异己的东西里感到是在自己的家,这就是精神的本质运动,这种精神的存在只是他物出发向自己本身的返回"。在伽达默尔看来,理解的循环已不仅仅是其最初的从词语到语句到全文再回到语句、词语的循环,也不仅仅是从部分到整体再到部分的循环,而是像海德格尔说的那样"解释理解到它的首要的经常的和最终的任务始终是不让向来就有的前有、前见和前把握以偶发奇想和流俗之见的方式出现,而是从事情本身出发处理这些前有、前见和前把握,从而确保论题的科学性"。伽达默尔评论道:"我们将必须探究海德格尔从此在的时间性推导理解循环结构这一根本做法对于科学诠释学所具有的后果"。伽达默尔的这种说法是对循环做了诠释学哲学的补充解读。其中的心理学意义是显而易见的,就是提醒我们要注意理解和解释人的心理,需要注意的不仅是对方的言语或非言语文本的部分与整体之间的循环,同时还要注意到作为彼者如何注意到自己的前见和经验对他者所要表达的真实意思和真实意图。尤其在心理咨询与治疗实践领域,注意到这一点非常重要。目前我们强调的更多的是心理咨询与治疗从业者要注意来访者的真实意图表达,而这一点对来访者来说，如果也能理解到这个循环的存在，这个意义无疑会更大。

（2）前理解。海德格尔说，解释奠基于一种前把握中，被理解的东西保持在前有中，并且前见地被瞄准，通过解释而上升为概念。伽达默尔认为，前理解的概念是在论述海德格尔的前结构概念。理解的前结构包括前有、前见和前把握。表达得更清晰和直白一点就是，事物的被理解中总是在受事物自身的前有（事物自身受之前自身的影响）、理解者前见（理解事物的先行立场和视角）和理解者的前把握（接受到的可以表达出来信息）。在这里，又很容易看到胡塞尔的"意义赋予的意向性行为"特征。因此，我们总是带着一种筹划和预期的前理解去理解一个陌生的文本。需要注意的是，在诠释学看来，这不是"恶性"理解，而是本应如此，因为"我们必须也把自身一起带到他人的处境中，只有这样，才实现了自我置入的意义"。从心理学角度讲，这应该是人本主义心理学"设身处地理解"的哲学原型和真正含义所在，我们只有做到把握了前有、注意到自己作为理解者的前见，并离开我们固有的前把握的图式，才能更准确地理解当事人。

（3）事情本身。大家都知道现象学的胡塞尔的这句名言："面向事情本身"。胡塞尔认为，经验的事实不是事情本身，因为经验事实已经把主观经验前见放进所谓的事实中。伽达默尔把事情本身理解为在存在中和通过存在展现的东西。如果结合后期诠释学的语言学转向，在伽达默尔看来，存在是语言，"因为能被理解的存在就是语言"。所以，事情本身就是展现于语言中和作为Ansicht（德语：表述，类似于元概念，洪汉鼎论述说很多学者理解为康德的"物自身"概念）的东西。这类似于中国道家所强调的"道"的概念。在心理学尤其是科学心理学看来，一直存在着某种客观的可以排除人为主观因素的像原子一般存在的心理本质，科学心理学也一直追随这个路径在走。但是作为心理学的事情本身的这个概念，放在心理治疗这个需要互动的领域理解起来就显得尤为艰难。即便是心理学有原子般精确的概念揭示，同样需要以它能被理解的方式与语言去表达和被接受，而事物世界与语言的局限性，让哲学家们也变得非常无奈，所以才发出"能被理解的存在就是语言"的慨叹。这就要求心理学工作者，尤其是实践领域的工作者，需要注意语言表达的重要性，注意来访者的语言的丰富性和独特性。

（4）完满性前把握。伽达默尔说："一切诠释学条件中最首要的条件总是前理解，这种前理解来自于与同一事情相关联的存在，正是这种前理解规定了什么可以作为统一的意义被实现，并从而规定了对完满性前把握的应用"。伽达默尔要表达的意思是，完满性前把握是要先设定被理解的东西必须是表现了某种意义完整统一性的东西，这样才可以检验我们的意义预期并获得正确的理解。他进一步解释说："这种支配我们一切理解的完满性前把握本身在内容上每次总是特定的。它不仅预先假定了一种内在的意义统一性来指导读者，而且读者的理解也是经常地由超越的意义预期所引导，而这种超越的意义预期来自于与被意指的东西的真理的关系"。在心理学，尤其是心理治疗学看来，伽达默尔是在提醒我们，首先要假定"来访者的叙述是真的"这个前把握，然后才能更好地理解来访者所叙述的意义。我们注意到这一点，才可能认识并怀疑曾指导自己解释努力的前见。

（5）时间距离。在浪漫主义诠释学看来，我们必须比作者理解他本人更好地理解作者。这一点，对心理治疗者来说，似乎是必要和必需的，但要注意的是，心理治疗者"不可能事先就把那些使理解得以可能的生产性的前见与那些阻碍理解并导致误解的前见区分开来"，那么时间距离就成为理解过程中的重要因素了。作为诠释学者，伽达默尔提出这个概念主要是在论述对历史文本的理解，我们如果把来访者和他的问题作为文本来理解时间距离这个概念的意义，那么在来访者这里，他所叙述的都是过去的"文本"，我们需要置身于当时的概念、观念、情景中去理解，也要看到时间距离到现在的积极的创造性理解的可能性。而创造性的理解正是心理治疗"重在当下"的核心意义所在。

（6）效果历史意识。在伽达默尔看来，当我们摆脱那种有害于理解的历史思维而要求一种更好地进行理解的历史思维时，我们就一定看到这种真正的历史思维必须同时想到它自己的历史性。伽达默尔说："真正的历史对象根本就不是对象，而是自己和他者的统一体，或一种关系，在这种关系中同时存在着历史的实在以及理解的实在。一种名副其实的诠释学必须在理解本身中显示历史的实在性。因此我就把所需要的这样一种东西称之为'效果历史'（Wirkungsgeschichte）。理解按其本性乃是一种效果历史事件。"某物如何产生历史,或进行实现自身和产生自身活动的历史,就是效果历史,历史就是效果历史,效果是转换意义上的活动,它对某物起作用,有影响并具有效果。一个事件可以理解为只有它的结果被理解了它才真正存在,那么对于很多来访者来说,过去很多不幸的创伤事件要注意到的是,并不是创伤事件本身给我们带来了不幸意义,一定是自己理解之后才会成为对自己"有意义的事件",而他本人的理解一定是像理解的循环那样,在加入了自己的前理解、前见、前把握之后,才成为可能。注重对过去事件的效果意义而不是事件本身,这符合心理学的认知。效果历史这个概念是伽达默尔诠释学的重要概念,原本是他在论述诠释学的历史真理时使用的,目的是避免真理陷入虚无。

(7)视域融合。视域融合的概念是伽达默尔在《真理与方法》中提出的又一个重要概念。他说,"哲学诠释学将得出这样的结果,即只有让理解者自己的前提产生作用,理解才是可能的。解释者创造性的贡献不可取消地附属于理解的意义本身。这并非证明主观偏见的私人性和任意性是合理的。因为这里涉及的事物——我们想要理解的文本——才是使之发生作用的唯一的尺度。然而,那些无法抛弃的、必要的时间距离、文化距离、阶级距离、种族距离——抑或个人距离——却总是超主观的因素,它赋予一切理解以紧迫感和生命。我们也可以这样描述这种实情:解释者和文本都有其各自的'视域',所谓的理解就是两个视域的融合"。按照伽达默尔的观点,视域是看视的区域,是从某个立足点出发所能看到的一切。我们具有传统观念并立足于当代某个特殊境遇里,文本的意义既不可局限于原作者的意图或文本的原意,同时,文本也非一个完全开放的系统任由理解者或解释者按其所需地任意诠释,这种既包含理解者或解释者的前见和视域又与文本自身的视域相融合的理解方式,就是被伽达默尔称为的"视域融合"。在谈到这个问题时,伽达默尔对历史主义所谓"设身处地"的理解方式进行了批判,按照历史主义的这种看法,需要我们把自身置入历史处境中而完全丢弃我们自己的视域。在伽达默尔看来,为了能使自己置入一种历史视域中,我们就必须具有一种视域。伽达默尔说:"我们必须也把自身一起带到这个其他的处境中。只有这样,才实现了自我置入的意义。"在伽达默尔看来,理解并不是心灵之间的神秘交流,而是一种"对共同意义的分有(Teilhabe)"。在这里,我们注意到"设身处地的理解"这个表述,心理学人不会陌生,它是人本主义心理学强调的三大内容之一。显然人本主义的"设身处地的理解",并不是伽达默尔批判的历史主义的理解的观点。伽达默尔的意思是,来访者和心理师有自己不同的视域,而且每个人都在自己的前理解下表达自己,尽管他们之间必然存在着各种层面和意义上的距离,但总是能达到"视域融合"一样的"设身处地的理解"。作为心理学者既能根据"视域融合"的概念对来访者的"设身处地的理解"有更深层次的认识,参与到与来访者的心理活动中,又要教会来访者自己认识到事物对其意义的产生同样源于其自身的视域融合。

在伽达默尔看来,视域融合,即过去视域与现在视域的融合,实际上就是一种应用。理解在任何时候都包含一种旨在过去与现在之间进行沟通的具体应用。之前提到过雷姆巴赫情感诠释学中的三个要素之一:理解〔注:潘德荣所著翻译为研究(investigatio)与洪汉鼎的理解(intelligendi)不同,这里为了统一,并便于理解,取洪汉鼎的表述〕、解释、应用。按照洪汉鼎的说法,伽达默尔在这里并不像雷姆巴赫那样区分开这三种技巧,而是努力在三个要素统一的基础上建立他的诠释学哲学。伽达默尔说,"我们似乎不得不超出浪漫主义诠释学而向前迈出一步,……我们认为,应用,正如理解和解释一样,同样是诠释学过程的一个不可或缺的组成部分"。应用在人文科学看来,是理解与应用的统一的应用,在自然科学则是先理解后应用。伽达默尔进一步解释说:"如果我们把亚里士多德关于道德现象的描述,特别是他关于道德知识德行的描述与我们自己的探究联系起来,那么亚里士多德的分析事实上表现为一种属于诠释学任务的问题模式。我们已经证明了应用不是理解现象的一个随后的和偶然的成分,而是从一开始就整个地规定了理解活动"。在这里强调应用,是为了调和要理解的文本的自我同一性,强调文本所应用和被理解的不同情况的变异性之间存在的似乎不可逾越的对立关系。深层的意义是伽达默尔将诠释学定义为理论和实践双重任务的实践哲学,这样,既涵盖了之前将诠释学理解为"技艺学"的特点,又把诠释学提高到哲学的高度。正是在谈到诠释学作为理论和实践应用双重任务时,伽达默尔说,正如诗人和音乐家如果只是学会他那门艺术的一般规则和进行方式,而无法用它们写出作品来,就不能算是诗人或音乐家,"同样,如果某位医生只掌握医学的知识和治疗规则,但不知在何时何地地应用它们,那么他就不能算是医生"。

(8)问答结构。伽达默尔说:"问题的本质包含:问题具有某种意义。但是,意义是指方向的意义,所以,问题的意义就是这样一种使答复唯一能被给出的方向,假如答复想是有意义的、意味深长的答复的话"。按洪汉鼎的理解,伽达默尔认为,我们理解文本的意义,包含对文本提出的问题的可能回答,那么,理解文本就首先需要对文本提出问题,然后再予以答复。这和之后的诠释学对话是相联系的。

(9)诠释学对话。由于上面的问答结构,理解就发展成一种对话,任何理解,不论是自我理解还是人与人之间的相互理解,都是一种"我们所属的对话"。对话即语言,伽达默尔也由此走入了语言哲学诠释学。伽达默尔关于对话的论述和分析,直接可以拿来用在心理咨询与治疗的对话中,他说:"谈话中的相互理解,既包含使谈话伙伴对自己的观点有所准备,同时又要试图让陌生的、相反的观点对自己产生作用。如果在谈话中这种情况对谈话双方都发生,而且参加谈话的每一方都能在坚持自己的理由的同时也考虑对方的根据,这样我们就能在一种不引人注意的但并非任意的观点交换中(我们称之为意见交换)达到一种共同语言和共同意见"。伽达默尔要表明的谈话中的相互理解,不是某种单纯的自我表现和自己观点的表达,而是自己进入到一种使自身有所改变的"公共性中的转换"。在伽达默尔看来,对话的成功表现为一种共同理解的获得,这种共同理解反映了所有参与讨论的伙伴原有立场的转变,或者可以借用"视域融合"的概念来理解,是这种转变的融合。伽达默尔说:"光并不是它所照耀的东西的亮度,相反,它使他物成为可见从而自己也就成为可见,而且它也唯有通过使他物成为可见的途径才能使自己成为可见……光使看和可见之物结合起来,因此没有光就既没有看也没有可见之物"。这显然是和古代唯心主义的形而上学论颇为一致。实际上,据我们的理解,伽达默尔在这里只是借用光这个大家已经习以为常的现象来说明对话的辩证特征。

以上是我们对伽达默尔诠释学的简单心理诠释和理解,试图说明的是诠释学和心理学的关系,尤其是在心理咨询与治疗实践过程中。如果说诠释学研究的对象是文本,心理咨询与治疗研究的是人和人的"问题文本",这样就更能方便理解。可以看出,诠释学的思想几乎贯穿在或者说融合在整个心理咨询与治疗实际操作过程中。

更为重要的是,诠释学的方法重视的正是心理学从业者忽略的——可能是故意忽略的——心理师的个人因素在心理工作中的作用。将诠释学和心理学有机结合起来,正像将有心理问题的人和他的症状结合起来一样,将这一活动的参与方——心理学工作者和他的服务对象——都纳入进来,这样就成为心理学应用领域完整的需要关注的一门分支学科——我们所提出的心理诠释学。

如果从心理咨询与治疗实践的角度看,换一种思考方式,正像前面曾经提及的,其实,心理咨询与治疗更像是提供知识的过程,心理学工作者更像是提供知识的教育工作者。这个实践过程也更具有教育和指导成长的功能,如果不涉及医疗诊断的问题,"治疗"这个词是可以不用的。因为,所有的心理咨询与治疗教给它的来访者或者当事人的是他们没有注意到的心理学赋予意义的知识,如果把"治疗"这个词去掉,心理工作者所做的工作就将只是将他觉知的和诠释的知识传递给他的服务对象,并教育和指导他所服务的人群如何去做。这显然明显不同于外科手术的治疗,心理咨询与治疗急需他所服务对象的主观能动和配合,并且这个主观能动的决定意义如此之大,因为没有它,心理咨询和治疗的效果将无从谈起。所以,心理咨询学和治疗学不应当只是研究者和学习者讨论的知识,同时也应当成为一门公共知识,就像教给学生物理学、数学、化学等知识一样,所以从这个意义上讲,心理诠释学作为一门公共学问也是可能和必要的。——或许,也依此可以说明心理治疗为什么没有发生在中国,因为中国的教育从来就不缺少现在的心理咨询与治疗理论提供的生活智慧。

根据汉语习惯,把这门学科称为"心理诠释学",是心理学的诠释学研究,或者说借用诠释学的方法研究心理学,是心理学范畴,而不是"诠释心理学",诠释学中的心理学,这是诠释学的范畴——这中间有很多有意思的区别,比如医学心理科的叫法,是否是心理医学科更妥当?"创伤心理学"是否称之为"心理创伤学"更妥当?有人或许有疑问,很小的问题,概念和名词上的区别很重要吗?这就是语言,也是诠释和理解的方法问题。中国人一贯的哲学性格是不拘泥于小节,或许恰恰是这一点,使得我们缺少了某种科学的精神。正像我们考察的一样,仔细分析起来,事实上,心理学和诠释学一直在一起,诠释学中有心理学,从施莱尔马赫开始,一直没有分开过。

一、心理诠释学的学科定义和定位

如果像我们之前的讨论,我们将心理学研究的内容分为心理现象、心理科学和心理知识(生活智慧),那么对于人类来说,我们需要科学心理学来研究心理现象,以帮助我们在遇到问题做出自己的决策,这几乎是心理学或者所有其他学科的意义所在。也正是因为人脑的不可直接研究性,对于生命有限的人类来说,追求短暂的人生之生活意义理应成为心理学的学科意义,这一点应和它的哲学母体一样。人类穷尽其思考的时候,生命已经不存在了,但他的思想仍然会在,像物质一般地存在。心理现象、心理知识(包括心理科学所带给人们以意义的知识)则如我们已经讨论的那样是诠释学的。

我们前面已经论述了心理学和诠释学的关系,或者在一些人看来,世界的一切都是人类在诠释他的世界。如果将心理诠释学作为一门学科,那么就一定要界定它的学科范围,没有界定范围便不太可能成为独立的学科。所以对心理诠释学来说,它也一定要有它的定位。在这里只是提出一些粗浅的设想,更多的问题留给后人去发展和探索。

首先要注意的是对于心理学应用领域来说,科学与实践的整合是必要的和必需的。这种整合在心理学这里,是要求注意到心理现象的科学理解与分析,并提供实践中的工作假设。那么,在科学知识和应用之间需要一个可以彼此沟通的桥梁,这就是心理诠释学的存在必要。把心理学和诠释学一起讨论的原因或许只有一个,心理学具有诠释的特征。心理咨询和治疗最重要的手段和方法是理解和解释,那么就不能不研究诠释学,不论诠释学是只存在方法论意义还是同时具有哲学意义,我们都需要研究它。尤其要研究诠释学的方法和它提出的概念和语言。诠释的前见和历史制约性必然需要我们注意心理现象的历史和文化特征。心理科学和神经心理学的自然科学发展,同样需要用诠释的语言将其变成公共语言才能被大众所接受,才会有它的意义存在。这里要强调的是,心理诠释学与科学心理学并不矛盾,不会影响科学心理学的科学研究程序,但可能在一定程度上会影响对科学研究结果的解释。

如此,我们设想,心理诠释学首先是心理学的应用学科,它是结合诠释学的方法研究人对心理现象的理解和解释,包括心理科学的研究成果如何被解释成大众语言、对人们的心理困扰如何理解和如何表达、心理学工作者如何理解和解释心理困扰以帮助人们走出心理困境。可能涵盖的领域还有文学艺术作品对人的心理现象如何诠释等。

既然定位在应用领域,那么心理学的应用在当前最重要的是在心理咨询和治疗领域。我们所应用的所有理论与方法都可以被认为属于知识领域,尤其是针对需要者来说,我们所做的工作就是让人们认识到关于自己的心理知识,并学会将知识应用到自身生活当中。如此说来,从事心理咨询和心理治疗工作的人更像是知识的提供者,而非治疗者,更像是传播者,而不是指导者。

要特别说明的一点就是,研究心理学的科学诠释方法,还有一个重要意义,即可以让初学心理学者避免陷入纷杂的心理学知识的困惑,或者注意到知识的诠释学特征,避免对所谓权威人士的盲从,失去自身诠释和批判的能力;同时,还可以让普通人可以知晓一些诠释学的基本规则,避免自身陷入某种只是根据自我的理解而构建的理论中,避免主观臆测,陷入困境。

二、心理诠释学的目的与任务

心理学共时性缺失一直是心理学研究的最大障碍和问题。心理学所研究的都是发生之后的现象,对于发生之中和正在发生的共时性存在显得无能为力,所以需要发生之后的诠释。这个共时性还体现在,人们不能在同一个时间注意到世界事物整体的各个部分。这似乎也是心理学的魅力所在,总会保留有神秘的东西等待着人们去探究,而且,不是一个角度,是多个角度。就像一个人的注意力和感觉只能体现在一个方面而不能共时性地兼顾其他侧面一样,心理学要研究自然科学、人文伦理、权力政治等等,这些知识相互交织在一起,就像整个世界看起来复杂多变,人们却从没有放弃去分析和研究一样,最终目的只是给自己一个解释,因为需要这个解释。

那么心理诠释学第一个应该达到的目的便是解决人类如何到达自我诠释的问题。这个问题又似乎太哲学化了,所以交给哲学应该是个不错的选择。那么剩下的心理诠释学的目的和任务就要简单很多,也更好研究或者更便于成为一门学科。

可以说,目前存在的各种心理学理论的诠释学共同特征是心理诠释学要研究的首要任务。一方面是力图为各种心理学理论的论点和当前心理学存在的问题寻找解释的共同理论基础;另一方面,也可以发挥人们的诠释才智,跟随时代语言创造出更多可以被人们理解和接受的新的理论表述,更好地为人类服务。如此,从实践应用角度,可以设想心理诠释学的具体的目的和任务是如下的内容:① 心理现象的语言表达,既研究怎样表达,又研究如何表达,同样也研究哪些不能表达和为什么不能表达,以及伽达默尔说的"在讲话中未曾说出的但通过讲话呈现出来的、通过讲话掩盖了什么"。目前语言学领域的研究,尤其是认知语言学关于隐喻、语用学的研究等,都可以为心理学诠释所应用。② 分析在心理咨询和治疗实践中,来访者自身如何对心理现象进行诠释、为什么这样诠释和表达,借用诠释学的概念来分析,哪些前理解、前见在影响着来访者的前把握以达成现在的理解。③ 分析在心理咨询和治疗实践中,心理学者如何理解来访者的问题、如何将自己已经掌握的心理学知识和心理学语言解释给来访者,之后又如何进行自己的专业诠释和重构,心理学者有没有注意到自己的前理解和前把握,有没有做到诠释学所提倡的理解循环。④ 研究来访者在心理咨询与治疗过程中如何自己进行诠释和重构,以及重新诠释和重构后对自己改变的意义,让来访者自己能够看到自己是如何改变并达到问题解决的,有没有到达来访者和心理学者的视域融合,尤其是有没有使得来访者接受新的诠释,达到和相对客观的心理师和客观现实生活的视域融合。

事实上,除却受西方实证主义影响的以上研究内容,关于情感的诠释应该是心理诠释学的一项重要内容。自从雷姆巴赫提出情感诠释学之后,因为情感研究和表达的复杂性,人类这一重要的心理成分似乎被实用主义者们搁置了,但不能否认的是,情感对人类心理和行为的影响之大,没有人能够忽视它的存在,或许只是语言无力的表达问题,但人们应当注意到的是,学会很多词语来表达情感的人,比如喜欢文学作品的人的情感可能比其他靠创造表达情感的艺术的人的情感要复杂得多。情感如何表达,如何诠释,尤其是教会受情感困惑的人如何诠释清楚自己的情感,以走出困惑,应该是极有意义的事情。在本书后面的讨论和附录 1 中,本书作者根据多年的工作经验总结出来的情感析分方法在情绪危机时应用起来,的确解决了很多问题,尽管尚缺乏实证方法进一步研究。

另外一个问题是,心理学中的自然科学成分要不要成为心理诠释学的任务?这涉及所谓科学诠释学的问题。如何将林林总总的自然观察数据和实验室数据翻译成可以被大众理解的语言,并可以让它们轻松得以应用,这应该是这些研究者们本身就需要考虑的问题。将对这一问题的研究作为心理诠释学的另外一个大的分支,似乎会是更好的选择,因为毕竟这些数据的解释需要自然科学心理学家们来完成,之后心理诠释学的工作才成为可能。这些需要自然科学家的解释,在此基础之上,心理诠释学再进一步将其中的概念拓展和诠释成更贴近大众的、可以被理解的语言。

三、心理诠释学理论的研究方法

根据之前的对于诠释学、心理学及其之间关系的讨论,一方面能够看出诠释是人们在追逐意义的过程中自发产生的,因此,个人的主观性似乎不可避免;而另一方面,诠释者对于富有意义的形式中所包含的意义的重新构造,又被要求尽可能地接近原有形式的真实意义。以上两点要求心理诠释学建立正确的方法论,尽管这种方法论的诠释学方法本身也属于诠释的"前结构",正如伽达默尔所理解的诠释学一样,在心理学应用领域,我们也同样需要注意。所以,心理诠释学理论的研究方法应是对经典理论本来表述的真实意义的研究,包含对经典理论和概念的赋新、误读、批判与创造、重构等。

按照诠释学的方法,对经典理论的真实意义的研究应当包含经典理论产生的背景,即在什么情况下受到什么启发或者是在什么元理论的基础上提出的,理论的创造者的背景和意图是什么,什么因素或者意图在影响着他的理论创建等等。这些都是要说清楚的事情。对经典理论的背景的了解达到相对真实之后,才可能达到对经典理论的理解,并在此基础上发掘,推陈出新,尤其要跟上时代的发展和语言要求。时代语言也要求心理学的理论不断地重新表述,并可以被现时理解和应用。

(1)经典理论的赋新。因为经典理论的产生都有其时代背景和时代语言,即便是被当作真理的科学理论也在随着时代的发展和其自身的进步而在变化着,所以,我们需要用我们现时代的语言重新诠释以求现时代的经典理论的意义。亚当·斯密的《道德情操论》在其时是讲授道德哲学的论著,书中在论述行为的合宜性时说,"全在于行为根源的情感,对于引发情感的原因或对象是否合适,或是否比例相称……源自想象的情感……恋爱或雄心壮志遭到挫折,将会比身体遭到最大的伤害,引来更多同情。失恋或壮志未酬所引起的那些情感,完全源自想象"(斯密,2008)[1-29]。亚当·斯密的原意恐怕是为了论证行为的合宜性,即以他人的情感与我们的情感是否相合来评论他人的情感是否合宜。如果我们从心理学应用的角度去看,这也恰恰符合人们想象中的情感焦虑。人们总是会设想自己的将来,而焦虑恰恰是针对将来,将来却又不是事实存在的将来,而是设想的将来,如果我们能认识到那是自己设想的焦虑,聚焦于当下可以控制的自己,必将有其重要的意义。这其实就是心理治疗的大部分思想尤其是当今流行的辩证行为疗法缓解焦虑的核心思想。况且,退一步来说,科技发展的现在,的确让很多人以为人类可以控制很多事情,可以控制外部的世界按照自己的想法去存在,这给很多人带来了自己的"能力错觉",觉得自己能够去控制自己和自己生活世界中的很多事情,但这显然只是个错觉,而这个错觉很多人却并未觉察。前文说过,我们如果以心理学的思维去读《道德情操论》,而不只是将其作为哲理类的书籍去读,可以给亚当·斯密的同情(同理)、正义、赞许、美德等论述赋予很多心理学的新意义,可以给人类的行为带来很多新的解释,"……许多情感,同样也是我们和兽类所共有的……当我们看到他人表现出身体的欲望时,我们之所以觉得特别恶心,真正的原因是我们自己无法附和它们"(斯密,2008)[28]。这类矛盾的思想在很多心理问题中可以看到,也正是这种无法附和,让自己成为自己的存在,但又会给自己带来不舒服的矛盾情绪和情感。

(2)误读。在这里,误读不是错误的读解,也不是语用学意义上的误解,而是针对已经成熟的心理学理论、根据时代的语境变化,在充分领会经典理论的同时的主动的误读。主动的误读,不是有些人理解的歪曲或者其他什么,这里的误读指的是不将自己的观点直接说成是经典的观点,而是要表明是自己诠释的观点。这一点,俞吾金先生曾经在他的《实践诠释学》中明确提及并称之为"朴素的僭越",即提醒人们不要把自己对对象的理解与被理解的对象这两个不同的东西混淆起来,对"柏拉图学说的理解"不能说是"柏拉图的学说"。

(3)批判与创造。按照格根后现代心理学的观点,批判与创造作为科学的质疑精神一直推动着学科的发展。后现代心理学注重经典理论所忽略或者无视的内容,重写心理学史,是一个很有趣的角度。根据批判心理学的观点,当今流行的心理学理论都是在批判中成长起来的。在精神分析盛行的时期,行为主义依靠科学的发展,在批判精神分析中成长起来。人本主义则是在批判行为主义不关心"人"的思考中发展而来的。批判与创造,这是所有科学需要具有的精神,在这里主要是提醒心理学工作者注意,在心理学等社会科学中,对所谓的经典和教科书式的理论不应顶礼膜拜地照搬照抄,需要勇于加入自己所处情境的现实实践,勇于有自己的理解和解释,当然这个理解和解释不是盲目的,是要在对已有的心理学理论熟知的基础之上才能够做出的。而且,"批判"这个词,作为中国人应抛开这个词在中国文化中的情感色彩,批判不是单纯的批评,也不是像斗士一样地去"打倒"过去。批判应该被视为对学科发展的讨论,允许根据自己的理解和现实情境提出切合实际的新观点,这种观点是在对前人理论良性质疑精神的出发点之上提出的,"创造"也是在原有理论和概念基础上做出的创造性解释、创造性发展,或者说是符合情势的形式的创造,而并非质的不同。

(4)重构。重构是在前人研究的基础上,将前人的理论和概念借用到自己的语言和表达方式中,并加入新的诠释,然后进行所谓的"范式转换"。重构是概念的重新组合和构建。重构和批判与创造的不同在于,需要打破原有概念构架。"移情"这个词是大家都熟悉的精神分析的专有概念,在精神分析中有它特指的意义,"将情感转移到心理师身上,以作为对治疗改变的阻抗"。而作为认知行为治疗者来的贝克认知治疗研究所主任朱迪·贝克在一次采访中对其进行了重构,认为"移情是指病人将自身机能失调的信念应用于治疗本身,从而打断治疗过程"(古德哈特 等,2021)。

需要注意的是,这几种方法只是根据以往已有的理论进行的诠释和解读,并非无中生有。而且,这几种表达也只是借用这几个词组,或许因为语言所限,这几个词组并不能真正表达清楚,希望随着研究的深入,会有更具创造性的概念来表达。当然,在应用领域,心理学一直借助于当今自然科学和精神科学所有的概念和理论对人自身的现象进行解读,也反映出来所有的科学最终的应用人和获益人都将是人类自身。

科学研究领域和实践领域有明显的差别,尤其对心理学的心理咨询与实践更是如此。的确,研究和实践是明显不同的两个事业。在心理治疗领域,研究者的研究必须要证明一个治疗在特定条件下起作用;而实践者的实践则必须要解决自己遇到的现实问题。这也正是在心理咨询和治疗领域,研究者和实践者的感受大不相同的原因。在心理治疗实践中,心理治疗联盟究竟是如何建立的、心理师的技术操作是如何贯彻执行的、双方的人际交流特点和信息互换的特点是什么、治疗失败的关键点在哪里等等,这些都是崇尚量化的研究者能力所无法解决的。这倒并不是说心理学不需要这样的量化的转换,进行统计和运算,以便找出大概率有效的因素,而是提醒人们注意上面提及的问题的重要性。作为实践者要明确的是,如何在实践中注重所掌握理论的赋新、误读、批判与创造以及重构,以取得更好的实践效果。

研究和实践的区别有其重要意义,最少可以体现在遇到问题时的理解上。划分事物有它被划分的意义,划分和区别只是因为人们不能在同一时间注意到整个事物,尤其要细细研究时,更是如此。划分和区别也具有延续诠释的意义。比如对世界的划分,有文字记录和传承的关于世界的划分,或许在宗教开始,如西方的天国、尘世、地狱,东方的凡间、人间、天上等概念,而柏拉图则是提到理念的真实世界、个别事物的幻影世界,更近一点的是胡塞尔的科学世界、生活世界、先验世界,另一位则是波普尔的物理客体或物理状态世界、意识状态和精神状态的世界、思想的客观内容的世界即思想创造物的世界(波普尔特别强调了科学思想、诗和艺术的世界)。如此,划分世界或者把世界划分开来看应是研究的起点。从诠释学的角度看,之后的各种划分则是不同诠释者根据自己的理解或者为了服务于自己的思想的再创造。而到了心理学这里,世界有个人世界、生活世界、共同世界的划分,个人世界中的人则具有超我、本我、自我的划分,意识有潜意识、前意识和意识的划分,等等。

四、心理诠释学的学科意义

发展和研究心理学的诠释方法,对于心理咨询与心理治疗理论的发展和应用是必要的,尤其在实践领域。心理学研究方法很早就已经被施莱尔马赫运用在诠释学中。现在,源于心理治疗学的精神分析方法已经被广泛应用于社会学、艺术学、信息传播学等诸多领域。诠释学的研究成果同样可以用到心理学上来,诠释学的实用性与实践特征也已经证明了其在精神科学中的价值,而心理学应用领域无疑可能成为其可以大展身手的地方。心理诠释学的学科意义在心理学的实践应用领域是重大的,至少体现在以下几个方面:

(1)心理诠释学独立于其他的心理学研究,更有利于心理学工作者将基础的心理学理论研究转化为心理学的应用。尤其是科学心理学在微观领域的研究,如何形象化和可被理解,展示出并不是只有那个领域的研究者或者专家才能懂得的语言,或者以更生活化的语言,比如将语言学的研究、语用学的研究,尤其是语言结构的研究纳入心理学应用领域,更有利于实践应用。

(2)心理诠释学的独立研究符合当前心理学的全球化应用发展,有利于不同文化背景的人根据自己的文化特点对基础的心理学理论进行诠释和创造,更利于扩展心理学的研究范围和应用价值的体现。

（3）心理诠释学的独立,一方面可以对经典心理学理论的诠释特征进行研究,便于学习者领会经典概念主旨,更好地理解经典理论;另一方面,人们可以在理解领会的基础上发挥时代和实践特点,重构更适于现实情境的实践诠释。

（4）心理诠释学的独立,有助于心理咨询与治疗过程评价。这是我们期待的心理诠释学的另一重要的学科意义。心理学的诠释学特征,使得跳出心理学自身评价视角,转而以诠释学视角来评价心理学成为可能。长期以来,心理咨询与治疗的结果评价受实证主义的影响,太多依靠结果的评价就具有太多的主观性,而且究竟是生活境遇的实际变化让来访者的问题好转还是心理咨询与治疗的功效,是生活知识的获得还是单纯的方法与技术的作用,一直以来是反心理咨询与治疗者的攻击点。目前对于心理治疗的研究也有过程评价的方法,尤其是最常用的质性的解释现象学分析方法。首先,这种解释现象学分析方法是解释学的或者是释义学的;其次,这种方法的重点仅仅在于研究对象如何思考和理解生活中的重要事件和人物,没有涉及心理师自身的理解,显然是片面的。我们所提出的过程评价是包含心理师的理解与解释以及他如何做到理解和解释的过程。更重要的是各个心理治疗理论都有各自的理论架构和独立的解释法则和概念,缺乏统一的理论和概念基础,而心理诠释学所能做的正是研究所有心理咨询和治疗理论的构建路径和基础,找到其共同的特征,这样就有可能构建相对完整的心理咨询与治疗过程的评价体系。比如以对心理问题的理解、解释是否依据科学的理论,诠释有没有脱离现有科学思想,是否存在任意诠释或者是控制性诠释,对问题的重构有没有科学依据、是否符合基本的心理学原理等都是我们要注意的。我们发现所有的心理咨询和治疗理论的共同点如下:① 如何理解病理行为或症状:病理行为如何产生? 为何产生? 何以是这个症状? ② 作为治疗师的人理解之后:治疗师是如何理解的? ③ 作为治疗师的人解释给来访者:如何解释的? ④ 来访者如何理解作为治疗师的解释,达到自身理解的目的,然后领悟到自身如何解决症状。这些共同的情感（共情或共同理解和相互理解)贯穿于整个的咨询与治疗过程中,循环往复,最后达到共同的理解和解释。如此,我们得到心理治疗理论的一般过程,具体一点来说:① 理解过程。理解分为三个部分,一是对来访者和来访者问题的理解(包括来访者自己对自身问题的理解);二是对心理咨询与治疗过程中所借用的理论的理解;三是实施者加入的自身的理解。换句话说,我们可以简单地将"理解"理解为对来访者信息的掌握和自身已有心理学理论知识的掌握,还有对自身的把握。② 解释过程。心理工作实施者如何将自身对他者的理解解释给来访者,包括语言表达的准确性、理论运用的合理性。③ 诠释过程。针对具体问题采用的表达和反馈方式,比如创造性的解释,要注意的是,诠释不是随意的解释,不是神秘的臆造,而是基于问题、问题者、理论与方法的基础之上的再创造。④ 重构过程。包含心理咨询与治疗实施者自身的理解和诠释已经掌握的心理咨询与治疗的理论与方法,针对当前来访者的问题进行的理论与方法的重新构建。需要注意的是,这种重构是对当前心理学的思想和科学研究的重构,仍然不是未经验证的乱构。这个重构也包含来访者自己对问题的认识与重构,以达到重新认识和成长的目的。

根据以上对西方心理咨询与治疗理论与实践进行的诠释学结构的思考,可以设计出对于心理咨询与治疗过程评价的相对真实和有效的体系,即在过程评价中既注意到来访者的理解、解释、诠释和重构,又注意到心理师对他所依据的理论如何进行理解、解释、诠释和重构,体现了双方在咨访过程中的所获并尊重各自在这一过程中的能动可能。这样,就既减少了单纯依靠疗效中的主观成分进行评价的可能,又能避免对心理咨询与治疗从业者水平评价依靠来访者的尴尬,因为不能单纯依据来访者的主观诉求来评价心理师的水平。

研究西方心理咨询与治疗方法的诠释学特征,是为了能够看到,被奉为经典的理论与方法其中蕴含着自己的创造性诠释。心理诠释学要研究心理学的这一诠释学特征,是对人类心灵和心理的解释方法的研究,不是为了要重新构建自己的心理学的理论,而是要注意到每一种理论产生的背景及其中的理解与解释特征。同样,不是要求心理学一定要构建一套完整的、严格的、整齐的可以完整解释人类心理现象的体系。心理学理论的构成一定是不断地修正、完善、再修正的诠释过程。同样,作为不只是简单医学科学问题的"助人解除痛苦的心理工作"一定也是如此,而且将更甚于其理论。

诠释学作为普遍意义的哲学方法被引入各个领域,尤其在其始源学科文学的诠释领域,在其他的社会科学领域、宗教领域、文学艺术领域等等,形成了各自的如宗教诠释学、艺术诠释学等等,尽管在心理学领域一直在应用,但心理诠释学却一直没有形成自己的诠释学体系。原因之一,或许是心理学的方法一直在被诠释学使用,或者说一直蕴含在诠释学的体系之中,或者说诠释学的方法就是心理学的——从施莱尔马赫开始,心理的移情就是诠释的重要方法基础和来源。但我们认为,心理学理论的诠释学特征不应成为"显而易见的"和"不辩自明的"。尤其在应用领域,我们应当注意到诠释学的方法对心理学应用的反哺作用,理解、解释、诠释、重构,既可以使得各种心理学理论具有自以为独立和优势的排他性,又可以使得自身的理论不断地得到突破和发展。

总之,让心理诠释学成为一门学科,既丰富了心理学自身的研究内容,又将成为心理学理论构建、教育教学、实际应用等领域的重要的工具。

第八章 中国本土文化下心理咨询与心理治疗方法的诠释与构建

> **本章简介** 本章根据西方心理咨询与治疗方法的诠释学特征,对心理学理论与实践的中国化进行了回顾,结合中国的传统文化特点及笔者的临床实践,尝试提出了语义澄清、情绪析分等新概念,并对中国化的心理咨询与治疗过程提出了操作和评价见解。

第一节 中国化心理咨询与心理治疗方法的提出

在讨论这个问题之前,有一些问题必须首先提出来思考:中国人的心理问题究竟是本土的问题还是在西方文化冲击下产生的问题? 如果没有西方文化的冲击,中国人的心理问题在传统文化中寻求答案是否已经足够? 如果现代中国人的心理问题是在西方文化冲击下产生的,是原来的传统与现代的矛盾所带来,那么要解决问题就必须要了解西方文化在冲击着什么,或者是如何在冲击。只有把"问题的产生"搞清楚才能更好地谈问题的解决。

现代心理学方法论植根于西方哲学理论,理论构建的基础源于西方精神疾病的心理治疗实践。从目前来看,同样也是心理治疗的实践发展推动了心理学理论的发展，尤其是精神分析理论的产生与发展。从这个意义上说，是治疗的必要性和对治疗理论的探索推动了心理学理论的发展，或者说是在实践应用的基础之上产生了理论。先实践后理论的思索和建构是不争的事实，这是心理学在实践中从哲学理性思考中萌发出来、又自身建构成为本体学科的路径。因此，现代心理学体系和理论从一开始就具有鲜明的实践特征，实践的结果需要理论或者知识概念去记载与传承。理论源于实践，知识源于实践，而体系建设是理性思考对实践的理论诠释和知识建构。以精神分析为例，弗洛伊德经典的精神分析理论诞生于西方，来源于精神疾病的治疗实践，弗洛伊德天才地借助于当时的物理学发展和当时社会的文化背景，诠释建构了一整套的概念，成就了精神动力学的体系。随后的行为主义、认知主义、人本主义、人际关系和家庭治疗思想可以看作是在对精神分析理论不断批判和继承之后，吸收其他学科的发展成果发展而来。

　　心理治疗本土化的提出，源于经济发达之后的西方社会的反思，从 20 世纪 70 年代一直持续到现在。后现代主义的思潮在各个领域蓬勃发展，尤其是地缘政治和经济的扩张，反对本质主义、结构主义、男权和个体主义、中心主义等，催生出很多新的理念。又由于经济社会的发展，人们开始从重视个体到强调关系的意义。尤其是马克思主义的"人是社会关系的总和"这一概念，影响巨大。后现代主义的思潮，同样不可阻挡地影响和渗透到心理学科的发展中。心理学界开始打破之前地域的或文化的界限，承认和明确文化的多元性并加以研究，形成文化心理学。1988 年，美国心理学家格根在国际心理学会做了"走向后现代心理学"的专题报告，这场报告被认为是后现代心理学粉墨登场的标志。格根在报告中认为，随着社会不断趋向融和，我们也变更成"杂凑"，即相互模仿的拼凑，同时因为语言哲学的发展，或者诠释学的语言学转向，心理学开始重新构建，认为人是话语的建构，话语规定了人的心理和行为，这成为建构主义和建构主义心理学的理论依据。格根进一步指出，人的认知和情感等观念是不能通过外部的观察来证实或证伪的，对一个人所观察的任何东西的理解和解释，主要是由语言的先在结构所决定的。从这个意义上说，那些我们认为的真实，那些我们信以为真的人体机能，只不过是公共建构的副产品。格根的本意应该是提醒科学主义的心理学需要强调心理学对人性和意义的研究,但却明显具有语言诠释学的色彩。这又回到了本书一开始提到的关于心理学研究对象的纷争,心理学研究方法的自然科学和精神科学特征的对立与争论。后现代心理学的思潮打破了科学心理学的实证中心的方法论,重新回到现象学和意志主义的人文学科的路径上来。本土化的概念也是建立在此基础之上的。当然,本土化建构的要求,同样有经济全球化、知识信息化、人际流动性和文化流动性的助力推动,或者称之为源动力。

西方心理咨询与治疗方法具有诠释学特征。在了解这一点之后,尤其是清楚地知晓理解和解释的自身过程之后,能够得出这样的结论:西方心理咨询与治疗方法是诠释性的,而把这些方法拿到中国背景之下,需要根据中国的文化传统这个"前理解"来对理论进行重新理解,然后才能够应用。无论是理论基础还是实践操作过程都需要重新诠释,这种诠释必然是在对中国自己的传统文化背景充分了解的情况下的诠释。更进一步来说,物理技术和自然科学原理可以嫁接和直接借用,因为它们具有普遍性和不变性,即便是某些规则和方法也是约定的。但是,涉及人文知识的精神科学却无法嫁接,必须要和当地的文化与传统相适应。如果非要嫁接,那么结果是两个,一个是嫁接不成,一个是因为文化的历史制约性这个水土的问题,结出畸形的果子。

西方的心理咨询与治疗,作为解决人的心理问题或疾患的概念和方法传入中国的时间并不是很长。虽然很早就有学者提出本土化,但遗憾的是,因为这个行业的从业者少,经验缺乏,而且,也许当前中国的心理咨询与治疗从业者还是处于学生阶段,所以总将国外的方法翻译过来,亦步亦趋,少有自己的见解,更缺少理论层面的深入研究和探索。中国学人将西方的心理咨询与治疗理论的诠释学特征提取出来,加入中国人自己的经验的理解就会更有信心。中国人可以重新构建属于中国人自己的心理教育、咨询、治疗的理念、流程和操作准则,这将对中国人自己和世界心理学界这个大家庭有更有价值和意义。

文化的多元化已经成为心理咨询与治疗界的共识。美国的心理治疗研究者弗兰克·杜蒙(F. Dumont)在给《当代心理治疗(第10版)》写的《21世

180

纪心理治疗导论》中就明确指出这一点，并专门提醒中国的治疗师不要盲从欧美的心理治疗理论，希望中国的治疗师注重中国自己的文化特征，并构建出具有自己的文化色彩的理论和技术。他写道："语言、行为风格、地方或民族的诗歌、神话和隐喻都是塑造我们心理结构的工具。流行的隐喻会渗透到人们思想的各个方面，它们最终会塑造出一个民族的文化和集体'人格'。那些不熟悉患者这部分文化的治疗师，难以通过患者内心蜿蜒曲折的小路，到达他们祖先和自创神灵（有些善良，有些邪恶）的居所。……对中国来说，并不能一味地盲从欧美的心理治疗理论，一些人会鼓励中国的治疗师发展出反映他们本土哲学、价值观、社会目标和宗教观念的心理治疗理论和技术。"（韦丁 等，2021）[9-10]理查德·K.詹姆斯（Richard K. James）与伯尔·E.吉利兰（Burl E. Gilliland）合著的《危机干预策略》中专门有一章对基于文化的有效帮助进行了论述，特别提出亚洲的集体主义社会中的个体与西方个人主义社会中的个体在对待应激和创伤事件时的应对方式有明显不同，指出儒家和佛教哲学强调个体忍受痛苦、寻求积极意义、自控和克制在应激反应中占据主导，对创伤事件的逃避与情感疏离以及隐秘的情绪发泄方式成为主要的应对办法，而寻求外界帮助被认为是最后一种解决办法，即便是寻求帮助也习惯于为了避免羞耻感而匿名或者寻找不熟悉的人与场所。（詹姆斯 等，2017）[24-25]

第二节　中国化心理咨询与心理治疗方法的本土努力

治疗需要本土化，这是不争的事实，但如何本土化，它将沿着什么路径走下去，这是我们必须要思考的问题。有学者试图建立从中国传统心理学思想出发或者借用马克思主义的现代化方法，彻底抛弃已有的西方心理学语言，建立本土的心理学理论体系，这个初衷和探索是值得称赞的。但要注意的是，心理学概念的初始不是在中国本土生长，况且占据统治地位的科学心理学同样是源始于西方，而且已经在西方有了近两百年的发展历史，对于在不同于西方的东方文化和不同于西方语系的汉语语境下,希望构建像中医体系一样的本土心理学理论,应无必要,也可能最终是一条走不通的路。

另外的一个常常谈到的心理治疗本土化的方法是将西方的技术和方法翻译过来,应用西方语言概念、程序和方法,在本土进行应用研究,使之更适合于中国人的文化。这是个便捷的路径,但似乎又同样是过于简单化的本土化,或者根本就不是本土化,显然不过是"将酒换了个包装",酒依然是西方的味道,充其量是"洋为中用"。

我们要看到的是,随着西方经济社会的发展,人们对价值和意义的需求与思考,使得西方心理学人文主义转向明显,开始重新重视和回归人的文化属性和心理学的文化特征。这个转向也让从一开始就注重人文价值和意义的中国传统文化,重新拾回了自信。所以,中国的心理学者和心理治疗的从业者需要更加对自己的文化有信心,需要更重视中国自己的本土文化。一是中国几千年的文化思想已经是客观的存在,无论怎么谈论和批判,它都在那儿,而且深入地影响着每一个中国人,借用荣格的说法是集体潜意识,弗洛姆的说法则是社会潜意识;二是将本国人意识层面的心理需求交由别的文化来判别和矫正是不太可能的,也是不明智的,对本国文化来说,可能是灾难性的。当然,在全球化的信息技术高度发达的今天,有些自然科学的借鉴是必要的,知识普遍性和文化独特性将会永远并存,人类也同样需要一个多姿多彩的文化世界。

不得不说,心理学在中国当前似乎仍是一个新鲜和新奇的概念,虽然从西方引入已达百年,但中间的路途走得非常艰辛。可以说,中国人对心理学的认识和研究刚刚开始。即便发展到现在,突出的特点仍是大量国外心理学图书的翻译和出版。这些外国人的心理学(注:有的批判心理学者称之为"白人心理学")让关注自然、社会等外部世界甚于关注自身的中国人,读起来觉得新奇。也许只是新奇,或者只是一种对文化的新奇,这种新奇又很容易会拿来和自己的中国文化比较,所以最初的本土化更多的是阅读、学习与比较,缺少对本土文化蕴含的心理学思想的深度挖掘。或许是自鸦片战争以来失去的文化自信仍然没有捡起,一直在用西方人的逻辑恒尺来测量中国的自在文化,在早期更多的则是用来批判传统中国文化。而且,这种测量和批判仍然总是在借西方文化基础上的所谓科学——科学不能也不用否认——概念来进行。如果工作只是停留在此,显然远远不够,或许只是初级阶段的认识。至少在现在看来,直接套用来源于西方的技术和方法,会有诸多的水土不服,比如认知行为疗法诸多的家庭作业,在中国的很多患者看来,烦琐而无用,而且缺少情感,冷冰冰的做法让人难以坚持。如此,在心理治疗实践时,仍然是理论是"此",实践是"彼"。中国化必然是个艰巨的任务,中国本土的学者们也已开始某些探索,从中国传统哲学和文化中汲取营养,在中国本土的实践中,试图培育中国本土的心理学体系和理论。

　　早期翻译国外的心理学书籍对于传播知识是必要的。因为时代发展的原因,心理学本土化的发展要从我国台湾地区说起。台湾的杨国枢在 20 世纪 70 年代末 80 年代初在香港和台湾地区召集心理学、社会学、人类学和哲学等学科学者,发起心理学中国化的讨论,希望探讨中西文化差异下的心理学方法论问题,并在 1987 年把"中国化"的旗号改为"本土化"。其原因一方面是在当时台湾、香港和大陆在社会经济发展的同时,受西方文化影响更大,使得人们的生活习惯、思维方式等都有了一些各自的特点;另一方面是受心理学在全球其他国家也受到了本土化的挑战的影响。稍后的时期,大陆的林崇德、潘菽、高觉敷等也开始对心理学的中国化进行了总结和思考,并呼吁建立中国自己的心理学体系。但遗憾的是研究多局限和集中于比较阶段和挖掘阶段,即比较中国人心理和文化特征与西方的不同,挖掘中国古代哲学中的心理学思想,鲜有提出符合中国文化气质的独创的心理学理论,或者虽提出了一些理论,但并不成体系。

　　心理学的本土化或中国化并不孤单。心理学和社会学一样,不是中国本土产生的学科,这两门学科的关系如此密切,尤其是社会心理学的发展使这两门学科几乎同时开始中国化的思考。尽管心理学受实验心理学的影响,自认为是"科学"的学科,但社会学并没有放弃有关人的心理的思考。树立实证主义社会学典范的涂尔干,他的最重要的论著《自杀论》中的"自杀",在很多人看来更像是心理学的研究内容,涂尔干只是颇费笔墨地讨论了为什么不能以个人心理学来解释自杀。中国的社会学家费孝通先生就指出,"心"是中国人表达主体性的重要概念,也是中国社会"差序格局"的内在基础,在社会与文化中理解"心"也是文化自觉的心理学的主旨(徐冰,2013)[14]。

杨鑫辉教授主编过《文化·诠释·转换——中国传统心理学思想探新系列》11部著作,其中含中国古代普通心理学思想研究、中国古代应用心理学思想研究和中国古代重要历史时期专题心理学思想研究等。在其自己所著《医心之道——中国传统心理治疗》中,他对中国传统心理治疗思想的发展脉络和中国传统心理治疗的文献与研究方法做了系统的整理和研究。

郭念峰提出的人性心理学和葛鲁嘉提出的新心性心理学,被认为是颇有创造性的中国心理学理论思想。他们的理论的总体特征体现了中国人的整体性的人性观。郭念峰的医学背景决定了他的人性心理学具有临床医学的特点,他承袭了西方医学从"生物医学"向"生物-心理-社会"医学模式的转向的思想,借用到心理学科领域,提出人的生物属性、心理属性、社会属性,并对这三种属性之间的关系的辩证性和制约性进行了论述,认为人的本质属性是三种属性的辩证统一体。郭念峰的观点除了符合医学模式外,更符合中国整体性的、"天人合一"的传统思想。

葛鲁嘉重视人的文化性、受环境影响性或社会性,指出心理生活的实践性是心理学研究的主要对象,认为中国本土文化中的传统心理学所运用的不是实验的方法,而是体验的方法,不是实证的方法,而是体证的方法,是通过意识自觉的方式,直接体验到自身的心理,并直接构筑了自身的心理。葛鲁嘉关于"文化人"的心理假设,的确对探讨中国人的心理本土特征具有重要意义,但显然没有离开西方心理学的"内省可以认为是真的方法论"的思想藩篱,在科学主义当道的心理学界声音并不强大。

相较而言,西方心理学尤其是科学概念上的心理学,是从人的外部表象或现象研究人的内在心理的变化,或者说是通过"旁证"的实验方法研究人的内在的心理特征;而中国传统文化中的心灵哲学则是从心灵本体的内部去讨论外部的现象,更重视人自身的体验。这种出发点的不同,似乎是中西方对心理和心理研究路径和方法的最基本的不同。

在这一点上,国内的张亚林教授等曾根据道家思想创立"道家认知疗法",提出16字的治疗原则:"利而不害,为而不争;少私寡欲,知足知止;知和处下,以柔胜刚;清静无为,顺其自然"(曹玉萍 等,2020)[516]。该疗法参照现代认知心理治疗的理论分为 a、b、c、d、e 共 5 个治疗步骤：① 调查来访者目前的精神刺激因素（a）；② 了解人生信仰和价值系统（b）；③ 分析心理冲突和应对方式（c）；④ 道家哲学思想导入（d）；⑤ 评估与强化疗效（e）。的确，道家哲学思想一直在影响着国人的人生和处世态度，也和现在被西方推崇的借鉴了东西思想和理念的正念疗法、辩证行为疗法等核心思想相切合，相较于曾风靡一时的森田疗法更人文化，也更容易被理解。但正像其被批评的一样，道家认知疗法不像是一种治疗方法，更像是人生哲学思想，教育性更强。它对某些已经可以理解传统思想的成年人来说，或许有些作用。而且，道家思想一直被当作出世的处世态度，很容易被理解为消极避世，16字原则也让很多国人会陷入"都知道，都讲过""知道做不到"的尴尬境地。

　　另一个在本土化方面做出努力的是，刘天君教授根据中医"治病治神"思想和催眠想象技术创立了"移空技术"（曹玉萍 等，2020）[517]。该技术通过深入的想象技术，将身体不适和心理创伤经历等具象物化，装入为其量身打造的承载物，然后通过想象和意念移动。该技术称经过反复练习，可以移走病患，达到疗愈的目的。虽然该技术有其独特的思想并加上了想象技术，但其颇为神秘的借用中医思想和需要来访者充足的想象力和控制能力的操作，让其和其他精神分析、催眠分析一样，受到了实证主义的批评。

　　彻底的本土化，需要理论的本土化，需要从基础理论上去研究，需要弄清楚西方心理学理论的建构基础。目前来看，学科实践、诠释学特征和语言概念体系是所有心理学理论构建离不开的来源。要建立一套系统的心理学理论体系，首先需要有自己的语言体系，就像中医一样，有自己本土化的语言，但这种语言体系又需要被全球化，立足于世界，才能成为真正的本土化的理论体系。实践需要被诠释成为理论，理论需要被建构成为体系，换句话说，理论的诠释性、体系的建构性，是当前所有学科体系的共同特点。

　　或者从另一个层面上讲，文化心理学只是西方心理学发展到现在，进入到一个瓶颈之后，受到后现代科学的批判思想影响进行反思之后的结果，文化特征是心理学本该具有的面目和意义所在。或许，在几千年文明和中医思想的影响下，根本就没有必要提本土化这个概念。单纯从概念上讲，本土化的说法的确有失偏颇，这个概念势必将西方心理学和治疗学的理论置于在前和优势的地位,势必导致心理学在本土化时仍然会受西方思想的限制。中国是有自己的心理学和心理治疗学思想的,所以不应是本土化的问题,而应考察西方心理学理论建构的方法论基础是什么。需要研究的不只是西方心理学的理论,还要研究它的建构基础,只有这样才是有可能建构属于自己的心理学理论。仅举一例说明。《内经》中提到的开导劝慰法,"告之以其败,语之以其善,导之以其所便,开之以其所苦",翻译过来就是西方心理治疗理论中的认知疗法。这也就说明中国固有的传统心理治疗思想和西方心理治疗思想是一致的。所以说,中国不缺少人文心理学,只是很久以来,受西方科学心理学的影响,我们忘记和忽略了我们已经存在和固有的人文心理学思想,大概的原因,心理学这个概念或者说学科体系是西方建构的。如此说来,我们需要探讨的是共同基础,或者是建构的哲学方法论基础,这才是中国的心理学者真正要做的。

或许有人会担心心理学中国化之后会像中医一样,虽建构有自己的概念和体系,但很难被西方人理解,或者会不被世界接受。其实,从另外一个非文化心理学领域来看,文化会不会被接受,不在于文化本身,就目前来看,决定权掌握在经济、政治和军事实力领域,就像伽达默尔所说,在于"是不是权威"。况且,科学的发展在于去神秘化,而中医如果能够做到这一点,将中医验方现象去掉神秘的色彩,会更容易被全球各国接受。而这份神秘感恰恰又是如安慰剂效应一样的心理效应,人们不愿意破坏它。如果从中医心理学思想来说,允许结合西方现象学诠释来架构当前的临床心理学和精神病学,应是可行的。首先从语言上来说,不再套用西医的语言,否则便不是自己的体系语言,如此,是否可以考虑重新分类和构建,比如将确定是病态的精神分裂症、躁郁症等具有明显特征的疾病归之于脑病,如痴呆性脑病、分裂性脑病、狂躁性脑病、抑郁性脑病、强迫性脑病、疑病性脑病;其他如焦虑感、压抑感、恐惧感等常人都有的情绪问题,没有特征性,和现实问题有密切相关性而且属于较轻的一类,这一类有可能不是脑的某一部分出现问题之后再影响全脑的活动的病态问题,而可能是泛脑的问题,或者是脑功能暂时的失调症状,同时加上现实因素来做出的诊断。这样就可以建构出既有自身传统文化又可能是世界语言的精神病学概念体系。

有一点也想提醒一下，中国文化是包容的，会允许中国人自己的文化探索与创造。而且，心理咨询与治疗的中国化还在成长，这一点，可以从中国的专业杂志数量和相关的论文数量看出。如同人一样，在成长阶段需要的是鼓励和支持，而不是过多的批评。遗憾的是，现在学术界话语权仍然掌握在很多从西方学习归来的人手上，他们也将西方不够包容的文化带了进来，批评替代了温良，甚至较西方人更甚。这是不利于心理学在中国的发展的。

第三节　中国文化背景下传统思想与观念的普遍特征及其与现代观念的冲突与融合

对于中国人的思想观念特征的总结有很多，有国内自己的视角，如作为学者的林语堂的那本影响巨大的《中国人》（又译为《吾国与吾民》），也有外国人的视角，如美国人明恩溥的《中国人的气质》。这些总结既有被普遍接受的观点，也有一些所谓清醒者的个性观点。这里挑出一些被大多数人接受的主流观点来做简单介绍。当然，根据诠释学的观点，要注意这些观点提出的背后是否有某种前见的存在。

首先来看中国人的"三观"思想。中国人的世界观是"天人合一"。关于这一观点的诠释有很多，最重要的思想是要尊重自然。儒家如此，道家如此，释家更甚。唯有儒家的荀况曾提出"改造自然"，本可以以此走出人思，走向如何改造自然，但因缺少手段而作罢。而且，此后的"天子"亦不允许质疑天意。中国的人生观则是"天命"，需要注意的是这不是西方的事前认命的宿命论，是事件发生之后的认命，因为认命之后似乎心里会更坦荡和舒服些，算是给别人的成功找个理由："他命好"或者"他走运、运气好"，给自己不成功也找个理由："命不好"或者"运气不好"。如此说来，这是中国人的情绪管理智慧。中国人的价值观是"学而优则仕"。仕途是体现价值的路径，不是学问，学问是为仕途服务的。"以治天下"的志向需要为"仕"，这没什么不好。追求权力——当然不能狭隘地理解这个权力的概念——也是西方人的心理特征。

其次是行事的"致中和"思想，或者是"和而不同"的社会关系处理习惯。西方现代科学的发展使得学科分类越来越细，学科发展也越来越微观，似乎人类也越来越能控制我们周围的世界，这与传统的中国"致中和"的中庸思想有了冲突。数理学的确定感和科学技术的控制感让人类形成了错觉，以为在复杂的人类社会中同样可以得到一样的确定感和控制感，当在生活世界中发现自己并非能掌控一切的时候，焦虑感油然而生。"致中和"的思想是中国人应对这种无所适从焦虑感的方法，"和而不同，美美与共"。

再次，从知识论的角度，中国人遇到事情，也总想寻个理，这个理，不是真理，而是道理，而且是不那么清晰的道理。其中的道理多半和人生有关，多半和生活实践有关。中国农人的二十四节气，非要说出什么客观性的真理来，是总也说不清的，但节气的变化确实预示了天气的某种变化，又不得不让人叹服中国古人总结自然规律的细心，让后人看来如此设置竟如此准确。

最后，中国文化背景下的传统思想与观念的普遍特征具有西方语境下的模糊性、实践性或践行性。模糊性不是批评意义上的，就像混沌学一样，模糊学似乎也是一个科学的概念。实践性和践行性则是指中国文化更注重实践意义。如果这种普遍特征还有一个，就是汉语言的表征特点。汉语在具体环境中有不同的诠释特征，不同环境、不同语境会有不同的含义。以对焦虑的中国诠释来说，焦虑有想象焦虑与实践焦虑、知的焦虑和行的焦虑，所以让中国人去做想象训练是困难的，因为中国人更重视行，"听其言、观其行"，最后的落脚点显然是"行"。中国人更重视实践的智慧，而不是西方的逻辑智慧。

著名学者牟宗三曾有过一篇文章专门论述中国人的具体感和抽象感（王兴国，2015），他指出，中国人更重视直观的、实践性更强的形象化的思维模式，而西方人则反之，因为其语言符号没有直观的象形意义，所以只有通过抽象的逻辑思辨来解释。具象化的思维让中国人似乎具有更重视"直感"的特点：重视直觉和感受。西方则是重逻辑和程序。借用这一点来理解青少年的"反叛"精神时就更能体会中国的青少年成长时期的所谓"逆反"。青少年的逆反要打破的是规则，所以会更直接和凭着自己情感做出判断。当前的中国传统文化受西方经济和文化的冲击，在没有形成思辨和逻辑能力之前，我们的青少年学生凭直感行事的风格会更为突出。事物是矛盾的统一体，人也是如此。人一方面有追求个人独立、追求不同的趋立（指独立）性，另一方面则又有希望被认同、和人交往的趋同性。人的发展也正是这样一个过程，既追求个人独立又渴求社会认同。很多焦虑和心理问题也都是在这种两极之间的运动中产生，在青春期时期会更甚，青少年时期正是个人独立发展的关键阶段。倘掌握着话语权的成年人不能理解这一点，便无法和青少年更好地沟通，于是便有了其实属于成年人的"逆反"的概念，而对青少年当事人来说，这种"逆反"更多的只不过是"成长"。

另一位文化学者邱泽奇也从社会文化的角度探讨过中国人的习惯问题。这位文化学者是费孝通先生的学生，在费先生"文化自觉"的引领下，对中国人的"推己及人"的思维习惯、"和而不同"的社会习惯、"择善而从"的生活习惯、"勤勉好学"的工作习惯、"张弛有度"的休闲习惯等进行了总结和论述，认为这些具有文化特征的思维习惯是群体在长期的历史发展中形成的较为固定的元认知模式。如"我看人看我、人看我看人"的"推己及人"的思维习惯必定会影响中国人处理和他人的关系问题（邱泽奇，2022）。从心理学上讲，如果不具有对这些基本元认知模式的"前理解"，便无法准确把握当事人的心理，尤其是心理咨询与实践应用领域。

当前，在经济全球化和信息技术高度发展的情况下，中国的社会发展已与世界高度融合。在科学发展对人脑研究的无奈和技术决定一切的世界中，反思科技的人本主义思潮也正在影响着现在的中国人，与传统世界观、人生观、价值观的冲突在显现。当前心理学的发展方向也开始越来越转向个人体验和感受，因为外部的不可控因素越来越多，比如地缘政治、资本战争、疾病流行等。人们在这种状况下，出于无奈，被迫更经验化。也因此，个人越来越重视自身利益，不再重视"修身、齐家、治国、平天下"的超越想法，或者很少顾及。当前，中国人传播来的和接收到的外部知识和信息大都是反思和对传统的批判。虽然中国传统上有着"人之初，性本善"的理念，但是在现实社会中人们往往会遇到很多问题，也很容易地在发现存在"诸多不善"时，更感失落。于是很多人便开始寻求超脱，去寻找"老庄的自然"。其实对于"顺其自然"的理解，显然老庄说的是顺其自然规律，并非不作为的"自然"，而是有所作为的"自然"。

在后现代社会的信息发达互通、全球一体化进程中，人类世界打破了地理界限、信仰界限、民族界限，被越来越紧密地联系在一起。在西方世界也遇到一样的价值和意义冲击。在西方心理学的边缘地带可以看到对生死体验、宗教的意识转换体验、第六感觉等颇具神秘色彩的心理状态研究，同时他们也开始关注到东方的文化传统，如禅宗、道家学说、瑜伽等的生活意义，开始接受和认同并倡导中国传统的"天人合一"思想，开始主张人与自然的融合。其实，马斯洛等(1987)[227-228]很早就曾指出："不仅人是自然的一部分，自然是人的一部分，而且人必须与自然多少有那么一点同型（这就是说近似于自然），以便在自然中能够存活。"而这一超个人主义心理学的思想被现在的心理治疗家们结合认知行为主义的观点改造成了风靡一时的"正念疗法"。

传统文化是宏观的，并不愿意涉及微观世界，而从宏观上进行研究恰恰应是研究传统文化背景中的心理学的思路，并让传统文化跟上时代发展，具有现实意义。这是诠释学的观点。本书著者亦曾就此结合自己的心理咨询与治疗实践，指出心理问题"正常化"在中国传统文化背景下的意义，提出了"澄清析分行动"的操作建议尝试（见附录1），亦曾根据马斯洛的需要层次论对需要进行了微观的研究（见附录2），发现安全感是人的心理上的第一需要，随后创造性地将五种需要中唯一受个体感受影响的安全需要，作为其他需要的总变量，即根据认知心理学理论和马斯洛的五种基本需要学说，将人的基本需要归之于四大类：生存需要、人际交往需要、爱与被爱的需要、自我实现及成功的需要，而将与个人的自身体验有直接相关的安全需要单独提出来，作为追求这四种基本需要和确保其顺利实现的总变量；然后进一步探讨生存需要的安全感具体体现、人际交往需要的安全感具体体现、爱与被爱需要的安全感具体体现、自我实现即成功需要的安全感具体体现，将问题具体化，使得来访者的问题更为清晰，改变的努力的方向也更为清晰。

第四节　汉语语境的心理表达与诠释:语义澄清

在西方语境下,心理咨询和治疗注重的是倾听和语言的结构性表达。汉语语境下中国人的表达习惯是含蓄的、模糊的和要留白的,而且常常运用了很多隐喻、明喻和类比(很多中国人喜欢精神分析大约是因为精神分析的神秘性)。诠释学的方法正是要提醒人们将潜伏在底层的意图呈现出来,并让留白的部分清晰起来,这便一定有助于解决不清晰的困惑问题。所以首先要讨论的便是中国人的语言,并澄清语言表达的真实意义。

在语言学家看来,语言表达的意义结构才是语言存在的意义。语言自身不具有意义,语言真正表达的意义是什么? 以心理创伤为例,发生的"创伤事件"是什么? 如果只是事件,它没有意义,对自身没有影响,只有加入了情感的成分才有意义。所以,对于创伤事件来说,卷入创伤事件的情感才会有意义。同样,不能表达出来的痛苦或许比能表达出来的痛苦要更剧烈,或对人的影响会更大,因为无法表达,所以会更不被人理解,因此也会让人更感压抑和不安。

我们应该注意到,语义分析越清楚,越回到语言和文字本来的符号特征,则蕴意其中的情感会越少,蕴含的情感的成分越少,受加在情感之上的观念的困扰会越少。类似于看中国的汉字,越是仔细看,你就会越怀疑这个字是你"原来看到字吗"。金岳霖先生曾论述过中国文字的情感蕴含,他说:"大致说来意义愈清楚的字这种情感愈少。这种情感虽然不只是寄托于意念上的意义,然而靠意念上的意义,虽然不只是寄托于样型然而也要考虑样型,大致来说,样型同而意义不一的字,所蕴含的情感多;一样型一意义的字,所蕴含的情感少。意义愈清楚,情感的寄托越贫乏,情感上的寄托愈丰富,意义愈不清楚。"金先生借此说明,很多人担心的国学式微其实是"好些的书,经过严格的理智上的整理后,意义清楚了;意义清楚之后,情感上的蕴藏就减少了。这是就书说,若就字说,情形同样。'道'字底情感上的蕴含非

常之丰富,'四方'这两字的没有多少情感上的蕴含。"(金岳霖,2019)[830-831]

所以,在中国的传统语言中,句子和字词都带有明显的情感色彩,而事件本身与字词句等符号的表达特征或者只是描述性的、不带情感色彩的表达对人来说,是没有意义的。如果我们试着将语句表达中的情感成分析分出来,那么句子就只是句子,事件就只是事件,而不是要表达出我们对对方讲述的话语中的情感成分,那么就不会因为言语而受伤,因为符号不会伤害人,其中蕴含的情感才会使人受伤。创伤事件也是如此。单纯来看,发生在我们身上的所谓创伤事件,只是事件,如果我们不带有某种情感去看,那它只是事件,所以我们要分析的不是事件,而是事件中我们加入了什么样的情感。事件之所以成为"创伤事件",只是因为加入了自己的情感因素。如果希望从创伤事件中走出来,那么就应学会把事件和情感分开,重点不应放在事件上,而应放在对自己情感的反思上。这样的事例数不胜数。比如离婚或失去恋人,之所以给人带来重大伤害,让很多人受挫,甚或一蹶不振,只是因为加入自己强大的情感:依恋的感觉、不被接纳的情绪和情感、挫折感、羞耻感等复杂的情绪,而后便是愤怒,对自己的愤怒、对他人的愤怒等等。也因此是否可以设想,目前对行为的研究是否因为情感过于复杂而采取的妥协办法,不得已而为之,又或者是一种实用主义的短见,真正对人们的心理起更重大作用的是情感,但这并不是现在研究的共识和热点,或许将来是,而且应该是。当然,对于情感的研究需要工具的进步,目前人们还无能为力罢了。

在心理咨询和治疗实践中,可能首先要做到的就是,我们需要将对方陈述的模糊不幸更加清晰地彰显出来,引导来访者清晰地表达自己的意思:事件本身的意义和情感意义。要表达清楚自己要说的事情,其实不是件容易的事情,需要有相应的语言,也需要语法的组合、逻辑上的合适。心理咨询和治疗实践中的所谓"面质"的技术,就是要在质询中让来访者自己发觉自己表述的问题中矛盾和不一致的所在,让其自己觉察问题所在。所以语义澄清是必要的,既是弄清楚问题是什么的过程,也是一种问题的自我化解和解决过程。

在临床心理咨询和治疗实践中,很多人会讲自己的烦恼是遇到的事情让自己"想不通""想不明白""想不开"。我们暂且放下他"想不通的事情",只是从语义澄清的角度看,这是三种不同的表述方式,如果一个词一个词地单独去和来访者讨论和澄清,可能会贴合来访者的意图,如"想不通"是指"想了但不通",那么要澄清的是他所希望的"堵在哪儿了","想不明白"是指思路不清晰,那么要澄清的是"什么在干扰现在的思考","想不开"则可能是指思路的发散,或者是指纠结于一点上,那么要澄清的是"它只是一种思维方式的单面思考方式"。本文作者在临床工作中试着在和来访者一起澄清自己的语言语义表达时,发现很多人在澄清自己的表达后可以达到自省和问题解决。

第五节 中国本土文化背景下的心理现象与心理咨询治疗的一般性方法
——问题正常化、情绪的合和与析分、行动指导

很多刚从事心理专业的从业者热情地希望尽快进入角色,但面对纷繁复杂的各种西方理论和技术又有些"眼晕"得不知所措。所以在这最后的部分,根据以上对诠释学和心理学的整体理解,加上本书作者长期从事心理咨询与治疗实践自己所得到的体会,以及自己生活世界中的同道们的经验,尝试总结出对中国文化背景下的心理现象与心理咨询与治疗的一般过程和方法性的理解。

基于多年的心理咨询与治疗实践,先说三点体会。第一点就是中国人的坚忍性格,这种性格既有优点,也自然有其弱点。遇到难以解决的问题时,坚忍一直是一种处理办法,不要说心理问题和精神疾病的病耻感,即便是身体疾病,很多人也是忌讳的,并不希望被别人知道。在中国人看来,正常和正常化才是社会的基本态势。"世事无常是有常",这是很多人固有的观念,这种观念并非全然不好,这是中国人稳定生活的智慧。第二点是中国人历来注重家庭和权威家教,所以在进行心理咨询与治疗时需要注意这不

是一个人的问题,而是要面对这个人背后的整个家庭。而且,中国家庭的高情境特点、父母在家庭中的"威权"、"家丑不可外扬"的传统观念等,又会影响整个家庭个体的运作,所以,在进行心理咨询与治疗时,要注意整个家庭成员,尤其要争取掌握着整个家庭"扳机"作用的那个人的支持。第三点,认知行为治疗或许是最符合中国人习惯的心理治疗理论。国人受儒家思想的影响很深,历来注重教育,对"知"有很深的理解,并且强调"知行合一"。中国人重视"观行"的传统,所以遇到问题时并不深究"为什么",最希望知道"该怎么做",在进行心理咨询与治疗时,更需一些指导性的方法,在劝慰时常用的方法也是"晓之以理、动之以情、导之以行"。

一、强调心理问题正常化

普通中国人的思维方式,习惯于将问题正常化,所以在遇到问题时,常常以这种正常化的心理机制,获取所需要的心理平衡。所以,讨论中国人的心理,先从问题正常化开始。那么,心理问题就需要从心理现象如何问题化开始,也要了解问题化的背后是什么在起作用,还有问题化之后带来的问题化问题。

心理现象是如何被问题化的呢?一般人大都会做出一些常识性的判断,比如一个人说了一些不合时宜的话,做了一些不合时宜的事情,或者是对小事反应过大,或者该做的事情不去做,情绪上的烦躁不安等等,别人会认为他有了心理问题。有些人清楚自己是怎么回事,然后自我理解、自我解释一番,或者经周围人劝说,很快过去了,成为一种经历和学习;有些人不清楚自己的问题,又不能从周围人那里获得安慰或解决的办法,于是不好的状态一直持续,然后给自己的工作、生活、情感,甚至身体带来不适,开始寻求专业的帮助,那么这些提供专业帮助的人员,根据自己所学的知识去判断,去理解,去解释。因为是专业的,所以对寻求帮助的人来说他们就具有某种权威性,所以听从或服从专业建议,尽管有些建议可能和普通人的建议没什么不同,但因为权威,所以听从了。问题是这些专业人员依据什么标准来判断心理问题的呢?一是他的老师或者教科书上说的,二是加上了自己对"老师或者教科书上说的"的理解。那么问题又来了,自己的理解暂且不说,他的老师或者教科书上说的那些从何而来? 显然,现在的问题化标准,包括所谓心理测量工具和理念都来自西方心理学界,需要在中国化之后才能被应用。很遗憾的是,我们很多的"问题"的问题化是被西方化了的标准,似乎只有西方化才是科学的。而更为遗憾的,也是研究心理问题包括心理疾病的科学家们最为困惑或者一直努力在做的是,这类问题没有客观标准,除了少数目前已经确认的精神疾病会有明确的客观标准,而所有的标准,只是经验的数字化或数学化。

问题化的背后是什么在起作用呢? "在构建'他者'的背景下,存在着将不同群体的人变成问题的企图,而不是倾听他们的问题(在女性问题上也可以提出类似的论点)。一个典型的问题化例子是对东方的建构(Said,1979),这一问题化使殖民化看起来似乎是一个必然的结果。心理学促成了东方的问题化,使西方优越观念永久化(Bhatia,2002b)"(梯欧,2020)[175-176],这是加拿大的批判心理学者说的。我们再来看前面提到的美国精神疾病诊断标准的制定者在《救救正常人》里所说的那些事实——如果是事实的话,在西方社会中,心理问题会不会成为某种政治集团和社会利益的最后借口呢? 这不得而知。或许,还没有哪一个希望在专业共同体领域求生存利益的人,会疯癫到指出自己的不对。当然,对待问题化也应客观地看到其对问题研究的重要意义,不应绝对化。

问题化带来的问题是什么? 因为一般意义上讲,问题总是环环相扣的,问题化一定会带来新的问题。我们借用巫术治疗焦虑来说明。有很多人因为违反了巫术的仪式规则而怕遭到不好的报应,会给自己带来厄运而焦虑,即所谓的"巫术焦虑",这不是因为害怕巫术的焦虑,而是巫术本身带来的焦虑。那么同样,问题化本身会带来"问题焦虑",被问题化的人在被问题化后也同样会有焦虑(有一种人除外,就是问题化自己会让自己获益),他们会因为没有按专业人员约定的时间来访、没有按专业人员的要求做好每次的咨询作业等增加焦虑,有人会以自己有问题为由拒绝再做自己本该能做的事情,有人以自己的被问题化,扛着自己的"问题标签",又或者"问题"给自己带来某种"获益"而拒绝改变和成长 。这里说的是问题化的个人的影响,还没有提及社会问题的心理化。

讨论问题化和问题化的影响,显然并不是反对问题化,只是提醒心理学实践应用要考虑文化背景的影响,不能一刀切地强调问题化,要注意西方的所谓科学心理学的方法同样具有不确定的诠释学特征。事实上,西方心理学界也已经注意到这一点。

那么,现在来讨论正常化,尤其是在中国的文化背景下的问题正常化。遇到困难和问题时的"中庸""调和"与"接受"的"正常化"思维模式,对于中国的患者和来访者,在治疗的初始阶段或者是治疗过程中强调"问题正常化"对于来访者显得非常必要,一是"正常化"之后患者对困难和问题的理解与接受,降低了由问题和疾病本身带来的焦虑程度,满足了"人对于问题和困难的原因在哪儿"或者"我怎么会这样的"的探究本能,有助于让来访者更加清晰自己的问题;二是"正常化"之后会将来访者的思维从聚焦"自身问题"转向对"问题背后"的探索,有助于进一步调整和改变自身存在的认知问题。当然,拥有中国文化背景下的治疗师也一样更容易接受具有中国文化特点的价值观与语言,操作起来也会更从容。

什么是正常化呢?从心理咨询和治疗实践的角度,借用存在人本主义的观点来说,是指人遇到问题时基于自己的某种局限性,必然会出现相应的问题(存在焦虑),这一点是正常的。或者可以理解为"存在即有它的合理性"。如何正常化呢?临床心理学工作者一般根据自己的理论背景对来访者的问题进行合情合理的分析,如精神分析认为,"你现在的问题和幼年经历有关,幼年欲望的压抑与被剥夺必然导致你现在的问题,基于你拥有的压抑的冲突,所以你现在出现(和你当前处境相关的)问题是正常的"。认知行为疗法的解释是你所拥有的经历让你形成了某种"核心观念",然后在遇到事件时会出现"自动负性想法",导致你出现情绪和行为上的问题,有此原因必有此结果,从这一点讲,出现的问题是正常的。如此来看,正常化过程其实是一个理解和解释的诠释学过程,最后让来访者达到对问题自然解释、和解与接受的过程。

其实,世界上所有不同文化背景的人们在对待日常生活中的不幸和心理创伤时,几乎不约而同地同样采用过"正常化"的思路和方式。而在大部分的文化背景下,不幸和所遇到的心理创伤都被正常化为前世或前情的因果,以求心安。较早从心理上解释创伤的精神分析,弗洛伊德最初的目标是"把神经症性的痛苦转变为人类的一般痛苦",可以理解为将个人的特别痛苦转化为一般性的"正常痛苦",通过这种转化,实现痛苦的释放与减轻。本书作者曾结合长期的认知行为疗法临床实践,在认知行为疗法的五栏表基础上增加"正常化"一栏,取得了一些具有实践意义的体会,并在与同行的讨论中获得了认可,遗憾的是,没有能力开展相应的所谓实证意义上的研究。

二、情绪的合和与析分

受传统文化的影响,中国人习惯的思维方式是"一"的思维方式,"一即是全,全即是一",习惯于将多种问题融合在一起,将多种情绪融合在一起,归于一件事情上。这种思维方式得到的"一",总体上是一个模糊的整体,也因此导致了这样一个结果,就是缺少分析哲学的思考方式,既不善于分清楚,也不善于界限清楚,只认为心身一体,谋求一个道理。这种混合或叫融合的认知模式,更容易让人融合情绪、融合行为,使得自己不能够在遇到问题时分析清楚,所以总会有模糊不清的问题。这就是通常在临床上常常见到的"说不清楚的难受"等主诉与表达,而诉说与表达的方式同样影响着人们的情绪痛苦程度。那么,基于这一点,在思考心理治疗本土化时,首先要做的,是帮助来访者分析清楚他们融合在一起的认知、情绪和行为,或者是帮助其分析清楚认知、情绪和行为的各种其他可能性。为了将普通意义上的"分析"和精神分析的"分析"相区别,我们将精神分析中的分析称为"析分"。

中国的哲学思想一直强调"合和","知行合一",不注重分析,也不喜"分离",这也正是中西文化的差异所在。所以,在心理咨询与治疗实践中,要注意分析或者分解认知、情绪、行为的价值。而中国文化传统的具象化思考问题模式又少有西方理性论辩的传统,所以在认知的逻辑理性思考上是不擅长的。我们所教授的知识是具象的知识,或者说是以形象化语言来传达的,显得更为直观化。所以我们更注重"观"的方法,中医所强调的也是,"听其言"更"观其行",而与行为相关的情感与情绪便可能成为分析的要点,更为重要的是,中国的社会文化强调性格的"温良"与"隐忍"。

中国人常见的不良情绪状态是生气与愤怒、内疚与怨恨、焦虑与恐惧等。对这些情绪的理解和解释,将是心理咨询与治疗常常要直接面对的,尤其在貌似紧急的时刻需要首先处理的,就像做心理工作时首先要做的是情绪的宣泄一样,"让眼泪流出来,然后再擦干,才能更平静地看清世界",情绪得以疏解之后,观念或认知的调整才成为可能,因为任何人尚在某种激烈情绪状态下时都无法冷静和清晰地分析自己的世界中存在的问题。在临床心理咨询和治疗实践中,我们经常能够看到来访者将自己的问题呈现在一种糟糕而混乱的情绪当中,而在这样的一种情绪中,很容易导致行动中产生某种不良的后果。将这种混乱的情绪与平时的情绪区分出来是重要的,如果把这种情绪描述为某种激情状态,是可以理解的。因为这种混乱和不清晰的情绪又让自己对问题判断不清,所以情绪分解技术在心理咨询和治疗实践、心理危机干预中的应用,对于清晰化自己的问题,尤其对于中国人来说显得尤为重要。这个技术的要点是中国人的"合和"的文化特征,辩证一点看这既是中国人的优势,同时也是我们的不足。我们善于通盘考虑地把所有的事情融合在一起,但同样的,出问题时也是出在杂糅的混合这一点上,一旦遇到问题之后,又缺少"分"的能力,大部分的困惑都源于这个习惯。所以,我们要做的,就是要有个分解分析的技能,厘清整合在一起的问题的构成。比如我们只说"心情不好、差"等模糊的语言,但仔细分解可以看出这个情绪不好的内容有很多:可能有无力感,可能有内疚感,还可能有愤怒,等等。

在西方的心理治疗理论中,尤其是基于艾利斯(A. Ellis)的理论提出的理性情绪行为疗法(rational emotive behavior therapy,REBT),其中与其他理论不同的一点,就是在讨论"绝对化""全或无""糟糕至极"的不合理信念时,将情绪和情感的负性成分明确区分为健康的和不健康的,以此达到让来访者学会理性区分自身情绪和情感的目的,如,REBT 认为"悲伤"和"挫败感"是健康的负性情感,而"抑郁"与"敌意"则是不健康的负性情感(韦丁 等,2021)[160]。此后,随着神经生物学对情绪发展与对人的研究的逐步深入,心理治疗界开始关注情感和情绪体验。2018 年 4 月，第一届"情绪革命"国际大会召开，当代心理治疗各主要流派的领导者们齐聚，确认了"处理情绪"在心理治疗过程中的重要地位，由格林伯格（Greenberg）折中整合人本主义、精神分析、行为主义等思想创立的情绪聚焦疗法（emotion-focused therapy，EFT）开始受到重视，通过建立各种情绪模型，聚焦于识别核心情绪的个案概念化等方法，关注未被满足的需求，在治疗中通过唤醒原发适应性情绪并转化为新的情绪体验，达到症状的突然改善（陈玉英，2021）。在当前的心理治疗界，EFT 被认为是具有循证医学特征的一种认知行为疗法。

我们认为，在中国的传统文化背景下，对情绪和情感的聚焦应与西方有所不同。具体地说，情绪析分技术就是我们在临床操作过程中，提醒来访者自己目前的情绪中的所包含的有哪几种情绪成分，烦恼包含了什么，哪些是自己的，哪些是和别人有关的，等等。当析分之后，来访者会更加清晰自己的情感，而看得越清晰则对人的心理冲击力会越小，就像离得越近就会变得更模糊一样。当然，我们要清楚，这样的析分仍然是为了实现一个整体的目标就是自己的情绪健康。

这种方法我们已经在一些临床咨询和治疗案例、紧急事件晤谈和危机干预电话中使用，取得了意想不到的清晰效果。特别提醒一下，心理危机热线电话与一般咨询电话的区别：紧迫性、强制性、不可预测性。这种性质要求在短时间之内让来电者有一个相对清晰的收获，但是现在所有的心理危机理论都有其不同的内容要求，这些要求在时间紧急情况下，往往让一些人会很难把握和操作。当然，对于更多人来说，危机事件暴露的问题其实是危机事件爆发之前一直潜存的问题，危机事件促使了一直存在的问题的爆发和心理连续性上的断裂，所以，紧急危机干预之后要处理的是事件之前既已存在的问题，这将是更为重要的内容。这也是美国临床心理学家 K. A. Slaikeu 在 *Crisis Intervention：A Handbook for Practice and Research* 一书中将危机干预分为心理急救（旨在解决眼前的危机情况，立即提供救助，可以是针对一个群体）和危机治疗两个部分的原因或者目的。同时，我们也能够将危机当事人的注意力从当前危机事件转移到其之前一直存在的问题上，从而减轻对当前已经发生的不可改变的事件的惊恐与不安。

如此,析分技术应是认知行为的,那么,中国人的认知行为治疗是否先从情绪分析开始是个值得思考的话题。中国人重视情感,但因为性格内敛,所以不太释放情绪,或者不允许释放情绪,认为发泄情绪是不好的;不太接受是自己的认识有问题,或许是不愿否认自己的认知能力,因为认知似乎和智力与能力有关。中国人重"行",但通常又拒绝自己的行为改变。这些都是我们要认真思考和研究的。

需要说明的是,这个情绪析分技术不是无根据的自创名词,根据保罗·利科(2017)[356]在《弗洛伊德与哲学论解释》中的说法,早在柏拉图《理想国》第四卷 thumos(即"激情"或"心灵")的标题下就探讨了"混合的结构":激情有时与理性一起以愤慨和勇气的形式战斗,而有时与欲望一起以挑衅、烦躁或发怒的形式战斗。保罗·利科在论述目的论解释和回溯性注释双重辩证解释的时候提到过,不能依赖于黑格尔的《精神现象学》,而应依据等级原则来反思和澄清,他在自己的《易有过错的人》中提到,情感是混合的假设是成立的,并且提出"中间地带"的概念。他认为,激情存在于那些不知道快乐终止和幸福安宁的不安的心灵中,而且暗示这种模糊和脆弱的心灵代表了生命情感和理性或精神情感之间的整个情感生活的中间地带,即,形成生活与思考之间、生命与逻各斯之间转换的整个活动,正是在这种中间地带,自我被构成为不同于自然存在和其他自我的东西。利科认为仅仅因为激情,欲望具有了他性的特征和构成自我的主体性特征。

关于情绪析分技术的操作,我们发现,所有的激情状态所包含的内容都和这三个内容有关:丧失与拥有、权力与失控、价值评价。关于这三个内容的控制感便是内心的安全感,而针对这三个内容的失控感,将带来人们的基本焦虑,然后在这种基本焦虑的基础之上产生出其他各种情绪和情感。而这三个内容这正符合康德人类学中所述的激情三部曲,当然,我们需要对这"三种追求"进行重新解释。被扭曲的情绪恰恰是对拥有欲或者贪婪、支配欲或者权力、自负欲和虚荣的激情,也构成和引导着人类情感发展的基础动力和走向。这些客观化的东西内化成为客观化的情感,人通过对拥有、权力和价值评价的探索,建立了与其他人的关系,这种关系不只是孤立现象,而同时与经济、政治、文化等密切关联。

"拥有"的对立面是"缺乏"或者"丧失",在缺乏的境遇中如何拥有,这是一个首先要思考的课题;其次要思考的是已经拥有的之后的丧失,几乎所有的丧失都会带来哀伤的情绪反应。先说"缺乏",我们不了解其他人拥有的条件,那么我们便不能拥有其他人的"拥有",我们需要清楚和能够做的只是自己如何在缺乏中去拥有条件。"缺乏"意味着不能"贪婪"。所有的这些概念,我们需要进行进一步的物化和异化,借用马克思的经济学论述,我们要把这种追求的情感异化为交换价值、货币等客观化的经验,这些被加工和占有的事物作为事物的可用性成为相关的特定的人类情感,让人成为人,成为一个被剥夺了的缺乏的拥有者,如此即是要明确自己是而且一直是一个"缺乏的拥有者"。再看"丧失"。丧失虽然没有明确的定义,但大体上可将那些本属于自己,但却不再拥有或不能拥有的情况称为丧失(施琪嘉,2013)。丧失既指情感上的,也指身体上的,而且主要是针对未来的生活的。心理学家詹姆斯认为"不仅仅是我认识的人,我所了解的地方和东西也是以一种隐喻的方式扩充了自我",那么,丧失其实是丧失了那些"表明了自己是谁的延伸出来的自我"而已,或者是自我的人的社会和生物的那部分,丧失的并非真正意义的心理上的本我。

　　"权力"同样是客观化的支配欲望,而其对立面或者是被轻视和忽视,又或者是对权力的害怕。尼采很早就思考和表明,"权力意志是一种幸福,幸福是权力不断增长的感受",权力中的基本命令-服从关系在结构和制度中现实化自身并产生自身。尼采在《法哲学原理》的开篇就已表明,人通过进入命令-服从关系生成自己的精神意志,集中于权力周围的情感是特定的人类情感,如野心、屈从、委屈、压抑等。柏拉图很清楚地说明了心灵疾病从他所说的权力中心展开,并以"奉承"的形式延伸到语言中,由此产生了君主专制的诡辩,这是权力之恶,"权力导致疯狂"。对权力和支配的追随的另一个镜像就是屈从于威权的暗淡,这是另外一层权力对于人们带来的负性情绪和情感。当然,尼采的说法饱含政治意味,用诠释学的理解则是要注意尼采说这些他自己的理解时的历史背景。而我们现在是拿到心理学的框架下来理解这个词。人们的心理需求总是在追求自己的自由度,而自由显然又与权力相对应,当然不仅仅是政治的权力,还有其他的权力,如教育权力、管理权力、爱的权力、追求自我实现的权力等等。这些权力隐在生活的背后,是很多人只是在生活于其中而没有真正思考过的内容,一旦人遇到问题时,提醒他自己注意到问题的背后设定,也许就会明白很多困惑产生的缘由。

"价值评价",表面上是自己对价值的评价,其实隐含着是别人的评价。被别人尊重、赞成和承认成为一个人的阴影或者目标,有促进个人发展重要意义的一面,同时如果过分注重价值评价,将自己的生存价值依赖于他人的观点中,并由他人的观念和接受而塑造,失去主体的客观性成为痛苦情绪的源泉,降低自身、愚弄自身和毁灭自身。况且,什么样的生活价值才是真理意义上的价值,似乎是大家都知道但却不能明白无误地表达清楚的东西。再有,评价的主体和标准是什么,也是人们随着时间和时代变化,在不断地被诠释中。

我们应注意到,"拥有""权力""价值"这三个概念是属于具有"命题性质"的概念,是一组评价的语言,也是一组观念。我们不能否认在遇到问题时,出现的情绪痛苦的"感觉"的真实性和不可改变性,但如果是属于"命题性概念"那就说明我们个人拥有主动性,因为它是客体的,是可以改变的。"命题性概念"来源于当前西方心灵哲学的"心身同一论"的研究者,由英国哲学家辛吉娅·麦克唐纳(C. Macdonld)在所著的《心身同一论》的评述中提出(麦克唐纳,2015)。我们需要注意的是,西方"心身同一论"与中国传统的"心身一体论"的不同,西方心身同一论受莱布尼茨"单子论"的影响,指的是心物一体,强调物理性质,这也是西方在研究心理现象时的基本假设,可以理解为弗朗茨·布伦塔诺关于心理现象的意向性表述:"心理现象是将一个对象意向性地包含于自身之中"。进一步举例来说,大脑过程类型如 C 纤维的刺激与感觉类型的疼痛之间存在普遍的同一。而中国的"心身一体论"用李约瑟的说法,指的是"有机的统一"。

上面提到以三个命题性质的概念"拥有""权力"和"价值评价"为重要的情绪分解突破口,尤其是对"价值评价"的分析十分重要,这不仅是因为中国人十分重视社会对自己的评价,导致很多人的心理会受价值评价的影响,而且是在临床心理咨询与实践中经常可以见到因为无法正确对待"别人的评价"而带来的烦恼和问题。这一点也是可以直接分析的。尤其是在处于情绪危机的来访者中,让对外部的情绪转为对内在自我的理性思考是重要的可操作的方法。从情绪和情感开始入手分析理性的认知评价,相较于直接从认知的不恰当评价开始进行分析会更容易让处于情绪旋涡中人们接受,因为他们没有那种直接分析其认知层面的"被冒犯"的挫败感和又一次对自身价值低评价的负性情绪状态。

　　情绪的析分或分解技术,在某种意义上,符合中国的"大事化小、小事化了"的化解矛盾和问题处理风格。采取"化解"的方法,而不是"问题解决"的方法,是将问题"化"为"没有问题",而不是给出"问题解决"的答案。而此种"化解"的方法在心理危机干预中的应用似乎更为有利,即将危机事件给自己带来的威胁化解掉,而不是实现"危机解除",因为危机事件已经发生而无法解除。危机事件对"拥有"的失去、"权力"的失控、"自我价值"的衰落的冲击是非常明显的。而对于操作者来说,在有限的时间内,将危机事件和危机情感区分开,更加有助于从关注事件的发生中走出来,转移到另外一条对自己情感的析分上来,会让危机事件当事者冷静下来,不再只是纠缠于无法解决的"已经发生的、无法改变的此在"。将不可控制的事件(他在)转化成为自己可以控制的自我(自在),控制感和主动感增加,"失控感的危险的情绪"得以被"控制感的情绪"所替代。

　　情绪分解技术是建立在中国人的"整体人"的假设基础之上的,分解最后归之于合的思想,换句话说,是"因合而分,分而为合"。分是在遇到问题时分,是为了整体的和谐和平衡,不是西方的为分而分,而是为"合和"而分。这是心理治疗的最终目的。而西方的心理学界正在借助后现代科学主义的思想发现原来单一理论模式的问题,也正在借鉴这种思想走向整合的"心灵"哲学的路上,比如前面反复提到的正念训练、辩证的行为疗法等等。

三、行动指导

　　中国人的生活行动规则是多还是少? 行动准则是什么? 这类问题很不好回答,但却是一定要问的心理问题,因为规则和准则对个人来说是控制感和安全感的来源,人们需要清楚地知道哪些事情一定要做,哪些事情一定不能做。回到问题,多与少的问题是每个人的体验问题,行动准则也是,但有一点可能是或者一直是中国人追求的,那就是"致中和"的对称与平衡。当一个人从最初家庭所学习来的个人生活规则被放在社会中时,他要清晰地认识到行动的规则和准则是需要改变的,这是我们每一个人在遇到问题时都要提醒自己注意的。

一般情况下,经过前面的问题正常化,很多人的"因自己不清楚自己怎么回事而更加焦虑"的焦虑将大为减轻,此时受情绪影响的认知将恢复到可以理性思考的时候,可以开始对其混合和复杂的情绪进行析分,又或者说是认知自己的情绪或者重新评价自己的情绪将成为可能。在经过这一阶段的析分之后,来访者心中的疑团会得到进一步化解。更多的人在这一阶段就可以结束他们的问题了,因为在清晰地认识到自己的之后,很多人便知道自己如何行动会是更为适宜的,这正如孙中山先生所说"知难行易",而不是很多人知道的"知易行难",所谓的"道理我都懂但做不到"的"知易行难"只能说是不真知罢了,或者说是不愿意破坏自己已经习惯了的、从中获益甚多的个人生活规则——这本身就已经是自己的生活行动规则。

中国人重视实践和行动,一般还是习惯于别人告诉自己该怎么做的,甚至要跳过自己的情绪认知分析过程。这样做的目的,一是省去了自己理性思考的难处和痛苦,或者说是"懒得去想",或者是认为"想那么多没用的",不如直接告诉自己怎么做算了;二是自己可以给自己留有"如果行动得不够好,是你告诉我这么做的,不是自己的选择"的借口以推卸责任。当然,有的人只是不敢对自己的行为负责,有的人则是自己不愿意负责。如此就需要告诉他该怎么做,而且有的人需要的行动指导越具体越好。这种心理的来源或许与长期的被教导如何做有关,又或者与他们已经习惯于不用费力自己思考的舒适区有关。

行动指导体现在生活的各个方面,很多人已经或者应该清楚,因为前文探讨过,中国人的生活智慧是不缺少的,中医的养生文化深得人心,尽人皆知,比如调整生活内容、放松训练、体育锻炼、书法太极、寄情山水、饮食调理,等等。

而对于被心理问题深度困扰的人来说,可能需要的就是专业的心理咨询与治疗领域的行动部分了，更多是类似认知行为治疗理论的行为指导部分，如渐进脱敏、渐进行动之类。本书作者曾对马斯洛的需要层次理论进行了研究，编制了《不安全感心理自评量表》，并在此基础上对安全感心理重建的治疗与咨询进行了尝试，也是侧重于明确的实践指导。

如果再进一步讨论行为指导的意义，可以从行为的功能分析开始。对于行为的功能，哈贝马斯对人类行为的四种分类诠释颇有借鉴意义：行为目的的真实性、行为的正当性、行为的真诚性和交往的互动性价值存在。

我们的理解和大多数已有多年实践经验的心理专业从业者的理解是一样的，心理咨询与治疗从来不强调专门技术的重要性，而强调匹配关系、同盟关系、对问题的理解和解释，甚或是专业从业者的权威性和他自己的生活经验。当每一个心理专业从业者通过不断地思考和积累，自己对这个专业有深厚的理解时，不同来访者的不同问题、对来访者来说"奇怪"的问题带来的焦虑都将在他这里成为稳定的、确定的、安全的和可以控制的，而这些恰恰是存在心理问题的来访者最渴望得到的，也是心理专业从业者所能提供，或者说是仅仅能提供的。

如果将上面所述的问题正常化、情绪的合和与分解、行动指导放在一起，我们或许就能得到一个相对完整的一般心理咨询与治疗框架。这中间主要的分析要点都源于中国人自己的心理特点和文化特征，但显然没有完全脱离开西方科学的概念和基本架构，至于这样一个框架能否给心理咨询与治疗实践者尤其是初学者带来益处，有待细化的"科学"的研究，相信在通读完这本小书之后，读者会有自己的结论。

附　　录

附录1　心理危机干预理论的诠释学特征与中国文化背景下的核心技术理论构建探索

　　随着科技、经济和社会的快速发展，人们对物理世界的探索与了解越来越深入，自然科学的发展和具体技术的应用给人们带来了很多确定感和控制感。人们希望在社会生活中获得同样的确定感和控制感，一旦发现自己并非能掌控一切的时候，焦虑感油然而生，由此带来的不确定感和内心的不安全感也让焦虑、抑郁的情绪增加。近年来社会上出现焦虑、抑郁等心理问题的人越来越多。另外，随着信息获取的便捷性提高，人们对焦虑、抑郁等心理问题的认识和接受程度一直在提高，尤其是近年来新冠疫情的影响，需要紧急晤谈和心理安抚的人员也越来越多。在这种情况下，传统的面对面心理咨询不能满足需求，危机干预热线和网络咨询因其获取帮助的便利性，需求量大增。有研究显示危机干预热线安全、有效[1-2]。

　　心理危机热线电话不同于一般的咨询电话，它具有不可预测性、强制性等特点，需要接线人员具有相对深厚的专业知识基础。因此，各地开展了大量的培训以应对需求，培训的内容大都是基于西方文化背景的理论与一般技术，缺少符合中国文化特征的有效的核心技术。的确，心理危机热线的开通对情绪宣泄和陪伴、及时发现问题等都起到了积极作用,但仅仅做到这些似乎又是不够的,人们在危机事件中学到了什么? 此后再有危机事件如何应对? 这些讨论似乎超出了心理危机干预的目标,但从另外一个角度看,来自西方文化背景的危机热线晤谈技术是否符合中国人的文化和内心的需求? 这是每一个心理干预工作者必须思考和面对的。

　　心理危机干预和紧急晤谈等工作在我国开展时间不长,目前大都是借鉴国外理论的干预原则、评估流程及相关的预防与管理规范化体系建设,在实践应用领域缺少对基础理论、核心技术的研究和总结[3-6]。本文对基于西方危机理论和心理咨询治疗理论基础上形成的危机干预模式进行了回顾,指出了心理危机干预理论与实践的诠释特征,对中国文化背景下的心理危机特征、性格特征与情感创伤影响进行了讨论,试图构建中国文化背景下的心理危机紧急晤谈的核心技术理论,并在实践应用中进行了初步探索。

1　国外危机干预理论与技术回顾

1.1　心理干预理论与技术的历史与发展

　　国外心理危机干预开始于 20 世纪 40 年代。1942 年 11 月 28 日美国波士顿椰子林夜总会发生火灾,事故导致近 500 人丧生,精神科医生林德曼(Lindermann)和他的合作者卡普兰(Caplan)参与了灾后的干预工作。他们发现幸存者身上存在着普遍的情绪反应,并且有帮助与支持的需求。借此发现,他们开始创建危机干预理论,致力于寻求可用来保护个体的资源,为心理健康的个体寻找避免压力事件负面影响的方法,林德曼因此被誉为社会和群体精神病学先驱[7]。

　　卡普兰(1962)对危机做了个比较简单的定义:危机是一种稳定的不安状态。稳定是时间上的持续状态,不安状态是指个体的失衡状态,即发现自己处理不好事件时的一种不稳定状态。卡普兰的这个定义开创了危机理论的平衡模式,将研究扩展到所有的创伤性尤其是灾难性事件,注重家庭和社会文化因素在精神健康基础预防领域的作用,尝试构建一个统一的危机与危机干预理论。而在当时社会心理学也对精神分析长期统治的心理学领域开始反思,自我心理学由此走向社会,开展了着重于症状和急性哀伤管理的社会因素等的研究。自此,危机干预工作逐渐理论化和系统化,从急性创伤事件的管理到创伤后应激障碍的研究,形成了一系列的理论、规范和操作准则。

卡普兰之后的很多学者都基于自己的理解,创造性地对心理危机做了进一步的解释和论述。如:Rapoport(1971)提出了发展性危机的心理动力学理论;Parad(1971)指出危机压力事件的过程涉及一系列复杂的生物、心理、社会因素;Eisler 和 Hersen(1973)提出危机的行为学和社会学习干预方法。Aguilera(1980)提出基于平衡\稳定的系统理论干预。值得注意的是,在这一时期,Mitchel 和 Resnik(1981)曾提出心理危机是一种情感紊乱状态,危机事件被认为是情感上的重大事件[8]。但这种情感紊乱的解释并未受到重视。

在精神病学领域,美国心理学会(American Psychiatric Association,APA)在 1980 年将创伤后应激障碍列入《精神障碍诊断与统计手册(第 3 版)》(*Diagnostic and Statistical Manual of Mental Disorders*,3rd *Edition*,DSM-3),因为基于临床和基础研究提示,这可能是一种特别疾病的类别,并在 1994 年将急性应激障碍(Acute Stress Disorder,ASD)继续引入到 DSM-4。世界卫生组织(WHO)在 1990 年推出的《疾病和有关健康问题的国际统计分类(第 10 版)》(*International Statistical Classification of Diseases and Related Health Problems*,10th *Revision*,ICD-10)中也将创伤后应激障碍纳入。由此,对创伤与应激障碍的研究越来越多,心理危机概念也逐渐被创伤和创伤后应激障碍所替代,研究内容和方法也倾向于医学模型,心理干预逐渐远离精神病学领域,成为心理学应用的研究范围,人们将林德曼的基础危机干预理论扩展到精神分析、认知心理学等心理学理论的各个领域。尤其是临床心理学家们,他们的研究和努力为危机干预带来了更多的结论和方法。

到目前为止,心理危机干预已经形成了从个体危机干预到紧急事件晤谈(Critical Incident Stress Debriefing,CISD)、团体辅导等一系列方法与体系。在实践中,每次重大事件发生时都有专业人员的介入和研究,这些积极的介入对早期创伤的恢复以及减少创伤后应激障碍的发生有重大意义。同时,危机干预对缓解个体负性情绪,早日恢复健康和平衡的状态也有重要意义,为此,第11版的ICD已经不再将急性应激障碍(Acute Stress Disorder,ASD)纳入疾病范围,也有其重要的心理学意义,原因是更为重视个体本身具有的自然康复能力,而且研究显示,几乎所有的创伤后应激障碍心理治疗的文献均提示,等待治疗组的创伤后应激障碍症状也有一定程度的改善[9]。

近年来国内学者针对国外提出的危机干预模型等进行了一些介绍和研究总结。肖水源等翻译出版了詹姆斯和吉利兰的《危机干预策略》(第七版)。孙宏伟出版了《心理危机干预》第二版(2018)。廖艳辉[10]介绍了心理危机干预的各种模型。这些介绍和研究的确给了缺少危机干预经验的国内从业人员很大的专业方向上的帮助。

1.2 心理危机干预理论在中国的应用与不足

心理危机干预引入中国以来,较为系统地介入公共灾难事件始于1994年的克拉玛依火灾事故。在得到政府和社会关注之后,尤其是非典型性肺炎流行期间、四川汶川地震等历次灾难事故中,心理救援和危机干预都起到了重要作用。当前,在流行近三年的新冠疫情中,心理危机干预工作者的工作越来越被普通民众所接受和认可。心理危机干预、热线服务等相关应用和介绍性的研究也越来越多,但如前文提到的,这些研究大都属于和国外操作有关的规范性研究,缺少对危机干预基础理论和具体操作的构建研究,缺少对适合中国文化特点、符合中国人心理特点的基础方法的研究和操作指导。

国外西方文化背景下的危机干预理论的共同点是强调倾听、共情、保证安全等,这三个步骤的重点仅仅是放在倾听和评估上,而不是采取行动,后面的重点在于如何直接行动以缓解当前的焦虑,包括利用正念想象训练、空椅子或安全岛技术,缺少对情绪和情感的直接分析和处置的核心技术。而对于处于急性情绪状态或激情状态下的人来说,这些理论尤其是更为重视情感的中国人,缺少对情绪状态和情感的分析指导,没有明确的指导意义。而来源于西方经验主义的半结构化的具体操作步骤,对于更重视实践内涵的中国人来说,因形式过于烦琐,往往难于理解和坚持。心理危机干预的目标是在任何时候都应立即解决可能导致个体受伤或丧生的危机,尤其是情

心理诠释学——心理咨询与心理治疗的共同特征和中国化

绪上的危机极有可能导致过激的伤害行为。因此，对处于危机状态的人来说，处理当时的激情状态应该成为重要的部分，如何分析处在激情状态的情绪和情感应该受到应有的重视。

2 诠释学视角下的心理危机

2.1 诠释学与心理危机干预理论

洛克伦[7]在讨论不同理论视角下的危机心理干预时提到，理论是一种对现实争论的解释，所有的理论都是对现实的解释，当我们接受和采纳这些理论框架帮助我们理解周围所感时，就可以说我们得到了一种解决问题的方法。

心理危机干预理论源于心理学理论与实践的总结，而心理学具有诠释学的特征。徐冰[11]从社会学角度谈了心理学与社会学之间的诠释学进路，指出费孝通先生提出的"文化自觉"是心理学与社会学的深层理论关怀，目的是阐释文化与心灵的关系，除了重视社会文化对人们心理和心灵的影响，另外也从作为社会人的角度强调文化传统的重要性，从侧面说明了因置于社会中而给人们带来的危机心理。沈学武[12-13]曾系统回顾和讨论了心理治疗理论和应用评价的诠释学构建特征，指出了诠释学与心理学的关系，认为心理现象、心理病理现象、心理治疗的理论构建、心理治疗实践、心理治疗研究等均具有诠释学的共同特征，尤其指出和文化诠释学不可分离，并从汉语言语与西方语言的表达区别、中国人的思维与诠释方式等方面对在中国文化背景下构建符合中国人特点的心理治疗路径进行了初步探索。

2.2 中国文化背景下的集体心理特征

在认知层面，中国传统文化强调有机结合的"天人合一"世界观，借此形成了"天命"的人生观。需要注意的是，"天命"不是西方的事前认命的宿命论，而是事件发生之后的诠释应对，是中国人的情绪管理智慧。"学而优则仕"是否是国人的价值观虽然存在争论，但这一观念确实对个人价值选择产生了影响，"以治天下"的志向恰恰说明中国传统文化强调的忽略个人而重视社会的价值观念。行事旨在"致中和"的思想是中国人应对无所适从时焦虑的方法，构成了内在的确定感和规则感。

从知识论的角度,中国人遇到事情,也总想寻个"理",这个"理",不是西方语境下的真理,而是道理,带有明显的情绪和情感色彩。这个"道理"具有鲜明的中国文化特色:留白性、模糊性、实践性或践行性。模糊性不是批评意义上的,和危机干预扩展理论中的混沌理论具有同样的科学价值。实践性或践行性则是指中国文化更注重实践意义。同时,汉语言具有独特的表征特点,不同环境、不同语境会诠释为不同的含义。以对焦虑的中国诠释来说,焦虑有想象焦虑与实践焦虑、知的焦虑和行的焦虑,中国人更重视行而并非"想象","听其言、观其行",最后的落脚点是"行"。所以,中国文化更强调实践智慧,而不是西方的逻辑智慧。牟宗三[14]曾有过一篇文章专门论述过中国人的具体感和抽象感,他指出,中国人更重视直观的、实践性更强的形象化的思维模式,而西方人则反之,因为其语言符号没有直观的象形意义,所以只有通过抽象的逻辑思辨来解释。具象化的思维让中国人似乎具有更重视"直感"的特点,即重视直觉和感受。西方则是重逻辑和程序。这种直觉与感受在遇到事件时,最重要的和最快的反应,则是迅疾的情绪反应。

　　我们认为,在对待中国人的危机干预时首先要解决的是情绪和情感层面的问题,而非认知层面的问题。美国的文化心理学者吕坤维[15]指出,在情感上,强调"心与心交"的集体主义的中国人不同于强调"心与物交"的西方文化,更注重关系认知型的情感表达特征。这种区别于西方文化的极具情感色彩的人文精神,需要在心理危机干预中重点借鉴和分析 Mitchel 和 Resnik 提出的"心理危机是情感紊乱状态"的情感分析思路。

　　2.3　危机干预强调基于文化的有效帮助

　　国外的危机干预专家同样强调基于文化的有效帮助。詹姆斯与吉利兰合著的《危机干预策略》(第七版)有专门一章对基于文化的有效帮助的论述。其中,特别提出亚洲的集体主义社会中的个体与西方个人主义社会中的个体在对待应激和创伤事件时的应对方式有明显不同,指出儒家和佛教哲学强调个体忍受痛苦、寻求积极意义、自控和克制在应激反应中占据主导,对创伤事件的逃避与情感疏离以及隐秘的情绪发泄方式成为主要的应对办法,而寻求外界帮助被认为是最后一种解决办法,即便是寻求帮助也习惯于为了避免羞耻感而匿名或者寻找不熟悉的人与场所[16]。

2.4 中国传统文化下的危机事件心理过程的不同

危机事件发生之后的心理过程一般分为情绪休克期、否认期、痛苦接受期和恢复期。受中国传统文化影响,在对待危机事件的前两期,中国人大多采用的是否认或者自己默默承担,而这时候大都是国外心理危机干预理论强调的主动参与期,但中国人却很少有在这一时期的主动求助,原因则是中国文化内敛和强调坚忍的文化性格,即便是在这一时期主动求助,心理专业人员根据西方文化背景下的操作规范,所做的也只能是默默陪伴和提供一些具体的帮助。而主动求助的人一般都是经历过急性休克、分离性否认之后,在关系型情感上存在问题,随之而来的是痛苦接受期和恢复期的身体不适等,这一部分人群也大都是不能自己更好应对和适应,或者缺少应对方式和方法而带来的情绪、躯体化问题。基于上面的讨论,我们提出以下的理论构建,试图构建符合中国文化背景的心理危机干预、热线电话或一般心理咨询的核心操作技术。

3 中国文化背景下的心理危机干预核心技术构建探索

3.1 澄清析分行动核心技术的理论构建

3.1.1 问题澄清

大部分人在紧急晤谈时能明确地表达自己的诉求,比如"婚姻家庭暴力当时不知怎么办,希望指导自己该怎么办?"但并不清楚自己的问题究竟是什么,或者遇到的问题是什么。问题澄清技术的主要目的是引导当事人澄清自己的主要诉求、当前困惑、情绪状态和希望达到的目标状态,尤其是一些当事人其实在求助时并不清晰自己的想法和目的,有些人仅仅是因为孤独,需要找个陌生的安全的人诉说自己内心的压抑,同样,有些人并不清楚自己能得到一些什么样的具体帮助。正像有些当事人在晤谈时所说的那样,"其实,我知道找你们只是说说,自己的事还是要自己做"。当然,对于有些当事人来说,同时需要澄清心理危机干预紧急晤谈所能达到的目标、责任和双方的权利与义务。

3.1.2 问题正常化

问题正常化是理解和共情的重要过程。国外心理咨询与治疗理论同样强调这一过程,尤其是当前被认为有实证证据的认知行为疗法,在其治疗过程中的首个目标就是问题正常化的心理健康教育。遇到困难和问题时"中庸""调和"与"接受"的"正常化"思维模式是中国人可以接受的方式,所以,对于中国的患者或来访者来说,在治疗的初期阶段或者是治疗过程中强调"问题正常化"显得非常必要:一是"正常化"之后患者对困难和问题的理解与接受,降低了因为问题和疾病本身带来的焦虑,满足了"人对于问题和困难的原因在哪儿"或者"我怎么会这样的"的探究本能,有助于让来访者更加清晰自己的问题;二是"正常化"之后会将来访者的思维从聚焦"自身问题"转向对"问题背后"的探索,有助于进一步调整和改变自身存在的认知问题。

3.1.3　情绪析分

这是不同于国外心理危机干预理论的最重要的核心部分。这里用"析分"这个词是为了将精神分析中的"分析"(称"析分")与普通意义上的"分析"相区别。中国人更重视情感需求,而情绪是情感的外部表现。强调析分与中国传统文化的思维方式是"一"的思维方式有关。在中国文化背景下,"一即是全,全即是一",人们习惯于将多种问题融合在一起,将多种情绪融合在一起,归于一件事情上。这种思维方式得到的"一",总体上是一个模糊的整体,也因此导致了这样一个结果,就是缺少分析哲学的思考方式,既不善于分清楚,也不善于界限清楚,只认为心身一体,希望谋求一个"道理"而不是"事实真相"。这种混合或叫融合的认知模式更容易融合情绪和行为,使得自己不能够在遇到问题时分析清楚,所以总会有模糊不清的问题。有学者根据混沌理论对这一思维方式进行了分析,认为需要在心理危机干预中注意对个人整体性的把握[17]。在情绪危机时分解分析、厘清整合在一起的问题的构成是必要的,比如我们只说"心情不好、差"等模糊的语言,但仔细分解可以看出这个情绪不好的内容有很多:可能有无力感,可能有内疚感,还可能有愤怒等情绪和情感成分。

在情绪析分的同时,强调事件发生后的情感成分分解,也有助于在之后再遇到创伤事件后,让当前混合的情绪清晰化,这种析分方法对创伤事件之后的成长有重要的指导意义。

基于这一点,我们同样认为认知行为治疗在中国文化下应先从情绪析分开始。中国人性格内敛,认为发泄情绪是不好的行为,因此,不太能释放情绪或者不允许释放情绪,在沉湎于某种情绪和情感后,并不太注意认知的问题,或者否认自己的认知问题,因为认知似乎和智力或能力有关。中国人重"行",所以通常不会轻易改变自己的行为。

关于情绪析分技术的具体操作,我们发现,几乎所有的激情状态所包含的内容都和这三个内容有关:拥有、权力和价值评价。这符合康德在人类学中对激情的分析。当然,我们需要对这三种追求进行重新解释。被扭曲的情绪恰恰是对拥有欲或者贪婪、支配欲或者权力、自负欲和虚荣的激情,构成和引导着人类情感发展的基础动力和走向,并将其内化成为客观化的情感,支配着人的行动。人通过对拥有、权力和价值评价的探索,建立了与其他人的关系,这种关系不只是现象,而和经济、政治、文化等密切关联。尤其是价值评价,中国集体主义的社会性使得其更注重价值评价,被别人尊重、赞成和承认成为很多人追求的目标和行为准则,同时又认为自己的生存依赖于他人的观念,不得不接受他人的评价并被他人的评价所塑造,一旦发觉失去主体性时,痛苦情绪油然而生。

3.1.4 具体行动

相对于更重视思辨与逻辑的西方文化,中国人更重视实践获得。这一部分的操作可以参照其他危机干预理论提及的承诺、放松、正念等具体的操作方法。需要注意的是,这一部分需要干预者提供的行动计划要具体可行,不能仅仅停留在表面上,如不能只是简单地指导"放松、休息、调整",而应具体说明如何放松、休息和调整的建议,使得行动起来更有操作性。

3.2 澄清析分行动技术的实践举例

男性,28岁,2022年春节疫情期间打来危机干预热线电话,哭诉"没有活路,想自杀,害怕自己会控制不住"。

问题澄清:该例紧急晤谈需要澄清的是"害怕自己控制不住会自杀",一旦这个问题被澄清,也就会明白当事人的心情和情绪,在于"害怕自己失去控制的控制感",在确定是这一点后,后面的析分才有可行性,而且也是进行危险评估的重要步骤。

正常化:基于所处环境、当前生存状态等,出现情绪和情感上的危机是正常的,也肯定了其渴望正常情感需要的正常性,减轻其和别人比较带来的情感压力,以及对自身状态非正常带来的"问题焦虑"。

情绪析分:首先指出当事人目前处于的复杂情绪和情感中,不能看清楚自己的问题,因此导致大堆问题感,使自己处于不清晰的激情情绪状态,因此在干预中,主要帮助当事人析分当前情绪的成分:① 孤独感。这是春节这个情绪境遇的基本情感基调,以这种诠释学所强调的前理解结构理解当事人的当前境遇。② 凄凉感。母亲去世,父亲因血管性痴呆住在医院。③ 愧疚感。28 岁未能结婚,觉得对不起自己的父母。④ 无价值感。春节之前丢掉工作,而自己的工作还不是什么有价值和意义的工作。⑤ 悔恨感。对自己之前高中时玩游戏,没有好好学习导致现在的生活状态感到悔恨。⑥ 失控感。对外界的控制感或者权力感缺乏,存在对当前自我情绪状态失去控制的无力感。经过析分之后,当事人意识到自己目前的情绪崩溃状态是所有上述情绪或情感的混合,逐一分解当前的情绪和情感问题,自我开始寻求具体的逐一行动的可能。

具体行动:当前行动与行动价值,祭拜母亲之后,陪伴住院的父亲,既解决了孤独感,让内心世界走向外部,与外部发生联结后产生了互动的意义,又可以解决内心对父亲的愧疚感,之后开始自己解决其他的情绪管理问题,尤其是自己的生活,规划生活带来的确定感,有助于缓解当前的失控感。

结果反馈:不仅解决了自己"一时糊涂",而且学会了在复杂局面时的"析分技术"。

4　结论

澄清析分行动技术是认知行为疗法在心理危机干预晤谈中的具体应用。不同于认知行为疗法的侧重点在认知和行为功能分析,澄清析分行动技术的要点在于更强调正常化、情感和情绪的析分,这符合中国人和谐认知辩证法。中国传统文化具有重情感和高情感的文化特征,所以析分情感、让当事人注意到自己的情感成分,应该成为处理紧急情绪状态的核心技术,而且在共情方面会让当事人更能感受到温度,而不是西方相对冰冷的逻辑、程序和数字。在经过问题澄清、正常化和情感析分之后,咨询目标得以明确、情感得以宣泄,再进行行动指导会更加顺畅,避免直接指导行动时不被充分理解的困境。更为重要的是,这个技术可以具体教给来访者的遇到事件时使用的析分方法,有助于在危机事件过去之后形成新的思考问题的模式。虽然澄清析分行动技术同样包含有其他一般心理咨询和危机干预的内容,但这个方法有了核心技术,会让需要紧急会谈的来访者的收获更多,更有助于来访者自我的成长。

另外,其中的情绪析分技术是建立在中国人的"整体人"的假设基础之上的,在析分之后仍归之于"合"的思想,是"因合而分,分而为合"。"分"是在遇到问题时"分",是为了整体的和谐与平衡,不是西方的为分而分。为"合和"而分,这应是所有心理咨询与心理治疗的最终目的。

问题澄清、正常化、情绪析分和具体行动指导技术,更符合中国人的认知行为特征,可以成为心理危机和紧急晤谈时相对符合中国传统文化特点的核心技术,但能否成为符合中国文化特点的一般心理咨询与治疗的核心技术,还有待进一步应用研究。

参考文献

[1] 刘慧铭,肖水源.危机干预热线的发展及研究简介[J].中国临床心理学杂志,2012,20(1):129-131.

[2] 宋莎莎,李箕君,马辉,等.新冠肺炎疫情高峰期间江苏省心理危机干预热线分析[J].临床精神医学杂志,2020,30(5):365-367.

[3] 钟洁琼,周翔.心理危机干预的研究进展[J].现代医药卫生,2021,37(10):1676-1680.

[4] 丛中.心理危机干预基本要领[J].中国心理卫生杂志,2020,34(3):243-245.

[5] 张俊,廖艳辉.心理危机与远程心理干预[J].国际精神病学杂志,2020,47(2):210-212.

[6] 中华人民共和国国家卫生健康委员会.关于印发新型冠状病毒感染的肺炎疫情紧急心理危机干预指导原则的通知[Z/OL].(2020-01-26)[2020-07-23]. http://www. gov. cn/xinwen/2020 — 01/27/ content _

5472433.htm.

[7] 洛克伦.不同理论视角下的危机心理干预[M].曾红,等译.北京:知识产权出版社,2013:1-25.

[8] 莫雷,等.个体心理危机实时监测与干预系统研究[M].北京:清华大学出版社,2020:5.

[9] 赵国秋,汪永光,王义强,等.灾难中的心理危机干预:精神病学的视角[J].心理科学进展,2009,17(3):489-494.

[10] 廖艳辉.心理危机干预[J].国际精神病学杂志,2020,47(1):1-3,10.

[11] 徐冰.心理学与社会学之间的诠释学进路[M].北京:生活·读书·新知三联书店,2013:2.

[12] 沈学武.诠释学:心理治疗理论的构建路径与展望[J].医学与哲学,2022,43(3):38-43.

[13] 沈学武.心理咨询与治疗评价方法的诠释学特征及理论构建探索[J].医学与哲学,2022,43(22):38-41.

[14] 王国兴.中国近代思想家文库　牟宗三卷[M].北京:中国人民大学出版社,2015:244-259.

[15] 吕坤维.中国人的情感:文化心理学阐释[M].谢中垚,译.北京:北京师范大学出版社,2019:9-12.

[16] 詹姆斯,吉利兰.危机干预策略[M].肖水源,等,译.北京:中国轻工业出版社,2018:25.

[17] 孙辰.混沌理论的心理危机干预观探析[J].大学,2021(33):140-142.

附录 2　不安全感心理研究成果及思考

　　随着经济和现代文明的发展,社会文化心理因素对人们心理状态的影响也日益显著。其中,社会与自然环境的急速变化所带来的陌生感和不适应、众感迷失与彷徨不安等尤为突出。在临床心理咨询中,作者也注意到"过度担心""无名恐惧与烦恼""不确定感""不安全感"等成为经常诉及的问题,而不安全感也是许多心理学家重视的研究内容。众所周知,焦虑不安、心理冲突的存在是神经症患者的核心症状,而在这些症状的背后,不安全心理起了什么样的作用,是否能够成为神经症患者的本质性症状呢?

　　基于此,作者对有关文献进行了复习,对不安全感和神经症的关系进行了初步探讨[1]。强迫症的核心是恐惧和不安全感,如对传染病恐惧的强迫性洗手,对门锁的强迫性检查等,均是出于对生命和财产安全的担心和缺乏安全感。焦虑症的症状即是紧张和不安、担心,虽然焦虑症患者没有明显的焦虑对象,但更深一步的追究则表明其在某个方面缺乏安全感,特别是惊恐发作,往往是对自身健康的过分关心与关注等等。疑病症则是担心自身生命安全的集中体现。恐怖症中的社交恐怖、"脸红症",则是担心自己的公众形象受损、害怕讲错话等会影响自己的人际关系,其实质应该是对自身缺乏必要的自信和安全感。与其症状相对应的神经症患者的性格特征及生活方式则多是谨慎、细心、胆小、怕事、不敢交往、不能准确地表达其思想等。

　　既然安全感对人们的心理健康如此重要,那么它们之间究竟存在一种什么样的关系呢?作者根据认知心理学理论和马斯洛的需要层次理论,将人的基本需要归于四大类:生存需要、人际交往需要、爱与被爱的需要、自我实现及成功的需要,并将与个人的自身体验有直接关系的安全需要单独提出来,作为追求这四种基本需要和确保其顺利实现的总变量。作者根据这一理论假设初步设计了《不安全感心理自评量表》(四个因子三十个条目),初步的研究表明,神经症患者较健康人群显著缺乏安全感,存在不安全心理,在实现上述四种需要的过程中,总有两个和两个以上的需要显著缺乏安全感,而在健康人群中则只有一项缺乏安全感或都不缺乏安全感。在之后的随访中,神经症组和健康人组均接受了"在某方面缺乏安全感"的解释。分析表明,这四种需要在缺乏安全感方面是互相联系的,而神经症患者在面临两个以上的选择时,往往形成持久的心理冲突,导致神经症症状的产生。

　　在上述初步研究的基础上,作者对不安全感与神经症的关系进行了文献回顾,对不安全感和神经症的关系进行了较为系统的理论探讨[2]。文献回顾表明,不安全感对神经症的重要性是显而易见的,不安全感一直在神经症发生、发展中起着重要的幕后决定性作用。遗憾的是,自马斯洛以后一直到现在的研究大都局限于不安全因素对人的心理状态及躯体健康的影响,而没有更进一步地将其引入到神经症的心理治疗中,并明确两者的关系。这一局限也大都源于随着社会文明的发展,不安全、不确定、不稳定因素的增多,不安全感较为普遍的缘故。为此作者提出"不安全感"这一概念,认为不安全感特指神经症所具有的内部的引起人们内心冲突和焦虑的不安全的体验或感觉。明确不安全感与神经症的关系,探讨不安全感的产生根源和本质,对于神经症的心理治疗、健康人群的心理咨询指导有较为实际和有效的应用价值,尤其对于一些起病年龄较早的神经症患者有很好的指导作用。

　　在随后的研究中证实了这一点,首先作者对初步编制的《不安全感心理自评量表》进行了信度和效度研究,量表的条目与总分相关系数、重测信度、分半信度,各因子分与总分相关系数、与 SCL-90 和 S-I 的实证效度,及在大学生组与对照组之间的实证研究表明,量表的信度、效度良好[3]。在对强迫障碍和焦虑障碍的不安全感心理特点进行比较时,发现强迫障碍的不安全感心理相较于健康组全面地体现在生存需要、人际交往需要、爱与被爱的需要、自我实现及成功的需要四个方面,而焦虑障碍组在爱与被爱的需要和自我实现及成功的需要两个方面的不安全感较为突出,在比较焦虑障碍组和强迫障碍组时发现,焦虑障碍组的表现相较于强迫障碍组,往往体现在某一个或某两个方面显著增高[4]。强迫障碍的不安全感心理特点与幼年不良生活事件明显相关,在研究组中,强迫障碍的幼年不良生活事件发生频率依次是被当众羞辱(言语、行为)、目睹父母受辱(言语、行为)、被歧视、性心理困扰、亲人亡故、被误解、不被认同、父亲能力差等[5]。

在不安全感心理的应用上,课题组初步设计了对强迫障碍患者的心理治疗方案,发现在强迫障碍的治疗过程中,尤其在"怎么做和做什么"的问题上,该方案对其指导意义更大,且直观,操作中针对其不安全感全面的特点,指导其集中精力和时间坚持解决一个方面的不安全感,操作性强、效果较为明显[6]。在正常人群的咨询领域中,我们也发现该量表的条目较少、操作性强、针对性好,实证研究也证实了这一点。

1999年作者第一次提出不安全感与神经症的关系,开启了国内关于"不安全感"和"安全感"的研究。研究领域遍及心理健康、现代管理、变态心理等各个领域,但大都局限于应用研究,并没有从心理学角度揭示"安全感"或"不安全感"的本质。因此,对于安全感和不安全感的深入研究还需继续。作者进一步的研究将努力揭示这一点。

参考文献

[1] 沈学武,赵长银,顾克健,等.神经症不安全感心理特点初步研究[J].健康心理学杂志,1999,7(2):193-194.

[2] 沈学武,耿德勤,赵长银.不安全感与神经症关系的理论探讨[J].中国行为医学科学,2002,11(2):235-236.

[3] 沈学武,耿德勤,李梅,等.不安全感心理自评量表的编制与信度、效度研究[J].中国行为医学科学,2005,14(9):856-857.

[4] 沈学武,耿德勤,赵长银,等.强迫障碍与焦虑障碍不安全感心理特点的比较[J].中国行为医学科学,2005,14(6):547-548.

[5] 沈学武,王轶男,耿德勤.强迫障碍患者的幼年不良生活事件与不安全感心理特点[J].中国健康心理学杂志,2011,19(1):18-20.

[6] 沈学武,耿德勤.安全感重建在强迫障碍心理治疗中的应用[J].中国健康心理学杂志,2011,19(8):921-923.

参考文献

柏格森,2004.创造进化论[M].姜志辉,译.北京:商务印书馆:12-13.

曹玉萍,王国强,2020.心理咨询与治疗:临床研究与分析[M].北京:人民卫生出版社.

陈玉英,2021.探索情绪痛苦:以 EFT 为基础的整合心理疗法[M].北京:人民邮电出版社:3-11.

成素梅,2020.改变观念:量子纠缠引发的哲学革命[M].北京:科学出版社.

狄尔泰,2014.精神科学引论:第一卷[M].艾彦,译.南京:译林出版社.

段德智,1996.死亡哲学[M].2 版.武汉:湖北人民出版社:83.

法兰西斯,2015.救救正常人[M].黄思瑜,译.新北市:左岸文化事业有限公司:297.

方东美,2019.中国人生哲学[M].杭州:浙江人民出版社.

费尔巴哈,2010.宗教的本质[M].王太庆,译.北京:商务印书馆:29.

冯永辉,2017.客观之路:心理学主观范式与客观范式的历史反思[M].广州:世界图书出版广东有限公司:4.

弗雷泽 J G,2013.金枝:巫术与宗教之研究[M].汪培基,徐育新,张泽石,译.北京:商务印书馆:89.

弗洛伊德,2015.图腾与禁忌[M].文良文化,译.北京:中央编译出版社:28-41.

福柯,2011.临床医学的诞生[M].刘北成,译.南京:译林出版社.

福柯,2019.疯癫与文明:理性时代的癫疯史[M].刘北成,杨远婴,译.5 版.北京:生活·读书·新知三联书店.

傅伟勋,1989.从西方哲学到禅佛教[M].北京:生活·读书·新知三联书店.

傅永军,2020.中国诠释学:第19辑[M].济南:山东大学出版社:1-16.

高峰强,2001.现代心理范式的困境与出路:后现代心理学思想研究[M].北京:人民出版社.

高觉敷,1985.中国心理学史[M].北京:人民教育出版社.

格莱斯,2013.质性研究方法导论(第4版)[M].王中会,李芳英,译.北京:中国人民大学出版社:16.

古德哈特,凯斯丁,斯滕伯格,2021.循证心理治疗的实践与研究[M].杨文登,邓巍,译.北京:商务印书馆:51.

郭在贻,2019.训诂学[M].修订本.北京:中华书局.

海德格尔,2000.路标[M].孙周兴,译.北京:商务印书馆.

洪汉鼎,2001a.理解与解释:诠释学经典文选[M].北京:东方出版社.

洪汉鼎,2001b.诠释学:它的历史和当代发展[M].北京:人民出版社.

洪汉鼎,2003.中国诠释学:第一辑[M].济南:山东人民出版社.

洪汉鼎,2006.理解与解释:诠释学经典文选[M].修订本.北京:东方出版社.

洪汉鼎,2015.诠释学与中国经典注释:诠释学研究文集[M].北京:北京燕山出版社.

洪汉鼎,2018.《真理与方法》解读[M].北京:商务印书馆.

洪汉鼎,傅永军,2009.中国诠释学:第六辑[M].济南:山东人民出版社:1-46.

胡塞尔,2001.欧洲科学的危机与超越论的现象学[M].王炳文,译.北京:商务印书馆:254-255.

黄小寒,2002."自然之书"读解:科学诠释学[M].上海:上海译文出版社.

霍金,2007.时间简史[M].许明贤,吴忠超,译.插图本.长沙:湖南科学技术出版社:15-17.

吉夫斯,布朗,2014.神经科学、心理学与宗教:人性的迷幻与现实[M].刘昌,张小将,译.北京:教育科学出版社:14.

季建林,2001.心理治疗在中国:西方治疗技术与东方文化思想的结合[J].中国临床心理学杂志,9(2):157-160.

伽达默尔,2010a.真理与方法:第一卷 诠释学1[M].洪汉鼎,译.北京:商务印书馆.

伽达默尔,2010b.真理与方法:第二卷 诠释学2[M].洪汉鼎,译.北京:商务印书馆.

贾林祥,2019.心理学基本理论研究[M].南京:南京大学出版社:43-48.

江光荣,2000.人性的迷失与复归:罗杰斯的人本心理学[M].武汉:湖北教育出版社.

金岳霖,2019.知识论[M].珍藏本.北京:商务印书馆.

卡纳莱丝,2019.爱因斯坦与柏格森之辩:改变我们时间观念的跨学科交锋[M].孙增霖,译.桂林:漓江出版社.

柯林斯,2012.互动仪式链[M].林聚任,王鹏,宋丽君,译.北京:商务印书馆:87-100.

李世武,2015.巫术焦虑与艺术治疗研究[M].北京:中国社会科学出版社:54.

李翔海,邓克武,2006.成中英文集(一卷):论中西哲学精神[M].武汉:湖北人民出版社:219.

李约瑟,2020.文明的滴定[M].张卜天,译.北京:商务印书馆.

利科,2011.诠释学与人文科学[M].孔明安,张剑,李西祥,译.北京:中国人民大学出版社.

利科,2017.弗洛伊德与哲学:论解释[M].汪堂家,李之喆,姚满林,译.杭州:浙江大学出版社.

梁漱溟,1999.东西文化及其哲学[M].2版.北京:商务印书馆.

林语堂,1994.中国人[M].郝志东,沈益洪,译.上海:学林出版社.

陆林,2018.沈渔邨精神病学[M].北京:人民卫生出版社:102.

鲁宾逊,1988.现代心理学体系[M].杨韶刚,等译.北京:社会科学文献出版社:251-252.

罗杰斯,2004.个人形成论:我的心理治疗观[M].杨广学,等译.北京:中国人民大学出版社.

罗素,2010.宗教与科学[M].徐奕春,林国夫,译.北京:商务印书馆.

吕坤维,2019.中国人的情感[M].谢中垚,译.北京:北京师范大学出版社.

马凌诺斯基,2002.文化论[M].费孝通,译.北京:华夏出版社:53.

马斯洛,等,1987.人的潜能和价值:人本主义心理学译文集[M].北京:华夏出版社.

麦独孤,2020.心理学大纲[M].查抒佚,蒋柯,译.北京:商务印书馆.

麦克唐纳,2015.心身同一论[M].张卫国,蒙锡岗,译.北京:商务印书馆:16-18.

芒迪,2014.翻译学导论:理论与应用(第三版)[M].李德凤,等译.北京:外语教学与研究出版社:33-39.

墨菲,柯瓦奇,1980.近代心理学历史导引[M].林方,王景和,译.北京:商务印书馆.

帕尔默,2012.诠释学[M].潘德荣,译.北京:商务印书馆.

潘德荣,2003.文字·诠释·传统:中国诠释传统的现代转化[M].上海:上海译文出版社.

潘德荣,2016.西方诠释学史[M].2版.北京:北京大学出版社.

乔姆斯基,1989.语言与心理[M].牟小华,侯月英,译.北京:华夏出版社.

邱泽奇,2022.中国人的习惯[M].北京:北京大学出版社:3.

荣格,2000.东洋思想的心理学:从易经到禅[M].杨儒宾,译.北京:社会科学文献出版社:7.

森舸澜,2020.无为:早期中国的概念隐喻与精神理想[M].史国强,译.上海:东方出版中心:8.

施琪嘉,2013.创伤心理学[M].北京:人民卫生出版社:225.

史宗,1995.20世纪西方宗教人类学文选[M].上海:上海三联书店:131-132.

舒尔茨,1981.现代心理学史[M].沈德灿,等译.北京:人民教育出版社.

斯密,2008.道德情操论[M].谢宗林,译.全译本.北京:中央编译出版社.

斯皮格尔伯格,2021.心理学和精神病学中的现象学[M].徐献军,译.北京:商务印书馆.

索绪尔,2019.普通语言学教程[M].高名凯,译.北京:商务印书馆.

特纳,2012.象征之林:恩登布人仪式散论[M].赵玉燕,欧阳敏,徐洪峰,译.北京:商务印书馆.

梯欧,2020.心理学的批判:从康德到后殖民主义理论[M].王波,曹富涛,译.北京:北京师范大学出版社.

瓦姆波尔德,艾梅尔,2019.心理治疗大辩论:心理治疗有效因素的实证研究[M].任志洪,等译.2 版.北京:中国人民大学出版社.

瓦兹拉维克,贝勒斯,杰克逊,2016.人类沟通的语用学:一项关于互动模式、病理学与悖论的研究[M].王继堃,周薇,王皓洁,等译.上海:华东师范大学出版社.

汪卫东,2011.发展治疗学:基于异常发展的心理治疗理论体系[M].北京:人民卫生出版社:前言 11.

汪新建,2002.西方心理治疗范式的转换及其整合[M].天津:天津人民出版社:2.

王兴国,2015.中国近代思想家文库 牟宗三卷[M].北京:中国人民大学出版社:244-259.

韦丁,科尔西尼,2021.当代心理治疗(第 10 版)[M].伍新春,等译.北京:中国人民大学出版社.

沃恩克,2009.伽达默尔:诠释学、传统和理性[M].洪汉鼎,译.北京:商务印书馆.

吾淳,2019.文明范式:"连续"与"突破":基于张光直、韦伯的理论及文明史相关经验的考察[M].上海:上海人民出版社:29-30.

夏基松,1985.现代西方哲学教程[M].上海:上海人民出版社:318-319.

辛自强,2018.心理学研究方法新进展[M].北京:北京师范大学出版社:37-46.

徐冰,2013.心理学与社会学之间的诠释学进路[M].北京:生活·读书·新知三联书店.

亚里士多德,1959.形而上学[M].吴寿彭,译.北京:商务印书馆:5.

亚里士多德,2016.范畴篇 解释篇[M].方书春,译.北京:商务印书馆.

杨乃乔,2016.中国经学诠释学与西方诠释学[M].上海:中西书局.

杨鑫辉,2011.医心之道:中国传统心理治疗学[M].济南:山东教育出版社.

叶浩生,2014.西方心理学的历史与体系[M].2 版.北京:人民教育出版社.

游斌,2013.诠释学与中西互释:比较经学 2013 年第 2 辑[M].北京:宗教文化出版社:70-71.

俞吾金,2001.实践诠释学:重新解读马克思哲学与一般哲学理论[M].昆明:云南人民出版社.

詹姆斯,2009.心理学原理[M].郭宾,译.全新译本.北京:中国社会科学出版社.

詹姆斯,吉利兰,2017.危机干预策略[M].肖水源,周亮,等译校.北京:中国轻工业出版社.

庄田畋,王玉花,2019.中医心理学[M].3 版.北京:人民卫生出版社.

后 记

现代社会的发展变化只是科学与技术工具的发展，人或者说人性并没有改变，如果说改变了，只是人性变得越来越贪婪了而已。

不记得在哪本书上读到，马克·吐温曾说过："真相如此宝贵，人们在吐露时都会自然地变得节制。"而从心理学上讲，真相，是让人欢喜又让人忧愁的，所以很多人不肯接受真相，会抱怨别人告诉自己真相或者只肯接受蒙着朦胧的纱的真相，因为这样的真相在人们看来，最美，被人扯掉遮羞的纱是难堪的。但在科学看来，真相是不需要这层纱的。因为不知道自己说的是不是真相，所以在很多人看来，这部书稿会有种知识的无逻辑堆砌之感，以为不过是将已有的关于精神科学、心理学、诠释学的观点堆在一起，我能理解，所以才有这个后记，把不方便说的都记在这里，以期读者能够原谅。

写这个小册子，几经周折，有对日常工作的疲惫，有对自己身体，尤其是眼睛和颈椎不适的担心，更有对自身所处位置的焦虑——我只是个工作在基层的普通心理科医生，在我所在的区域，影响力即便有，也是很小，那么，在这么多学术大咖那里能否被认可，甚至这本小册子能否出版，我的心里忐忑不安。尽管写这本书的初衷只是希望对几十年心理工作做个总结而已，但被认可仍是渴望的。

因为对外文作者原著的涉猎无能为力，翻阅的都是中文文献，所以就比较中文翻译的不同，或者是关于作者思想总结和研究类的表述，有时能够看到不同中文译者或学者的不同表述，刚开始的时候有些困惑或者恼怒：为何对同一段英文或德文的翻译差别会那么大?! 再后来,慢慢释然了,翻译不就是诠释学吗,要允许译者或者研究者根据自己的理解做不同的表述和解释,这正是诠释学的意义所在。再后来,竟会对一开始的恼怒有些哑然失笑的感觉,正像诠释学者们在高处的会心一笑。包括一个美国椰子林大火的发生时间竟然有很多的版本也能理解了。

中国的应用技术研究发展很快,甚至超过了国外,但很遗憾的是基础理论研究远远落后于国外,而不能不承认的是技术源于理论的创新,或者方法论的创新。拿心理治疗技术来看,几乎所有的心理治疗技术都来源于西方,甚至是西方借用东方的思想再用西方的方法论包装一下再转回来,但仍然是别人的技术。这其中有业内权威人士大多拥有西方的培训和教育背景的原因——并不是指责这一点——也与我们的基础理论研究和方法论研究的薄弱有关。当然还有其他原因,如话语权的问题。书店中西方的人文学科类书籍充斥着书架,而且占据着显著位置,而我们自己的人文学科类研究著作少之又少,仅有的少数还大都是把老祖宗的话语反复拿来炒制,对于来自西方的心理学反思的声音更是微弱到几乎听不见,尽管这些我们奉为真理的东西,西方已经开始了众多的批判与反思。

或许,心理学在中国现在还只是个顺从的小学生,还没有进入自我觉醒的青春期,远没有到达有足够能力进行独立思考和生存的成年阶段。谈到心理健康,突然冒出很多专家,似乎都能说上几句,而且听起来还似乎很有道理,但如果成体系地考察,却又根本无从谈起。当然,单从实践角度看,体系存在不存在,不重要。

从心理知识的角度来看,蕴含在传统文化中的心理学思想尤其是中医的心理学思想其实是一直丰富着国人的生活。中国人是不缺少生活智慧的,对于生活中的心理问题,我们有一套自己的世界观、人生观、价值观。如果从西方批判心理学的角度看,对于生活在中国这片具有丰厚文化底蕴的土地上的普通大众来说,其实是不需要心理学的,老祖宗几千年来根据生活经验留下的生活智慧已经很富足了,反倒是经济发展和全球化的加速让我们需要了解外部世界。将西方的心理学或者生活智慧作为一种有益的补充去了解似乎是更好的态度,因为大多数人并不是生活在西方世界中的。问题在于我们引进了西方所谓的先进科技,如此也不得不引入西方的人文科学,尤其是那些在国外生活了一段时间的专家学者除了将科技的"冷脸"请进来之外,同时也将西方个人主义的生活方式和思维习惯带了进来,而且占据着话筒后面的位置。如此,我们普通大众也不得不去感受外国的文化,而且,让人感到困惑和无力的是,你又不得不说这是"进步"。好在随着中国综合实力的提升、信息获得的便利和能够走出去看看的人越来越多,国人的文化自信开始回归,已开始借用西方的思维方式将东方的知识介绍给世界上的人们,让他们根据自己的需要进行再诠释,比如当前对中医学和现象学相结合的研究。

　　这个小册子不是写给诠释学者看的,也不是写给心理学者看的,只是写给我的那些工作在心理咨询、心理健康教育、心理治疗一线的同道们看的,因为我确信我们走过的路基本上是相同的,有兴奋、激动,也有茫然、困惑和思考:心理学知识浩如烟海,我将如何在有限的时间内把握全貌? 如果说还有一点希望达到的目的,就是让人们来看看西方的心理治疗技术——被很多人视为"圣经"膜拜——的起源是什么。其实没什么特别的,我们不必妄自菲薄,不必对自己文化中的心理咨询与治疗思想弃之不顾,应静下心来,潜心研究属于我们自己的心理咨询与治疗的理论和技术。

　　需要再次说明的是,为了在前人的论述那里给自己的思考找一些支撑,更是为了学习语言以将自己的思考表达得更清楚,我搜罗了很多自己能找到的专业书籍来阅读。这些书都是中文书(包括国内作者的书和翻译为中文的国外学者的著作)。虽然我也试图寻求熟悉英文的同事帮助找一些外文原版的书来读,但一方面羞于自己的英文水平,另一方面也考虑到"诠释"本身就是"翻译"的意思,读一读熟悉对方语言的翻译者翻译的书,更能领会汉语言的正确表达,所以最终还是放弃了阅读外文原版图书的打算——尽管几乎可以肯定的是,译者加入了自己"诠释",但也只能如此,唯有选择信任我们的译者。曾在书稿成稿时,希望为了尊重这些译者们的努力,标新立异一下,在列参考文献时将译者名字放在前,外国著者放在后,因不合出版体例,只好作罢,留了点遗憾。

　　还有一个必须要说的是,后面所列的参考书目,有些我并没有通读,只是注意到了其中的有关章节,至于是不是完全领会了作者的意图,我是确信并没有完全理解的,甚或是有些误解或者是曲解的。这也正是诠释学的特别之处,能注意到自身的理解缺陷也许就是值得原谅的,或者是不得不原谅的。的确,有些书很难读懂,因为书中涉及的一些所引用的观点也无法查证,或者没有中译本,或者有些中译本根本无法读懂。我所看到的伽达默尔的《真理与方法》的中文译本比海德格尔的《存在与时间》的中文译本要好懂得多。后一本尽管曾经决心去理解,但我确信的是,我所理解的《存在与时间》仍是它的皮毛而不是精髓。

认真写书是个孤独的过程,这本书是自己一个人一个字符一个字符敲出来的。中间的困难是没人能够理解的,甚至有时候竟会有放弃的想法。但最终还是坚持下来了,源于写这本书的初衷:将自己多年来的心理工作形成一个有形的总结,真心希望可以让年轻的心理工作者更好更快地成长起来,帮助到更多人。再者,有个私心,为了给自己的后代留下一个可以念想的存留。如果说还有一个一定要说的理由,就是为了陪伴在自己身边的人,因为我说过"要不断增强自己的能吸引力",还有"不是不需要,是遇见了才会需要",这些话,一定有个人能听明白,对,那就是你。封面设计中左侧的一列图片,是我央请美编老师设计进去的,其中有几张是自己讲课时常用的,听过我讲课的都会记得我的解读——关于心胸大小、井底之蛙、牛角尖思维、男女区别和人生历程等。现在丰富直接的视频生活已让很多人丧失了文字想象的能力,希望你还能记得。

本书关于心理诠释学的提法是否会陷入了这样一个怪圈:以一种解释学的理论去解释另一种解释学的理论?或许,很多人会想到伟大的相对论,但相对论更适合自然科学,在精神科学中必须要加入"人"这一第三极才能够稳定。这又回到了诠释学的思考上来,因为人们总是希望找到被自己认可的理由和答案。由此我甚至想到在数学和物理学中是否存在这样一个定律(不知道有没有人说过)——奇数稳定定律,即奇数是稳定的,而偶数则是不稳定,三角形是稳定的,四边形则会摆动。

斗胆想象一下未来,在中国的科学技术走向世界之后,在中国的经济和社会充分发展之后,中国要引领世界文明的发展方向。那么中国要向世界讲些什么,要构建什么样的社会文化理论?到了中国学者们开始思考和研究的时候了,而这方面的思考、研究和构建应该已经开始了。这其中必然涉及如何融合东方与西方、经典与时代的文化,如何构建中国的话语体系,并在世界上拥有话语权等问题,诠释学作为解决这些问题的重要理论学科是我们必须研究的。也许,与时偕行,需要从心理诠释学开始,因为世界是人类的世界,心理引导世界。美国人的说法是"心理学好,美国便好"。

补上一段,书的初稿完成时,正是亲爱的儿子中考结束时,这是个很自觉和努力的孩子,大概率是因为作文的问题,语文没有取得理想的分数,有些懊恼。在看我整理书稿时,我和他说,作文是有诠释特征的,他笑了。希望他能懂,更希望他长大后不仅能读懂学业和学术上的书,更能看懂和诠释好生活这本大书。以学习的态度谦卑地生活,这是一种生活观。谦卑不是隐忍也可能是不屑。

特别感谢江苏省淮安市第三人民医院的郑直教授,同样的基层工作经历和做了多年的心理咨询与治疗工作,让我们对一些问题的看法总有些惺惺相惜的感觉。他对传统文化的热爱比我更深,读了很多书,在心理咨询与治疗实践中如何应用传统文化他有自己的见解和体会,给出了一些非常中肯的建议,包括文字表述、结构体例等。他兴奋地告诉我:"可能很多人看不懂,但我老郑读懂了。"他的真诚让我很感动,他的建议也充分采纳在书稿中。徐州市中医院卜渊教授对中医心理等章节提供了宝贵意见,一并感谢。

正是他们的初步鼓励,让我更有勇气将初稿发给我认识的在心理咨询和治疗领域耕耘多年的老师们,他们既有丰富的一线临床工作经验,又有很高的理论水平,他们是:上海复旦大学附属中山医院季建林教授、南京大学医学院附属鼓楼医院曹秋云教授、南京医科大学附属脑科医院张宁教授、江苏师范大学教育科学学院贾林祥教授、徐州医科大学附属医院耿德勤教授。他们中有的我较为熟悉、追随已久,有的我只是敬仰很久但并不熟悉,在书稿写作中,对能得到了他们的鼓励或专业意见支持非常感恩!有的老师提出非常具体的修改意见,有的老师成书后欣然作序,感激涕零!

山东大学中国诠释学研究中心傅永军教授是国内诠释学研究的资深学者,厦门大学哲学系哲学与心理学交叉研究中心王波教授是当今理论心理学的中坚力量,对于他们能不吝赐教,不仅只是感谢所能表达的心情!

感谢中国矿业大学出版社侯明老师的辛勤付出与宝贵意见。

感谢一直陪伴左右的朋友和家人。

最后,一定要说的是,因为作者水平有限,难免有疏漏和词不达意的表述,不求原谅,但求理解:一个希望"只做良医、不做名医"认真而疲惫地工作在基层一线的普通心理科医生竟然还有学术上的奢望。谢谢。